国家职业技能等级认定培训教材
高 技 能 人 才 培 养 用 书

电工（中级）

国家职业技能等级认定培训教材编审委员会　组编

主　编　王兆晶　阎　伟
副主编　宋明学　蒋作栋　万礼超　冯俊尊
参　编　尹家骏　孟令海　张立勇

机械工业出版社

本书是依据《国家职业技能标准　电工》中的中级工部分的知识要求和技能要求，按照岗位培训需要的原则编写的。主要内容包括：临时用电系统和用电设备的安装和维护、基本电子电路的安装与调试、低压电器的应用和三相异步电动机控制电路的安装与调试、一般机械设备电气控制电路的检修、自动控制器件和装置的应用、可编程序控制器技术及应用。书末附有配套的模拟试卷样例和答案，以便于企业培训和读者自测。扫描封底二维码，关注"天工讲堂"，免费获取视频资源。

本书主要用作企业培训部门、职业技能认定培训机构、再就业和农民工培训机构的教材，也可作为技校、中职和各种短训班的教学用书。

图书在版编目（CIP）数据

电工：中级/王兆晶，阎伟主编. —北京：机械工业出版社，2022.7
（2025.3重印）
（高技能人才培养用书）
国家职业技能等级认定培训教材
ISBN 978-7-111-71267-1

Ⅰ.①电… Ⅱ.①王… ②阎… Ⅲ.①电工技术-职业技能-鉴定-教材 Ⅳ.①TM

中国版本图书馆CIP数据核字（2022）第130610号

机械工业出版社（北京市百万庄大街22号　邮政编码100037）
策划编辑：王振国　　责任编辑：王振国　王　荣
责任校对：李　杉　张　薇
责任印制：单爱军
河北泓景印刷有限公司印刷
2025年3月第1版第4次印刷
184mm×260mm・11.25印张・1插页・271千字
标准书号：ISBN 978-7-111-71267-1
定价：59.80元

电话服务　　　　　　　　　网络服务
客服电话：010-88361066　　机　工　官　网：www.cmpbook.com
　　　　　010-88379833　　机　工　官　博：weibo.com/cmp1952
　　　　　010-68326294　　金　书　网：www.golden-book.com
封底无防伪标均为盗版　　　机工教育服务网：www.cmpedu.com

国家职业技能等级认定培训教材编审委员会

主　任　李　奇　荣庆华

副主任　姚春生　林　松　苗长建　尹子文
　　　　　周培植　贾恒旦　孟祥忍　王　森
　　　　　汪　俊　费维东　邵泽东　王琪冰
　　　　　李双琦　林　飞　林战国

委　员（按姓氏笔画排序）
　　　　　于传功　王　新　王兆晶　王宏鑫
　　　　　王荣兰　卞良勇　邓海平　卢志林
　　　　　朱在勤　刘　涛　纪　玮　李祥睿
　　　　　李援瑛　吴　雷　宋传平　张婷婷
　　　　　陈玉芝　陈志炎　陈洪华　季　飞
　　　　　周　润　周爱东　胡家富　施红星
　　　　　祖国海　费伯平　徐　彬　徐丕兵
　　　　　唐建华　阎　伟　董　魁　臧联防
　　　　　薛党辰　鞠　刚

序

新中国成立以来，技术工人队伍建设一直得到党和政府的高度重视。20世纪五六十年代，我们借鉴苏联经验建立了技能人才的"八级工"制，培养了一大批身怀绝技的"大师"与"大工匠"。"八级工"不仅待遇高，而且深受社会尊重，成为那个时代的骄傲，吸引与带动了一批批青年技能人才锲而不舍地钻研技术、攀登高峰。

进入新时期，高技能人才发展上升为兴企强国的国家战略。从2003年全国第一次人才工作会议，明确提出高技能人才是国家人才队伍的重要组成部分，到2010年颁布实施《国家中长期人才发展规划纲要（2010—2020年）》，加快高技能人才队伍建设与发展成为举国的意志与战略之一。

习近平总书记强调，劳动者素质对一个国家、一个民族发展至关重要。技术工人队伍是支撑中国制造、中国创造的重要基础，对推动经济高质量发展具有重要作用。党的十八大以来，党中央、国务院健全技能人才培养、使用、评价、激励制度，大力发展技工教育，大规模开展职业技能培训，加快培养大批高素质劳动者和技术技能人才，使更多社会需要的技能人才、大国工匠不断涌现，推动形成了广大劳动者学习技能、报效国家的浓厚氛围。

2019年国务院办公厅印发了《职业技能提升行动方案（2019—2021年）》，目标任务是2019年至2021年，持续开展职业技能提升行动，提高培训针对性、实效性，全面提升劳动者职业技能水平和就业创业能力。三年共开展各类补贴性职业技能培训5000万人次以上，其中2019年培训1500万人次以上；经过努力，到2021年底，技能劳动者占就业人员总量的比例达到25%以上，高技能人才占技能劳动者的比例达到30%以上。

目前，我国技术工人（技能劳动者）已超过2亿人，其中高技能人才超过5000万人，在全面建成小康社会、新兴战略产业不断发展的今天，建设高技能人才队伍的任务十分重要。

机械工业出版社一直致力于技能人才培训用书的出版，先后出版了一系列具有行业影响力、深受企业、读者欢迎的教材。欣闻配合新的《国家职业技能标准》又编写了"国家职业技能等级认定培训教材"。这套教材由全国各地技能培训和考评专家编写，具有权威性和代表性；将理论与技能有机结合，并紧紧围绕《国家职业技能标准》的知识要求和技能要求编写，实用性、针对性强，既有必备的理论知识和技能知识，又有考核鉴定的理论和技能题库及答案；而且这套教材根据需要为部分教材配备了二维码，扫描书中的二维码便可观看相应资源；这套教材还配合天工讲堂开设了在线课程、在线题库，配套齐全，编排科学，便于培训和检测。

这套教材的出版非常及时，为培养技能型人才做了一件大好事，我相信这套教材一定会为我国培养更多更好的高素质技术技能型人才做出贡献！

中华全国总工会副主席
高凤林

前　言

党的二十大报告中指出：坚持把发展经济的着力点放在实体经济上，推进新型工业化，加快建设制造强国、质量强国、航天强国、交通强国、网络强国、数字中国。实施产业基础再造工程和重大技术装备攻关工程，支持专精特新企业发展，推动制造业高端化、智能化、绿色化发展。

新时代促进经济社会的发展，随着经济发展方式转变、产业结构调整、技术革新步伐和城镇化进程的加快，劳动者技能水平与岗位需求不匹配的矛盾越来越突出。要解决这些问题，必须加大技能型人才的培养力度。当前，我国正在由制造大国向制造强国挺进，与产业转型升级相伴而来的，是对应用技术型人才、技能型人才的迫切需求。

本书是依据《国家职业技能标准 电工》中的中级工部分的知识要求和技能要求，按照岗位培训需要的原则编写的，编写方式上尽可能以实物图解的形式来讲解相关知识和技术要领。本书是以校企合作方式编写的教材，为便于读者理解和掌握相关知识和技术要领，把相关技能点进行分解，选择典型的技能点编写考核方式和评价标准，实现过程化的考核评价。本书由企业工程师选择生产一线的案例构建动画情境，由编者编写典型工作任务的安装规范和工艺标准，对接呈现情境的任务脚本，用动画形式呈现"技能大师高招绝活"的典型工作任务。读者使用手机扫描书中的二维码，即可在手机上浏览对应的微视频动画。

读者在学习本书时，应注意以下两方面的内容。

1. 通过知识引导，树立学习信心

在学习和实践过程中，部分读者存在着对"电"的畏惧，除进行必要的安全知识学习外，应自己多动手操作，在实践操作中总结经验，克服困难。

2. 明确目标，提高学习兴趣和实践效果

学习和实践目标定位在操作工艺上。首先按书本中的工艺步骤进行试安装或试接线，再逐步提高安装或接线的质量和工艺水平。不要急于求成，一定要先打好基础、练好基本功，通过大量的实践认知，处理相关技术问题才能得心应手。

本书共6个项目，包括：临时用电系统和用电设备的安装和维护、基本电子电路的安装与调试、低压电器的应用和三相异步电动机控制电路的安装与调试、一般机械设备电气控制电路的检修、自动控制器件和装置的应用、可编程序控制器技术及应用。本书的内容既有专业性、先进性，又有较高的实用性；既有利于培训讲解，也有利于读者自学；既可用作企业培训部门、职业技能认定培训机构、再就业和农民工培训机构的教材，又可作为技校、中职及各种短训班的教学用书。

本书由山东劳动职业技术学院王兆晶和阎伟担任主编，山东劳动职业技术学院宋明学和蒋作栋、山东技师学院万礼超、山东劳动职业技术学院冯俊尊担任副主编。本书项目1由尹家骏编写，项目2由冯俊尊编写，项目3由王兆晶编写，项目4由阎伟编写，项目5由宋明学和孟令海编写，项目6由万礼超编写，典型工作任务和生产现场应用技能案例由蒋作栋编写，"技能大师高招绝活"系列动画由山东栋梁科技设备有限公司张立勇提供技术支持。本书是中国电子劳动学会2021年度"产教融合、校企合作"教育改革发展课题《公办高职混合所有制产业学院人才培养共同体建设改革与实践》（课题编号Ciel2021060）阶段性成果，以及2021年度专业建设类-电工与电子技术技艺传承创新平台（项目编号A2CXPT202102）阶段性成果。

编者在编写过程中参阅了相关手册、图册、规范及技术资料等，在此向原作者致以衷心的感谢。

由于本书知识覆盖面较广，涉及的标准、规范较多，加之时间仓促、编者水平有限，书中难免存在缺点和不足，敬请各位同行、专家和广大读者批评指正。

编 者

目 录
MU LU

序
前言

项目 1　临时用电系统和用电设备的安装和维护 …………………………………… 1
 1.1　临时用电系统电气安装规范 …………………………………………………… 1
  1.1.1　临时用电系统接地的安装规范 …………………………………………… 1
  1.1.2　临时用电系统保护接零的安装规范 ……………………………………… 3
 1.2　临时用电配电箱、开关箱的安装 ……………………………………………… 4
  1.2.1　临时用电配电柜、配电箱和开关箱的设计与安装 ……………………… 4
  1.2.2　临时用电配电箱、开关箱内电器元件的安装规范 ……………………… 6
  1.2.3　临时用电照明装置的安装 ………………………………………………… 8
 1.3　临时用电设备接地装置的安装和维护 ………………………………………… 9
  1.3.1　建筑施工现场防雷设计要求 ……………………………………………… 9
  1.3.2　电动建筑机械设备的安装和维护 ………………………………………… 9
  1.3.3　移动及手持设备的选用和维护 …………………………………………… 10
 复习思考题 …………………………………………………………………………… 12

项目 2　基本电子电路的安装与调试 ………………………………………………… 13
 2.1　常用电工仪器的使用 …………………………………………………………… 13
  2.1.1　惠斯通电桥 ………………………………………………………………… 13
  2.1.2　开尔文电桥 ………………………………………………………………… 15
  2.1.3　信号发生器 ………………………………………………………………… 18
  2.1.4　数字示波器 ………………………………………………………………… 22
 2.2　放大电路的安装与调试 ………………………………………………………… 27
  2.2.1　阻容耦合放大电路 ………………………………………………………… 27
  2.2.2　三端集成稳压电路 ………………………………………………………… 30
 2.3　电力电子技术 …………………………………………………………………… 33
  2.3.1　晶闸管 ……………………………………………………………………… 33
  2.3.2　触发电路 …………………………………………………………………… 35
  2.3.3　晶闸管整流应用电路 ……………………………………………………… 37
 2.4　应用技能训练 …………………………………………………………………… 38
  技能训练 1　惠斯通电桥的测量和读数 …………………………………………… 38
  技能训练 2　声光控电路的安装与调试 …………………………………………… 39
 复习思考题 …………………………………………………………………………… 40

项目 3 低压电器的应用和三相异步电动机控制电路的安装与调试 … 41

3.1 低压电器的应用 … 41
- 3.1.1 断路器的选用 … 41
- 3.1.2 接触器的选用 … 42
- 3.1.3 计数器的原理与应用 … 43
- 3.1.4 继电器的原理与应用 … 47

3.2 三相笼型异步电动机的起动控制电路的安装与调试 … 52
- 3.2.1 三相异步电动机顺序控制 … 52
- 3.2.2 三相异步电动机位置控制 … 53
- 3.2.3 三相异步电动机串电阻减压起动控制 … 54
- 3.2.4 自耦变压器减压起动控制 … 56

3.3 三相笼型异步电动机的电气制动控制 … 58
- 3.3.1 三相异步电动机反接制动控制 … 58
- 3.3.2 三相异步电动机能耗制动控制 … 60

3.4 绕线转子异步电动机的起动控制电路的安装与调试 … 62
- 3.4.1 转子绕组串接电阻起动控制电路 … 62
- 3.4.2 转子绕组串接频敏变阻器起动控制电路 … 64

3.5 应用技能训练 … 67
- 技能训练 1 Y-△减压起动控制电路的安装 … 67
- 技能训练 2 单向运行反接制动控制电路的安装与检修 … 69
- 技能训练 3 单向起动能耗制动控制电路的安装与检修 … 71

复习思考题 … 71

项目 4 一般机械设备电气控制电路的检修 … 73

4.1 机床一般电气故障的检修步骤与方法 … 73
- 4.1.1 一般电气故障的检修步骤 … 73
- 4.1.2 一般电气故障的检修方法 … 74
- 4.1.3 电气故障检修技巧 … 77

4.2 CA6140 型车床电气控制电路的检修 … 78
- 4.2.1 CA6140 型车床电气控制电路分析 … 79
- 4.2.2 CA6140 型车床常见电气故障的分析与检修 … 81

4.3 M7130 型平面磨床电气控制电路的检修 … 83
- 4.3.1 M7130 型平面磨床电气控制电路分析 … 83
- 4.3.2 M7130 型平面磨床常见电气故障的分析与检修 … 86

4.4 Z3040 型摇臂钻床电气控制电路的检修 … 88
- 4.4.1 Z3040 型摇臂钻床的结构和运动形式 … 88
- 4.4.2 Z3040 型摇臂钻床的拖动方式与控制要求 … 89
- 4.4.3 Z3040 型摇臂钻床电气控制电路分析 … 89
- 4.4.4 Z3040 型摇臂钻床常见电气故障的分析与检修 … 92

目　录

4.5　应用技能训练 ··· 94
　　技能训练 1　CA6140 型车床电气控制电路的安装与调试 ······················· 94
　　技能训练 2　M7130 型平面磨床电气控制电路的故障检修 ······················ 95
4.6　技能大师高招绝活 ·· 96
　　4.6.1　CA6140 型车床电气控制电路分析和通电试验 ······························ 96
　　4.6.2　CA6140 型车床电气故障的分析和检修 ·· 96
　　4.6.3　Z3040 型摇臂钻床电气控制电路分析和通电试验 ·························· 97
　　4.6.4　Z3040 型摇臂钻床电气故障的分析和检修 ···································· 97
复习思考题 ··· 97

项目 5　自动控制器件和装置的应用 ··· 98
5.1　常用传感器的原理与应用 ··· 98
　　5.1.1　光敏传感器 ·· 98
　　5.1.2　温度传感器 ·· 101
　　5.1.3　压力传感器 ·· 103
5.2　软起动器的原理与应用 ·· 105
　　5.2.1　软起动器的分类 ·· 105
　　5.2.2　软起动器的结构与原理 ·· 106
　　5.2.3　软起动器的应用举例 ··· 108
5.3　交流变频器的原理与应用 ··· 109
　　5.3.1　变频器的分类 ··· 109
　　5.3.2　变频器的结构与原理 ··· 110
　　5.3.3　变频器的应用举例 ·· 112
5.4　光电编码器的原理与应用 ··· 113
　　5.4.1　光电编码器的分类 ·· 113
　　5.4.2　光电编码器的结构与原理 ·· 113
　　5.4.3　光电编码器的应用举例 ·· 116
5.5　充电桩的原理与应用 ··· 117
　　5.5.1　充电桩的概述 ··· 117
　　5.5.2　直流充电桩的结构、控制流程及参数设置 ··································· 118
　　5.5.3　交流充电桩的结构、控制流程及参数设置 ··································· 120
复习思考题 ··· 122

项目 6　可编程序控制器技术及应用 ·· 123
6.1　可编程序控制器概述 ··· 123
　　6.1.1　PLC 的特点 ·· 123
　　6.1.2　PLC 的分类及应用领域 ··· 124
6.2　PLC 的系统组成及工作原理 ··· 125
　　6.2.1　PLC 系统组成 ··· 125
　　6.2.2　PLC 工作原理 ··· 127

  6.2.3 PLC 编程语言 ·· 129
 6.3 三菱 FX$_{2N}$ 系列 PLC 的基本指令 ··· 130
  6.3.1 FX$_{2N}$ 系列 PLC 的型号表示及构成 ·· 131
  6.3.2 FX$_{2N}$ 系列 PLC 内部编程元件 ·· 133
  6.3.3 FX$_{2N}$ 系列 PLC 的基本指令 ··· 137
  6.3.4 PLC 的应用举例 ··· 146
 6.4 PLC 程序设计方法 ··· 148
  6.4.1 PLC 控制系统设计方法 ·· 148
  6.4.2 梯形图程序设计方法 ·· 151
 6.5 应用技能训练 ·· 156
  技能训练 用 PLC 实现对自动送料装车的控制 ································· 156
 6.6 技能大师高招绝活 ·· 159
  6.6.1 PLC 控制交通信号灯 ··· 159
  6.6.2 PLC 控制三相异步电动机正反转 ·· 159
  6.6.3 PLC 控制三相异步电动机丫-△减压起动 ··· 160
 复习思考题 ·· 160

模拟试卷样例 ·· 162
模拟试卷样例答案 ··· 169
参考文献 ··· 170

项目 1
临时用电系统和用电设备的安装和维护

培训学习目标：

熟悉临时用电系统接地的安装规范；掌握临时用电设备配电箱、开关箱等的安装与维护方法；掌握临时用电设备接地装置的安装与维护方法。

1.1 临时用电系统电气安装规范

电气工程项目施工中要使用多种建筑机械和用电设备。在施工现场，起始是没有供电设备和设施的，因此需要架设临时用电系统，并在工程施工完成后予以拆除。临时用电系统虽然是"临时"搭建的，但是其设计、安装和验收等流程一样不可缺少，并且要符合相应的国家与行业标准。

临时供电系统电源可通过架设发电机组提供，也可通过建设临时变电设施进行供电。由于时间与成本因素，目前多数施工现场通过建设临时变电设施进行供电。

当施工现场设有专供施工用的低压侧为 220/380V，中性点直接接地的变压器时，其低压配电系统的接地型式宜采用 TN-S 系统、TN-C-S 系统和 TT 系统。

1.1.1 临时用电系统接地的安装规范

接地就是将电力系统或建筑物电气装置、设施和过电压保护装置用接地线与接地极连接起来。接地装置包括接地线与接地极两部分。接地极是指埋入大地并直接与大地接触的金属导体，分为水平接地极和垂直接地极；用来连接电气设备、接闪器的接地端子与接地极，在正常情况下是不载流的金属导体。

根据 GB 50169—2016《电气装置安装工程 接地装置施工及验收规范》相关要求，需要对以下电气装置的金属部分进行接地处理：

1) 电气设备的金属底座、框架及外壳和传动装置。
2) 携带式或移动式用电器具的金属底座和外壳。
3) 箱式变电站的金属箱体。
4) 互感器的二次绕组。
5) 配电、控制、保护用的屏（柜、箱）及操作台的金属框架和底座。
6) 电力电缆的金属护层、接头盒、终端头和金属保护管及二次电缆的屏蔽层。
7) 电缆桥架、支架和井架。
8) 变电站（换流站）构架、支架。

9）装有架空地线或电气设备的电力线路杆塔。

10）配电装置的金属遮栏。

11）电热设备的金属外壳。

1. 各系统接地要求

由于各种电力系统的接地保护原理不同，因此对系统接地要求亦有所区别。

（1）TN-S 系统　TN-S 系统应符合下列规定：

1）总配电箱、分配电箱及架空线路终端，其保护导体（PE）应做重复接地，接地电阻不宜大于 10Ω。

2）保护导体和相导体的材质应相同，保护导体的最小截面积应符合表 1-1 中的相关要求。

表 1-1　保护导体的最小截面积　　　　　　　　　（单位：mm²）

相导体横截面积 S	保护导体的最小截面积
S≤16	S
16<S≤35	16
S>35	S/2

（2）TN-C-S 系统　TN-C-S 系统应符合下列规定：

1）在总配电箱处应将保护中性导体（PEN）分离成中性导体（N）和保护导体（PE）。

2）在总配电箱处保护导体汇流排应与接地装置直接连接；保护中性导体应先接至保护导体汇流排，保护导体汇流排和中性线汇流排应跨接；跨接线的截面积不应小于保护导体汇流排的截面积。

（3）TT 系统　TT 系统应符合下列规定：

1）电气设备外露可导电部分应单独设置接地极，且不应与变压器中性点的接地极相连接。

2）每一回路应装设剩余电流保护器。

3）中性线不得做重复接地。

4）接地电阻值应符合下面的规定：

$$I_a R_a < 25V$$

式中　I_a——使保护电器自动动作的电流（A）；

　　　R_a——接地极和外露可导电部分的保护导体电阻值之和（Ω）。

2. 接地极的选择

在工程施工现场，存在各种埋入地下的金属构件、金属井管等，这些装置本身与大地接触良好，因此可直接作为接地极使用。若以此作为接地极，则为自然接地极。

常见的自然接地极有以下几种：

1）埋设在地下的金属管道，但不包括输送可燃物质或爆炸性物质的管道。

2）金属井管。

3）与大地有可靠连接的建筑物的金属结构。

4）水工构筑物及其他坐落于水或潮湿土壤环境的构筑物的金属管、桩和基础层钢筋网。

若工程现场没有自然接地极，则需要根据需求进行接地极的组装。

3. 接地装置敷设标准

由于临时供电系统整体使用时间较短，接地装置敷设的相关要求相对宽松；若该接地装置将作为正式供电系统接地使用，则需要参考其他相关标准。

临时供电系统接地极及其相连接的接地导体敷设应符合下列要求：

1）人工接地极的顶端埋设深度不宜小于0.6m。

2）人工垂直接地极宜采用热浸镀锌的圆钢、角钢或钢管，长度宜为2.5m；人工水平接地极宜采用热浸镀锌的扁钢或圆钢；圆钢直径不应小于12mm；扁钢、角钢等型钢截面积不应小于90mm^2，其厚度不应小于3mm；钢管壁厚不应小于2mm；人工接地极不得采用螺纹钢。

3）人工垂直接地极的埋设间距不宜小于5m。

4）接地装置的焊接应采用搭接焊接，搭接长度等应符合下列要求：

① 扁钢与扁钢搭接时为其宽度的2倍，不应少于三面施焊。

② 圆钢与圆钢搭接时为其直径的6倍，应双面施焊。

③ 圆钢与扁钢搭接时为圆钢直径的6倍，应双面施焊。

④ 扁钢与钢管、扁钢与角钢焊接，应紧贴3/4钢管表面或角钢外侧两面，上下两侧施焊。

⑤ 除埋设在混凝土中的焊接接头以外，焊接部位应做防腐处理。

5）当利用自然接地极接地时，应保证其有完好的电气通路。

6）接地线应直接接至配电箱保护导体汇流排；接地线的截面积应与水平接地极的截面积相同。

7）用电设备的保护导体不应串联，应采用焊接、压接、螺栓连接或其他可靠方法连接。

8）严禁利用输送可燃液体、可燃气体或爆炸性气体的金属管道作为电气设备的接地保护导体。

1.1.2　临时用电系统保护接零的安装规范

保护接零就是把电气设备的金属外壳和电网的中性线连接，以保护人身安全的一种用电安全措施。在电压低于1000V的接零电网中，若电气设备因绝缘损坏或意外情况而使金属外壳带电时，形成相线对中性线的单相短路，则线路上的保护装置（断路器或熔断器）迅速动作，切断电源，从而使设备的金属部分不至于长时间存在危险的电压，从而保证了人身安全。

在临时施工现场，由于多方面因素保护接地无法实现时，或在隧道、人防等潮湿环境和施工现场条件恶劣的情况下，设备必须进行保护接零。

在TN系统中，下列电气设备不带电的外露可导电部分应做保护接零：

1）电动机、变压器、电器、照明器具和手持式电动工具的金属外壳。

2）电气设备传动装置的金属部件。

3）配电柜与控制柜的金属框架。

4）配电装置的金属箱体、框架及靠近带电部分的金属围栏和金属门。

5）电力线路的金属保护管、敷线的钢索、起重机的底座和轨道、滑升模板金属操作平台等。

6）安装在电力线路杆（塔）上的开关、电容器等电气装置的金属外壳及支架。

在TN系统中，下列电气设备不带电的外露可导电部分可不做保护接零：

1）在木质、沥青等不良导电地坪的干燥房间内，交流电压380V及以下的电气装置金属外壳（当维修人员可能同时触及电气设备金属外壳和接地金属物件时除外）。

2）安装在配电柜、控制柜金属框架和配电箱的金属箱体上，且与其可靠电气连接的电气测量仪表、电流互感器和电器的金属。

1.2 临时用电配电箱、开关箱的安装

1.2.1 临时用电配电柜、配电箱和开关箱的设计与安装

工程施工中，用电设备多为低压设备。临时配电系统宜采用三级配电，宜设置总配电箱、分配电箱和末级配电箱；同时，应保证三相负荷尽量平衡，每相负荷与三相负荷平均值之差不应大于平均负荷的15%；对于消防设备，应由总配电箱专用回路直接供电，并不得接入过负荷保护和剩余电流保护器；对于大功率用电设备，应设置专用配电箱。

1. 室内配电柜布置及安装规定

室内配电柜多作为总配电柜使用，因此，配电柜的布置在选址方面，应符合配电室相关标准，并且应选择方便日常维护、不易受到施工干扰以及地势较高的场所。室内配电柜在成排布置时，应注意留有足够的操作及维护通道，通道宽度应不小于表1-2中的数值。

表1-2 成排布置配电柜的柜前、柜后的操作及维护通道净宽　　　（单位：m）

布置方式	单排布置		双排对面布置		双排背对背布置	
	柜前	柜后	柜前	柜后	柜前	柜后
维护通道净宽	1.5	1.0	2.0	1.0	1.5	1.5

配电柜柜体应在高于地面上的型钢或者混凝土基础上进行安装，整体要平正牢固，并且柜体和型钢应进行良好的接地处理，门和框架的接地端子间应采用软铜线进行跨接，且软铜线横截面积（mm^2）数值不应小于柜内主断路器额定电流的1/10。

配电柜（箱）内应分别设置中性导体和保护导体汇流排，并有标识，如图1-1所示。保护导体汇流排上的端子数量不应少于进线和出线回路的数量。在内部接线时，导线压接应可靠，不伤线芯，不断股，且防松垫圈等零件应齐全。

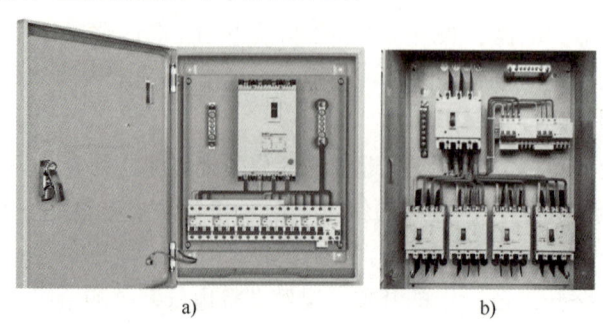

图1-1 配电柜（箱）内的中性导体和保护导体汇流排

2. 配电箱的安装

配电箱相对于配电柜，体积较小，常用于中间配电以及末端配电环节。配电箱根据内部电路的负荷类型，分为照明配电箱和动力配电箱。其中，照明配电箱主要用于对施工现场所使用的照明装置进行电力配送；动力配电箱则对其他用电设备用电进行配送。正常情况下，动力配电箱与照明配电箱宜分别设置，若由于特殊情况需要合并设置时，动力设备和照明装置应分路供电；动力末级配电箱与照明末级配电箱应分别设置。

施工现场所有用电设备用电或插座的电源宜引自末级配电箱，当一个末级配电箱直接控制多台用电设备或插座时，每台用电设备或插座应有各自独立的保护电器，如图1-2所示。施工现场环境复杂，户外安装的配电箱应使用户外型，能防止直径或厚度大于1mm的工具、电线及类似的小型外物侵入而接触到电器内部的零件，并且能防止各个方向飞溅而来的水侵入。

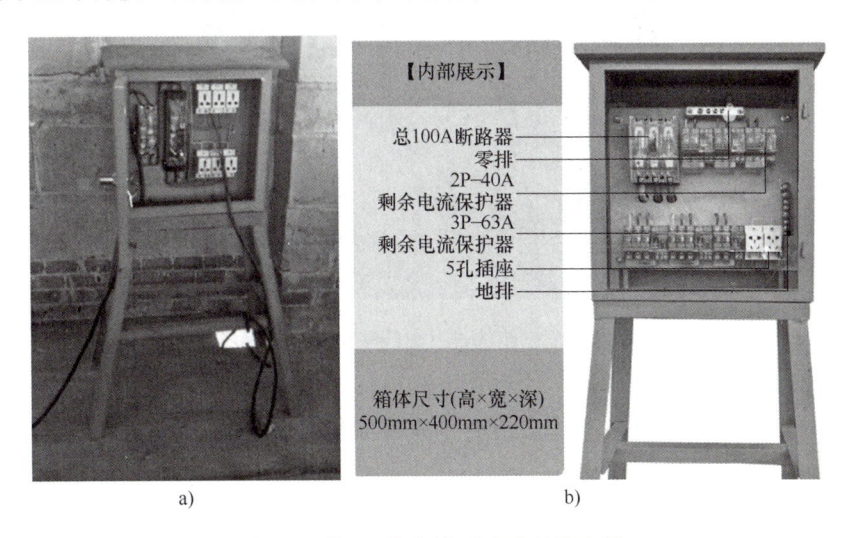

图1-2 施工现场用电引自末级配电箱

配电箱、开关箱的箱体尺寸应与箱内电器的数量和尺寸相适应，箱内电器安装板板面电器安装尺寸可按照表1-3加以确定。

表1-3 配电箱、开关箱内电器安装尺寸选择值

间距名称	最小净距/mm
并列电器（含单极熔断器）间	30
电器进、出线瓷管（塑胶管）孔与电器边沿间	15A及以下时为30 20~30A时为50 60A及以上时为80
上、下排电器进、出线胶管孔间	25
电器进、出线胶管孔至板边	40
电器至板边	40

配电箱箱体本身应采用冷轧钢板或阻燃绝缘材料制作，钢板厚度应为1.2~2.0mm，其中开关箱箱体钢板厚度不得小于1.2mm，配电箱箱体钢板厚度不得小于1.5mm，箱体表面应做防腐处理。配电箱在箱体安装时，箱体的中心与地面的垂直距离宜为1.4~1.6m，安装应平

正、牢固。户外落地安装的配电箱其底部离地面不应小于 0.2m。同配电柜相同，金属箱门与金属箱体间应设置跨接接地线，接地线横截面积（mm^2）不应小于柜内主断路器额定电流的 1/10。

配电箱、开关箱中导线的进线口和出线口应设在箱体的下底面，并且进、出线口应配置固定线卡，进、出线应加绝缘护套并成束卡固在箱体上，不得与箱体直接接触。移动式配电箱、开关箱的进、出线应采用橡皮护套绝缘电缆，不得有接头，其中移动式配电箱如图 1-3 所示。

图 1-3　移动式配电箱的进、出线采用橡皮护套绝缘电缆

1.2.2　临时用电配电箱、开关箱内电器元件的安装规范

1. 箱体内的电器元件的设置原则

根据配电柜（箱）在整个临时用电系统中的不同功能，总配电箱内宜装设电压表、总电流表、电能表以及其他专业测量仪表；总、分配电柜（箱）内的电器应具备正常接通与分断电路功能，以及短路、过负荷和接地故障保护功能；末级配电箱进线应设置总断路器，各分支回路应设置具有短路、过负荷和剩余电流动作保护功能的电器，如图 1-1 所示。

（1）总配电箱电器元件的设置原则　总配电箱内的电器应具备电源隔离功能，正常接通与分断电路功能，以及短路、过负荷和剩余电流保护功能。同时，在设置电器时还应遵循以下原则：

1) 当总路设置总剩余电流保护器时，还应装设总隔离开关、分路隔离开关以及总断路器、分路断路器或总熔断器、分路熔断器。当所设总剩余电流保护器是同时具备短路、过负荷和剩余电流保护功能的剩余电流断路器时，可不设总断路器或总熔断器。

2) 当各分路设置分路剩余电流保护器时，还应装设总隔离开关、分路隔离开关以及总断路器、分路断路器或总熔断器、分路熔断器。当分路所设剩余电流保护器是同时具备短路、过负荷和剩余电流保护功能的剩余电流断路器时，可不设分路断路器或分路熔断器。

3) 隔离开关应设置在电源进线端，应采用分断时具有可见分断点，并能同时断开电源所有极的隔离电器。如采用分断时具有可见分断点的断路器，可不另设隔离开关。

4) 熔断器应选用具有可靠灭弧分断功能的产品。

5) 总开关电器的额定值、动作整定值应与分路开关电器的额定值、动作整定值相适应。

（2）分配电箱电器元件的设置原则　分配电箱应装设总隔离开关、分路隔离开关以及总断路器、分路断路器或总熔断器、分路熔断器。其设置原则与总配电箱相同。

（3）末级配电箱电器元件的设置原则　末级配电箱必须装设隔离开关、断路器或熔断器，以及剩余电流保护器。当剩余电流保护器是同时具有短路、过负荷和剩余电流保护功能的剩余电流断路器时，可不装设断路器或熔断器。隔离开关应采用分断时具有可见分断点，能同时断开电源所有极的隔离电器，并应设置于电源进线端。当断路器具有可见分断点时，可不另设隔离开关。

必须在间隔允许的情况下选择各种电器元件，同类型电器元件应集中排布，并明确标注相关标识。

2. 箱体内的电器元件的安装

（1）剩余电流保护器的安装　剩余电流保护器是保护人身安全的重要电器，主要用于线路及设备的剩余电流保护。在选取剩余电流保护器的规格时，要注意多级剩余电流保护器每两级之间应有保护性配合。因此，末级配电箱中的剩余电流保护器的额定动作电流不应大于30mA，分断时间不应大于0.1s；分配电箱中装设剩余电流保护器的额定动作电流不应小于末级配电箱剩余电流保护值的3倍，分断时间不应大于0.3s；总配电箱中装设剩余电流保护器的额定动作电流不应小于分配电箱中剩余电流保护值的3倍，分断时间不应大于0.5s。

安装剩余电流保护器时应注意以下几点：

1）剩余电流保护器标有电源侧和负荷侧标识时，应按产品标识接线，不得反接。

2）剩余电流保护器在不同的系统接地形式中应正确接线，应严格区分中性线（N线）和保护线（PE线）。

3）带有短路保护功能的剩余电流保护器安装时，应确保有足够的灭弧距离，灭弧距离应符合产品技术文件的要求。

4）剩余电流保护器安装后，除应检查接线无误外，还应通过试验按钮和专用测试仪器检查其动作特性是否满足设计要求。

（2）低压熔断器的安装

1）熔断器的型号、规格应符合设计要求。

2）三相四线系统安装熔断器时，必须安装在相线上，中性线（N线）、保护中性线（PEN线）严禁安装熔断器。

3）熔断器安装位置及相互间距离应符合设计要求，并应便于拆卸、更换熔体。

4）安装时应保证熔体和触刀以及触刀和刀座接触良好。熔体不应受到机械损伤。

5）瓷质熔断器在金属底板上安装时，其底座应垫软绝缘衬垫。

6）有熔断指示器的熔断器，指示器应保持正常状态，并应安装在便于观察的一侧。

7）安装两个以上不同规格的熔断器时，应在底座旁标明规格。

8）有触及带电部分危险的熔断器应配备绝缘抓手。

9）带有接线标志的熔断器，电源线应按标志进行接线。

10）螺旋式熔断器安装时，其底座不应松动，电源进线应接在熔芯引出的接线端子上，出线应接在螺纹壳的接线端上。

（3）按钮的安装

1）按钮之间的净距不宜小于30mm，按钮箱之间的距离宜为50～100mm。

2）按钮操作应灵活、可靠、无卡阻。

3）集中在一起安装的按钮应有编号或不同的识别标志，"紧急"按钮应有明显标志，并应设置保护罩。

1.2.3 临时用电照明装置的安装

在工程现场，需要进行照明的场所一般分为两部分，一是工程作业面以及与作业面相连接的通道，二是施工人员的生活及办公区域。对于后者，照明装置应按照正式的照明装置的指标和规定进行设计和安装。因此，临时用电照明装置多用于施工现场照明。

1. 临时用电照明装置设置的一般规定

根据照明范围的不同，一般照明布局方式分为一般照明、局部照明和混合照明。夜间施工、无自然采光或自然采光差的场所办公、生活、生产辅助设施应设置一般照明；局部照明则是根据不同作业面所需求的不同光照强度进行设置。因此，在整个施工现场，不能只设置局部照明，应分区采用一般照明或混合照明。

同时根据工程施工现场的具体情况，设置特殊照明。在坑井、沟道、沉箱内及高层构筑物内的走道、拐弯处、安全出入口、楼梯间、操作区域等部位，应设置应急照明；在危及航行安全的建筑物、构筑物上，应根据航行要求设置障碍照明。

2. 照明装置的选择

照明装置需要根据不同的施工环境进行选择。对于一般照明环境而言，应选择使用寿命长、高光效的照明光源；对需要大面积照明的场所，应采用高压钠灯或混光用的卤钨灯等；对于潮湿、易燃易爆、有大量灰尘和振动剧烈的特殊施工环境，则要选择具备密闭防水、防尘防爆和防振等功能的照明装置。

在特殊环境下，照明装置使用的电压不能高于在该环境下的安全电压：

1）金属结构构架场所、隧道、人防等地下空间，有导电粉尘、腐蚀介质、蒸汽及高温炎热的场所的照明装置电源电压不得高于24V。

2）相对湿度长期处于95%以上的潮湿场所、导电良好的地面、狭窄的导电场所的照明装置电源电压不得高于12V。

3. 照明装置的安装

临时用电照明装置在安装时的工艺要求与正常安装基本相同。在安装高度上，室外220V灯具距地面不得低于3m，室内220V灯具距地面不得低于2.5m；普通灯具与易燃物的距离不宜小于300mm；聚光灯、碘钨灯等高热灯具与易燃物的距离不宜小于500mm，且不得直接照射易燃物。

（1）螺口灯头的安装 螺口灯头在安装时必须保证绝缘外壳无损伤、无漏电，因此需要通过塑料、圆木等软质材料间接固定在墙壁表面，以方便导线接入。

螺口灯头接线时，相线接在与中心触头相连的一端，中性线接在与螺纹口相连的一端，从而防止在更换灯具时出现触电危险。

（2）荧光灯安装方法 荧光灯灯架安装方式可以选择吊装和平装两种方式，可根据施工现场进行选择。

（3）碘钨灯、金属卤素灯的安装注意事项　安装碘钨灯时，必须保持水平，即水平线倾角应小于4°，否则会破坏碘钨循环，缩短灯管寿命。因为灯管发光时周围的温度很高，碘钨灯灯管必须装在专用的有隔热装置的金属灯架上，并且远离易燃物品。而金属卤素灯大多安装在螺口灯头上，安装高度不能低于3m。

（4）临时用电照明装置开关安装注意事项　开关距地面的高度为1.3m，与出、入口的水平距离为0.15~0.2m。同时开关必须接入灯具的相线，不可接入中性线，灯具也不可直接将相线接入灯具。

1.3　临时用电设备接地装置的安装和维护

1.3.1　建筑施工现场防雷设计要求

施工现场内有较多的起重机、井字架和龙门架等机械设备，以及钢脚手架和正在施工的建筑物等的金属结构，这些结构被雷击中的概率相对大，因此当其在相邻建筑物、构筑物等设施的防雷装置接闪器的保护范围以外时，应按表1-4安装防雷装置。

表1-4　施工现场内机械设备及高架设施需安装防雷装置的规定

地区年平均雷暴日/d	机械设备的高度/m
≤15	≥50
>15，<40	≥32
≥40，<90	≥20
≥90及雷害特别严重地区	≥12

表中地区年平均雷暴日，可查询相关国家标准与行业标准中的内容。由于全国多数地区年平均雷暴日均为30~90d，因此除特殊地区之外，可认为超过20m高的钢脚手架、幕墙金属龙骨、正在施工的建筑物以及塔式起重机、井字架、施工升降机、机具、烟囱、水塔等设施均应设有防雷保护措施。

除塔式起重机外的机械设备，若需要安装接闪器，其长度应为1~2m，该机械设备所有固定的动力、控制、照明、信号及通信线路宜采用钢管敷设且钢管与该机械设备的金属结构体应做电气连接。注意做防雷接地的机械上的电气设备，所连接的PE线必须同时做重复接地，同一台机械的电气设备的重复接地和机械的防雷接地可共用同一接地极，但接地电阻应符合重复接地电阻值的要求，即不大于30Ω。

1.3.2　电动建筑机械设备的安装和维护

施工现场中的电动建筑机械设备种类繁多，但总体而言，常见的设备有以下几类：起重设备、焊接设备以及其他类型的设备。

1. 起重设备的安装及使用

在施工现场，起重设备属于大型专用设备，其安装和验收均应符合GB 50256—2014《电

气装置安装工程　起重机电气装置施工及验收规范》的要求。

起重设备在使用及日常维护时，需要注意以下几点：

1）起重机的电源电缆应经常检查，定期维护。轨道式起重机的电源电缆收放通道附近不得堆放其他设备、材料和杂物。

2）在强电磁场源附近工作的塔式起重机，操作人员应戴绝缘手套和穿绝缘鞋，并应在吊钩与吊物间采取绝缘隔离措施，或在吊钩吊装地面物体时，在吊钩上挂接临时接地线。

3）起重机上的电气设备和接线方式不得随意改动。

4）起重机上的电气设备应定期检查，发现缺陷后应及时处理。在运行过程中不得进行电气检修工作。

2. 焊接设备的安装与使用

电焊机是利用正负两极在瞬间短路时产生的高温电弧来熔化焊条上的钎料和被焊材料，使被接触物结合在一起的设备。电焊机在使用时，由于使用低压大电流，从而产生大量的热和干扰磁场，因此在使用和维护时应注意以下几点：

1）电焊机应放置在防雨、干燥和通风良好的地方，且远离易受电磁干扰的设备和易燃、易爆物品。

2）电焊机的外壳应可靠接地，不得串联接地。

3）电焊机的裸露导电部分应装设安全保护罩。

4）电焊机的电源开关应单独设置，发电机式电焊机的电源应采用起动器控制。

5）电焊钳绝缘应良好。

6）施工现场使用交流电焊机时宜装配防触电保护器。

7）电焊机一次侧的电源电缆应绝缘良好，其长度不宜大于 5m。

8）电焊机的二次线应采用防水橡皮护套铜芯软电缆，电缆长度不宜大于 30m，不得采用金属构件或结构钢筋代替二次线的地线。

3. 其他常见设备的安装与维护

1）夯土机械。夯土机械的电源线应采用橡皮绝缘护套铜芯软电缆。同时，使用夯土机械时应按规定穿戴绝缘用品，使用过程中应有专人调整电缆，电缆长度不宜超过 50m，电缆不应缠绕、扭结和被夯土机械跨越，以防线路损坏。夯土机械应设置单独的剩余电流保护器且额定漏电动作电流不应大于 15mA，响应时间不大于 0.1s。

2）外用电梯。外用电梯常用于运送建筑施工人员及施工材料，为保证人员安全，在电梯上下极限位置应安装限位开关，电梯内外应设置急停按钮。

对于外用电梯和物料提升机设备，工作人员在每天工作前必须对行程开关、限位开关、紧急停止开关、驱动机构和制动器等进行空载检查，正常后方可使用。检查时必须有防坠落措施。

3）混凝土搅拌机、插入式振动器、平板振动器、地面抹光机、水磨石机、钢筋加工机械和木工机械等设备的电源线应采用耐气候型橡皮护套铜芯软电缆，并不得有任何破损和接头。

1.3.3　移动及手持设备的选用和维护

1. 行灯选用与维护的注意事项

行灯是在施工现场可移动的照明设备，一般作为局部照明及狭小作业面照明使用。行灯安装与使用时的注意事项如下：

1）行灯应采用Ⅲ类灯具，采用安全特低电压系统，其额定电压值不应超过24V；若作业面狭小或存在大面积可接触金属，或严重潮湿的环境下，其额定电压不应超过12V。

2）行灯灯体及手柄绝缘应良好、坚固、耐热及耐潮湿，灯头与灯体应结合紧固，灯泡外部应有金属保护网、反光罩及悬吊挂钩，挂钩应固定在灯具的绝缘手柄上。

3）额定电压为220V的临时灯具，禁止作为行灯使用。

4）行灯变压器严禁带入金属容器或金属管道内使用。

2．可移式和手持式电动工具

（1）手持式电动工具的选用　根据绝缘方式和绝缘等级的不同，手持式电动工具分为Ⅰ类、Ⅱ类、Ⅲ类3种类型。

1）一般施工现场。一般施工现场可采用Ⅰ类、Ⅱ类手持式电动工具，其金属外壳与PE线的连接点不得少于两处；除塑料外壳Ⅱ类工具外，相关开关箱中剩余电流保护器的额定漏电动作电流不应大于15mA，额定漏电动作时间不应大于0.1s，其负荷线插头应具备专用的保护触头。所用插座和插头在结构上应保持一致，避免导电触头和保护触头混用。

2）潮湿或存在大面积可接触金属的施工环境。在这种施工环境中，使用电动工具时应有人在施工区域外值守，且必须选用Ⅱ类或由安全隔离变压器供电的Ⅲ类手持式电动工具。金属外壳Ⅱ类手持式电动工具在使用时，其金属外壳与PE线的连接点不得少于两处；工具的开关箱和控制箱应设置在作业场所外面；在潮湿场所或金属构架上严禁使用Ⅰ类手持式电动工具。

（2）手持式电动工具的维护

1）日常管理。手持式电动工具在发出或收回时，保管人员应进行一次日常检查；使用前，使用者也应进行日常检查。手持式电动工具的日常检查至少应包括以下项目：

① 是否有产品认证标志及定期检查合格标志。

② 外壳、手柄是否有裂缝或破损。

③ 保护接地线、电源线、电源插头、机械防护装置和电气保护装置是否完好无损。

④ 电源开关有无缺损、破裂，其动作是否正常、灵活。

⑤ 工具的转动部分是否转动灵活、轻快，有无卡阻现象。

2）定期检查。手持式电动工具要由专人进行定期检查，除日常检查项目之外，还需要使用500V的绝缘电阻表进行绝缘监测。其绝缘电阻不应小于表1-5中的要求。

表1-5　符合条件的绝缘电阻值

被试绝缘	绝缘电阻/MΩ
带电部分与壳体之间基本绝缘	2
带电部分与壳体之间加强绝缘	5
带电部分与Ⅱ类工具中仅用基本绝缘与带电部分隔离的金属零件之间	2
Ⅱ类工具中仅用基本绝缘与带电部分隔离的金属零件与壳体之间	7

手持式电工具长期搁置不用时，使用前应测量绝缘电阻。如果绝缘电阻小于表1-5中规定的数值，应进行干燥处理，经检查合格、粘贴"合格"标志后，方可使用。

手持式电工具如有绝缘损坏时，出现电源线护套破裂、保护接地线脱落、插头插座裂开或有损于安全的机械损伤等故障时，应立即进行修理。在未修复前，不得继续使用。

复习思考题

1. 临时供电系统接地极及连接的接地导体敷设应符合哪些要求？
2. 临时用电总配电箱电器元件的设置原则有哪些？
3. 临时用电末级配电箱电器元件的设置原则有哪些？
4. 临时照明系统设置的一般规定有哪些？
5. 使用和维护起重设备时，需要注意哪些事项？

项目 2

基本电子电路的安装与调试

培训学习目标：

熟悉惠斯通电桥、开尔文电桥、信号发生器和示波器等常用电工仪器的工作原理、基本结构和使用方法；熟悉放大电路、触发电路的基本原理；掌握典型放大电路、触发电路的安装、调试方法。

2.1 常用电工仪器的使用

电气测量时常用的仪器主要有惠斯通电桥、开尔文电桥、信号发生器和示波器等。要正确使用这些电工仪器，首先要了解电工仪器的基本常识和使用规则，如果不遵守使用规则，则会在某些场合或者某些情况下得到错误的测量结果。

2.1.1 惠斯通电桥

电桥是利用比较法测量电路参数的仪器，具有很高的准确度和灵敏度。它可以用来测量电阻、电容、电感和电路的参数。电桥可分为测量电容、电感等交流参数的交流电桥和测量电阻等直流参数的直流电桥两种类型；其中直流电桥又分为惠斯通电桥和开尔文电桥两种。

惠斯通电桥是一种测量 1Ω 以上中值电阻的比较精密的测量仪器。惠斯通电桥的测量原理如图 2-1 所示。以 QJ23a 型直流惠斯通电桥为例，介绍它的结构和使用方法。

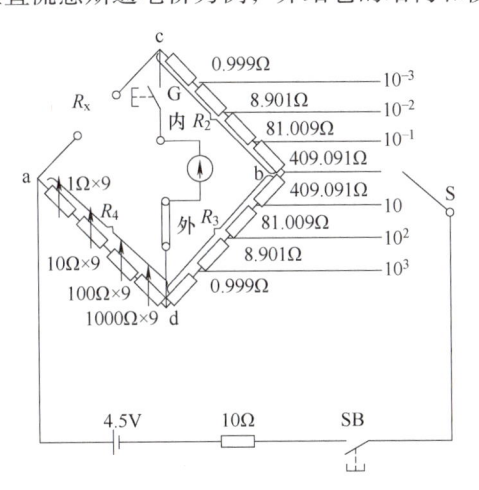

图 2-1 惠斯通电桥的测量原理

图中被测电阻 R_x 和 R_2、R_3、R_4 3 个已知电阻连接成四边形。4 个电阻的连接点 a、b、c、d 称为电桥的顶点,由这 4 个电阻组成的支路 ac、cb、ad、bd 称为桥臂。在电桥的 a、b 两个顶点之间(一般称为电桥输入端)接一个直流电源,而在电桥的 c、d 两个顶点之间(一般称为电桥输出端)接一个指零仪(检流计)。当电桥电源接通之后,调节桥臂电阻 R_2、R_3 和 R_4,使 c、d 两个顶点的电位相等,即指零仪两端没有电位差,其电流 $I_g = 0$,这种状态称为电桥平衡。此时有:

$$R_x = \frac{R_2}{R_3} R_4 \tag{2-1}$$

式(2-1)中,R_2/R_3 称为电桥的比率臂,电阻 R_4 称为比较臂。当电桥平衡时,可以由 R_2、R_3 和 R_4 的电阻值求得被测电阻 R_x。为读数方便,制造时使 R_2/R_3 的值为十进制倍数的比率,如 0.1、1、10、100 等,这样,R_x 便为已知量 R_4 的十进制倍数。用电桥测电阻实际上就是将被测电阻与已知的标准电阻进行比较来确定被测电阻值,只要比率臂电阻和比较臂电阻 R_2、R_3 和 R_4 足够精确,R_x 的测量准确度就足够高。惠斯通电桥的准确度分为 0.01、0.02、0.05、0.1、0.2、0.5、1.0、2.0 共 8 个等级。

式(2-1)是根据 $I_g = 0$ 得出的结论,所以指零仪必须采用高灵敏度的检流计,以确保电桥的平衡条件,从而保证电桥的测量精度。

1. 主要技术指标

1)量程:$1\Omega \sim 11.11M\Omega$。

2)误差:±0.1%。

3)主要参数:QJ23a 型惠斯通电桥的主要参数见表 2-1。

表 2-1　QJ23a 型惠斯通电桥的主要参数

量程倍率	有效量程	准确度等级 内附检流计	准确度等级 外接检流计	电源电压/V
×0.001	1~11.11Ω	0.5	0.5	4.5
×0.01	10~111.1Ω	0.2	0.2	4.5
×0.1	100~1111Ω	0.1		4.5
×1	(1~5)kΩ	0.1	0.1	4.5
×1	(5~11.11)kΩ	0.2	0.1	4.5
×10	(10~50)kΩ	0.5		6
×10	(50~111.1)kΩ	1		6
×100	(100~500)kΩ	2	0.2	15
×100	(500~1111)kΩ	5	0.2	15
×1000	(1~11.11)MΩ	20	0.5	15

4)指零仪电流常数:$<6 \times 10^{-7} A/mm$。

2. 前面板说明

QJ23a 型惠斯通电桥前面板如图 2-2 所示。

3. 使用方法

1)指零仪选择开关拨向"内接",将指零仪指针调至零位。

图 2-2 QJ23a 型惠斯通电桥前面板

1—指零仪选择开关 2—外接指零仪接线柱 3—指零仪指示表头 4—外接工作电源接线柱 5—量程倍率读数开关 6—电源选择开关 7—测量盘个位读数开关 8—被测电阻接线柱 9—测量盘十位读数开关 10—测量盘百位读数开关 11—指零仪按钮（"G"按钮） 12—工作电源按钮（"B"按钮） 13—测量盘千位读数开关

2）估计被测阻值，然后根据表 2-1 将量程倍率变换器转动到适当数值。

3）按下"B"按钮与"G"按钮，并调节测量盘旋钮，使指零仪指针重新回到零位。

$$R_x = 量程倍率读数 \times 标度盘示值$$

例如：量程倍率在×10 挡位，测量盘千位、百位、十位、个位读数开关分别为 4、1、7、0 挡位，根据公式得 $R_x = 10 \times 4170\Omega = 41700\Omega = 41.7k\Omega$。

4）在测量 10kΩ 以上的电阻时，可外接高灵敏度指零仪，电源电压可以相应提高，但不得超过表 2-1 中的数值。

4. 注意事项和维修保养

1）测量电感电路的电阻（如电动机、变压器等）时，应先按"B"按钮，再按"G"按钮；断开时，应先放"G"按钮，再放"B"按钮。

2）外接电源时，电源选择开关拨向"外接"，电源按极性接在接线柱上。

3）如果电桥长期搁置不用，应将电池取出。

4）仪器长期搁置不用，在接触处可能产生氧化，造成接触不良。为使接触良好，应涂上一薄层无酸性凡士林，予以保护。

5）电桥应放在环境温度 5~35℃、相对湿度 25%~80% 的环境内，室内空气中不应含有能腐蚀仪器的气体和有害杂质。

6）仪器应保持清洁，并避免阳光暴晒和剧烈振动。

7）仪器在使用中，如发现指零仪灵敏度显著下降，可能是因电池使用寿命完毕引起，应更换新的电池。

2.1.2 开尔文电桥

开尔文电桥是测量小电阻（1Ω 以下）的精密仪器。开尔文电桥的测量原理如图 2-3 所示。图中 R_x 是被测电阻，R_n 是比较用的可调电阻。R_x 和 R_n 各有两对端钮，C_1 和 C_2、C_{n1} 和 C_{n2} 是它们的电流端钮，P_1 和 P_2、P_{n1} 和 P_{n2} 是它们的电位端钮。

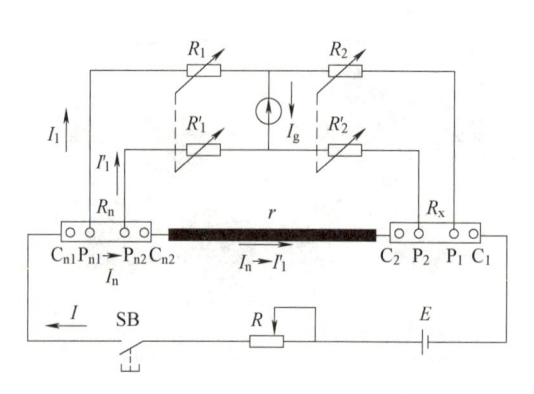

图 2-3　开尔文电桥的测量原理

接线时，必须使被测电阻 R_x 位于电位端钮 P_1 和 P_2 之间，而电流端钮在电位端钮的外侧，否则就不能减少或排除接线电阻与接触电阻对测量结果的影响。可调电阻 R_n 的电流端钮 C_{n2} 与被测电阻 R_x 的电流端钮 C_2 用电阻为 r 的粗导线连接起来。R_1、R_1'、R_2 和 R_2' 是桥臂电阻，其阻值均在 10Ω 以上。在结构上把 R_1 和 R_1' 以及 R_2 和 R_2' 做成同轴调节电阻，以便在改变 R_1 或 R_2 的同时，R_1' 和 R_2' 也会随之变化，并能始终保持：

$$\frac{R_1'}{R_1}=\frac{R_2'}{R_2} \tag{2-2}$$

测量时接上 R_x，调节各桥臂电阻使电桥处于平衡状态。此时，因为 $I_g=0$，可知被测电阻 R_x 为

$$R_x=\frac{R_2}{R_1}R_n \tag{2-3}$$

由此可见，被测电阻 R_x 仅取决于桥臂电阻 R_2 和 R_1 的比值及比较用可调电阻 R_n 而与粗导线电阻 r 无关。比值 R_2/R_1 称为直流开尔文电桥的倍率。所以电桥平衡时，被测电阻值=倍率读数×比较用可调电阻读数。

为了保证测量的准确性，连接 R_x 和 R_n 电流端钮的导线应尽量选用导电性能良好且短而粗的导线。

只要能保证 $\frac{R_1'}{R_1}=\frac{R_2'}{R_2}$，$R_1$、$R_1'$、$R_2$ 和 R_2' 均大于 10Ω，r 又很小，且接线正确，直流开尔文电桥就能够较好地消除或减小接线电阻与接触电阻的影响。因此，用直流开尔文电桥测量小电阻时，能得到较准确的测量结果。这里以 QJ44 型直流开尔文电桥为例，介绍它的结构和使用方法。

1. 技术指标

1）有效量程：0.0001~11Ω，分为 5 个量程。

2）允许误差极限。电桥的参考温度为 (20±1.5)℃，参考相对湿度为 40%~60%；电桥的标称使用温度为 (20±10)℃，标称使用相对湿度为 25%~80%。在参考温度和参考相对湿度的条件下，电桥各量限的允许误差极限 $E_{\lim}$ 为

$$E_{\lim}=\pm C\%\left(\frac{R_N}{10}+X\right) \tag{2-4}$$

式中　X——标度盘示值（Ω）;

　　　C——等级指数;

　　　R_N——基准值（Ω）。

3）主要参数：QJ44 型开尔文电桥的主要参数见表 2-2。

表 2-2　QJ44 型开尔文电桥的主要参数

量程倍率	有效量程/Ω	等级指数 C	基准值 R_N/Ω
×100	1~11	0.2	10
×10	0.1~1.1	0.2	1
×1	0.01~0.11	0.2	0.1
×0.1	0.001~0.011	0.5	0.01
×0.01	0.0001~0.0011	1	0.001

2. 前面板说明

QJ44 型开尔文电桥前面板如图 2-4 所示。

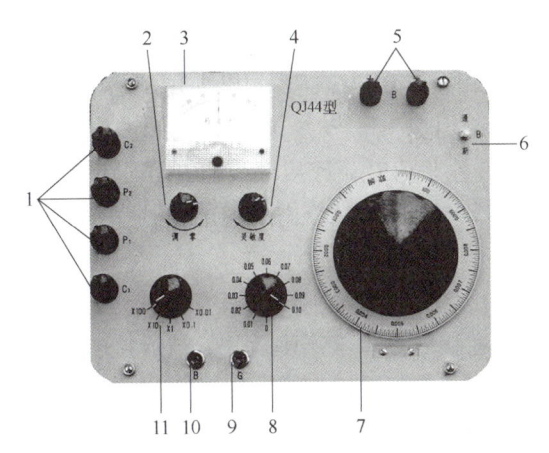

图 2-4　QJ44 型开尔文电桥前面板

1—被测电阻接线柱　2—指零仪电气调零旋钮　3—指零仪指示表头　4—指零仪灵敏度调节旋钮
5—外接工作电源接线柱　6—晶体管检流计工作电源开关（"B_1"开关）
7—滑线读数盘　8—步进读数盘　9—指零仪按钮（"G"按钮）
10—工作电源按钮（"B"按钮）　11—量程倍率读数开关

3. 使用方法

1）在电桥外壳底部的电池盒内，装入 1.5V 电池，并确保内部线路已经连接好，此时电桥即可正常工作。如用外接 1.5~2V 直流电源时，电池盒内的 1.5V 电池应预先取出。

2）将被测电阻连接到电桥相应的 C_1、P_1、P_2、C_2 接线柱上，如图 2-5 所示，A、B 之间为被测电阻。

3）将"B_1"扳到"通"位置，调节指零仪指针指在零位上。

4）估计被测电阻的大小，选择适当量程倍率，先按下"G"按钮，再按下"B"按钮，调节步进读数盘和滑线读数盘，使指零仪指针指在零位上，电桥平衡，被测量电阻按下式计算：

图 2-5 被测电阻与电桥的连接

$$R_x = 量程倍率读数 \times (步进盘读数 + 滑线盘读数)$$

5）在测量未知电阻时，为保护指零仪指针不被打坏，指零仪的灵敏度调节旋钮应放在最低位置，使电桥初步平衡后再增加指零仪灵敏度。在改变指零仪灵敏度或环境等因素变化时，有时会引起指零仪指针偏离零位。

4. 注意事项和维修保养

1）在测量电感电路的直流电阻时，应先按"B"按钮，再按"G"按钮；断开时，先放"G"按钮，后放"B"按钮。

2）测量 0.1Ω 以下的阻值时，"B"按钮应间歇使用。

3）在测量 0.1Ω 以下的阻值时，C_1、P_1、C_2、P_2 接线柱到被测量电阻之间的连接导线的电阻为 0.005~0.01Ω；测量其他阻值时，连接导线的电阻可不大于 0.005Ω。

4）电桥使用完毕后，"B"按钮与"G"按钮应松开。"B_1"应扳到"断"位置，避免浪费检流计放大器工作电源。

5）如果电桥长期搁置不用，应将电池取出。

6）仪器长期搁置不用，在接触处可能产生氧化，造成接触不良。

7）仪器在使用中，如发现指零仪灵敏度显著下降，可能是因电池寿命完毕引起，应更换新的电池。

8）仪器应保持清洁，并避免阳光暴晒和剧烈振动。

2.1.3 信号发生器

信号发生器是一种精密的测量仪器，能够输出连续信号、扫频信号、函数信号和脉冲信号等多种信号，并具有外部测频功能，在实验室中可用作信号源和频率计。下文以 EE1642B1 型函数信号发生器为例进行介绍。

1. 组成及工作原理

函数信号发生器的组成框图如图 2-6 所示。整个系统由两片单片机进行管理和控制，包括控制函数信号发生器产生信号的频率，控制输出信号的波形，测量输出信号或外部输入信号的频率并进行显示，测量输出信号的幅度并进行显示等。

函数信号由专用集成电路产生，该电路具有微机接口，可由微机进行控制，因此整个系统具有较高的可靠性。扫描电路由多片运算放大器组成，以满足扫描宽度、扫描速度的需要。输出级采用宽频带直接耦合功放电路，保证了输出端具有很强的带负荷能力以及输出信号直流电平偏移的调整。

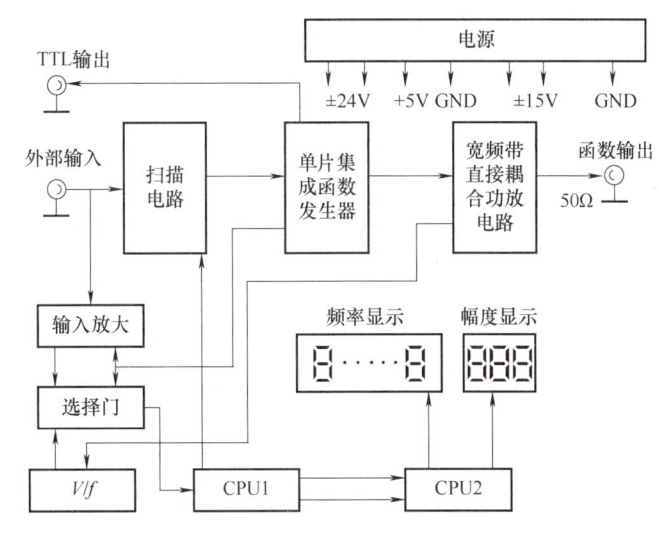

项目 2　基本电子电路的安装与调试

图 2-6　函数信号发生器的组成框图

2. 主要技术指标

（1）函数信号发生器的部分技术指标

1）输出频率：0.1Hz~15MHz（正弦波），按十进制共分 8 挡，见表 2-3。

表 2-3　EE1642B1 型函数信号发生器的输出频率分挡情况

刻度	频率范围	刻度	频率范围
×1	0.1~2Hz	×10k	（2~20）kHz
×10	2~20Hz	×100k	（20~200）kHz
×100	20~200Hz	×1M	（200~2000）kHz
×1k	200~2000Hz	×10M	（2~15）MHz

2）输出阻抗：函数输出阻抗为 50Ω，TTL 输出阻抗为 600Ω。

3）输出信号波形：函数输出（对称或非对称输出）有正弦波、三角波和方波，TTL 输出矩形波。

4）输出信号幅度。函数输出：不衰减时，（1~10）=×（1±10%）V（峰峰值），连续可调。衰减 20dB 时，（0.1~1）=×（1±10%）V（峰峰值），连续可调。衰减 40dB 时，（10~100）=×（1±10%）mV（峰峰值），连续可调。将"20dB"与"40dB"两个按钮同时按下时，其衰减为 60dB。TTL 输出："0"电平时，小于或等于 0.8V；"1"电平时，大于或等于 1.8V（负荷电阻大于或等于 600Ω）。

5）函数输出信号直流电平偏移调节范围：关断或（-5~+5）=×（1±10%）V（50Ω负荷）。负荷电阻大于或等于 1MΩ 时，调节范围为（-10~+10）=×（1±10%）V。

6）函数输出信号衰减：0dB、20dB 和 40dB。

7）输出信号类别：单频信号、扫频信号和调频信号（受外控）。

8）函数信号输出非对称性（占空比）调节范围：关断或 20%~80%（关断位置时输出波

形为对称波形，误差小于或等于2%）。

9）扫描方式：内扫描方式为线性或对数，外扫描方式由VCF输入信号决定。

10）内扫描特性：扫描时间为（10~5000）×(1±10%)ms，扫描宽度大于1个频程。

11）外扫描特性：输入阻抗约为100kΩ。输入信号幅度为0~2V，输入信号周期为10ns~5s。

12）输出信号特性。

① 正弦波失真度：<1%。

② 三角波线性度：>99%（输出幅度的10%~90%）。

③ 脉冲波上升沿、下降沿时间（输出幅度的10%~90%）：≤30ns。

④ 脉冲波的上升沿、下降沿过冲：≤5%U_o（50Ω负荷）。

⑤ 测试条件：输出幅度5V（峰峰值），频率10kHz，直流电平调节为关断位置，对称性调节为"关"位置，整机预热10min。

13）输出信号频率稳定度：±0.1%/min，测试条件同上。

14）幅度显示：

① 显示位数：3位（小数点自动定位）。

② 显示单位：V（峰峰值）或mV（峰峰值）。

③ 显示误差：U_o（1±20%），±1个字（U_o为输出信号的峰峰值，负荷电阻为50Ω，当负荷电阻大于或等于1MΩ时，U_o读数需乘以2）。

④ 分辨率（50Ω负荷）：0.1V（峰峰值，衰减0dB）；10mV（峰峰值，衰减20dB）；1mV（峰峰值，衰减40dB）。

15）频率显示。显示范围：0.2Hz~20MHz。显示有效位数：5位［(10000~20000)kHz］；4位［(1000~9999)kHz］；3位［$(5.00~9.99)×10^n$Hz］，式中n=0、1、2、3、4、5。

（2）频率计数器部分的主要技术参数

1）频率测量范围：0.2Hz~20MHz。

2）输入电压范围（衰减0dB）：50mV~2V（10Hz~20MHz）；100mV~2V（0.2~10Hz）。

3）输入阻抗：500kΩ/30pF。

4）波形适应性：正弦波、方波。

5）滤波器截止频率：大约为100kHz（带内衰减，满足最小输入电压要求）。

6）测量时间：0.1s（f_i≥10Hz）；单个被测信号周期（f_i<10Hz）。

7）显示方式：显示范围为0.2Hz~20MHz。显示有效位数为5位（10Hz~20MHz）；4位（1~10Hz）；3位（0.2~1Hz）。

8）测量误差：时基误差±触发误差（单周期测量时被测信号的信噪比优于40dB，则触发误差小于或等于0.3%）。

9）时基：标称频率为10MHz，频率稳定度为±($5×10^{-5}$)。

（3）电源电压

交流220×(1±10%)V，频率50×(1±5%)Hz，功耗小于或等于30V·A。

3. 前面板说明

函数信号发生器前面板如图2-7所示。

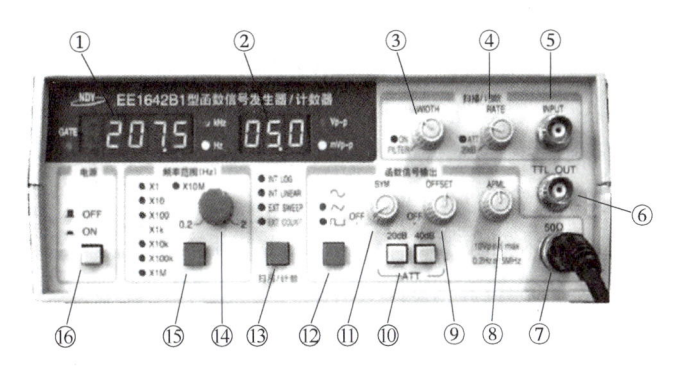

图 2-7 函数信号发生器前面板

图 2-7 中各部分的含义如下：

① 频率显示窗口：显示输出信号的频率或外测频信号的频率。

② 幅度显示窗口：显示函数输出信号的幅度（50Ω 负荷时的峰峰值）。

③ 扫描宽度调节旋钮：调节此旋钮可以改变内扫描的扫频范围。在外测频时，逆时针旋到底（绿灯亮），外输入被测信号经过滤波器后进入测量系统。

④ 扫描速率调节旋钮：调节此旋钮可以改变内扫描的时间长短。在外测频时，逆时针旋到底（绿灯亮），外输入被测信号经过衰减 20dB 后进入测量系统。

⑤ 外部输入插座：外扫描控制信号或外测频信号由此输入。

⑥ TTL 信号输出端：输出标准的 TTL 幅度的脉冲信号，输出阻抗为 600Ω。

⑦ 函数信号输出端：输出多种波形受控的函数信号，最大输出幅度为 20V（峰峰值，1MΩ 负荷）和 10V（峰峰值，50Ω 负荷）。

⑧ 函数信号输出幅度调节旋钮：调节范围为 20dB。

⑨ 输出函数信号的直流电平调节旋钮：调节范围为 −5～+5V（50Ω 负荷）。当电位器在"关"位置时，为低电平"0"。

⑩ 函数信号输出幅度衰减按钮："20dB""40dB"两按钮均不按下，输出信号不衰减，直接输出到插座口；按下"20dB"或"40dB"按钮，则可选择 20dB 或 40dB 衰减；若"20dB""40dB"两按钮同时按下，则衰减 60dB。

⑪ 输出波形对称性调节旋钮：调节此旋钮可改变输出信号的对称性。当电位器在"关"位置时，输出对称信号。

⑫ 函数输出波形选择按钮：可选择输出正弦波、三角波或脉冲波。

⑬ "扫描/计数"按钮：可选择多种扫描方式和外测频方式。

⑭ 频率调节旋钮：在选定的范围内调节输出信号频率。

⑮ 频率范围选择按钮：选择输出信号频率的范围。

⑯ 电源开关：按下此按钮时，接通电源，整机工作；释放此按钮后，则会关掉整机电源。

4. 使用方法

（1）50Ω 主函数信号输出

1）由函数信号输出端⑦连接测试电缆（一般要接 50Ω 匹配器），输出函数信号。

2）由频率范围选择按钮⑮选定输出函数信号的频段，由频率调节旋钮调整输出信号的频率，直到所需的值。

3）由函数输出波形选择按钮⑫选定输出波形的种类：正弦波、三角波或脉冲波。

4）由函数信号输出幅度衰减按钮⑩和调节旋钮⑧调节输出信号的幅度。

5）由信号的直流电平调节旋钮⑨调整输出信号的直流电平。

6）输出波形对称性调节旋钮⑪可改变输出脉冲信号占空比，与此类似，输出波形为三角波或正弦波时，可使三角波变为锯齿波，正弦波变为上升半周和下降半周分别为不同角频率的正弦波形。

（2）TTL 脉冲信号输出

1）由 TTL 信号输出端⑥连接测试电缆（不接 50Ω 匹配器），输出 TTL 脉冲信号。

2）除信号电平为标准 TTL 电平外，其重复频率、操作方法与函数输出信号相同。

（3）内扫描扫频信号输出

1）"扫描/计数"按钮⑬选定为内扫描方式。

2）分别调节扫描宽度调节旋钮③和扫描速率调节旋钮④获得所需的扫描信号输出。

3）函数信号输出端⑦、TTL 信号输出端⑥均输出相应的内扫描的扫频信号。

（4）外扫描调频信号输出

1）"扫描/计数"按钮⑬选定为外扫描方式。

2）由外部输入插座⑤输入相应的控制信号，即可得到相应的受控扫描信号。

（5）外测频功能检查

1）"扫描/计数"按钮⑬选定为外计数方式。

2）用本仪器提供的测试电缆，将函数信号引入外部输入插座⑤，观察显示频率应与"内"测量时相同。

2.1.4 数字示波器

示波器是一种用途广泛的电子测量仪器。它能把我们肉眼看不见的电信号变换成看得见的图像，便于人们研究各种电现象的变化过程。利用示波器能观察各种不同信号的幅度随时间变化的波形曲线，还可以用它测试各种不同的电量，如电压、电流、频率、相位差和调幅度等。在电子技术实践中，经常需要同时观察两种以上的信号随时间变化的过程，并对这些不同的信号进行电参量的测试和比较。

数字示波器是综合数据采集、A-D 转换和软件编程等技术制造出来的高性能示波器，由于具有波形触发、存储、显示、测量和波形数据分析处理等独特优点，其使用日益普及。

数字示波器的工作原理分为波形的取样与存储、波形的显示和波形的测量及处理等部分。其工作过程为存储和显示两个阶段：在存储阶段，模拟输入信号经适当的放大和衰减后送入A-D 转换器，转换器输出的数字信号写入存储器中；在显示阶段，一方面将信号从存储器中取出，送入 D-A 转换器转换成模拟信号，经垂直放大器放大后加到示波器的垂直偏转板上。同时，CPU 读出的地址信号加至 D-A 转换器，得到一阶梯电压，经水平放大器放大后加到示波器的水平偏转板上，从而达到了在示波器上以稠密的光点重现模拟输入信号。

GDS-2102 型数字示波器是 100MHz 的宽带双通道数字示波器，其外形如图 2-8 所示，主要用以观察比较波形形状，测量电压、频率、时间、相位和调制信号的某些参数，具有自动测试、存储功能。

图 2-8　GDS-2102 型数字示波器的外形

1. 主要技术指标

（1）垂直轴（Y 轴）

1）输入灵敏度：2mV/div～5V/div，按 1、2、5 挡顺序步进，各挡均可微调，其微调增益变化范围大于指示灵敏度值的 2.5 倍。

2）精度：校准后，在 20～30℃下，精度为±3%，在使用"×5MAG"时为±5%。

3）频率范围：DC 耦合时为（0～100）MHz；AC 耦合时为 10Hz～100MHz。

4）上升时间：约 2.5ns。

5）输入阻抗：1×(1±2%)MΩ，16pF。

6）最大输入电压：300V（DC+AC 峰值）。

7）过冲：≤8%。

（2）水平轴（X 轴或时间轴）　扫描时间（即扫描速率范围）：1ns/div～10s/div，按 1、2、5 挡顺序步进，校准后各挡精度为±5%，各挡均可微调，其微调范围大于指示值的 2.5 倍。

（3）校正信号　1kHz(±20%)、幅值 $2V_{p-p}$(±3%)、占空比最小为 48∶52 的方波信号。

（4）电源　47～63Hz，电压 AC 100～240V，正常情况下已设为 220V，其他情况需进行设置。

（5）最大允许输入电压

1）直接输入：300V（DC+AC 峰值，1kHz）。

2）使用探头输入：400V（DC+AC 峰值，1kHz）。

3）外触发输入：300V（DC+AC 峰值，1kHz）。

4）Z 轴输入：30V（DC+AC 峰值）。

2. 前面板说明

GDS-2102 型数字示波器前面板如图 2-9 所示，各按键（旋钮）功能及基本用法见表 2-4。

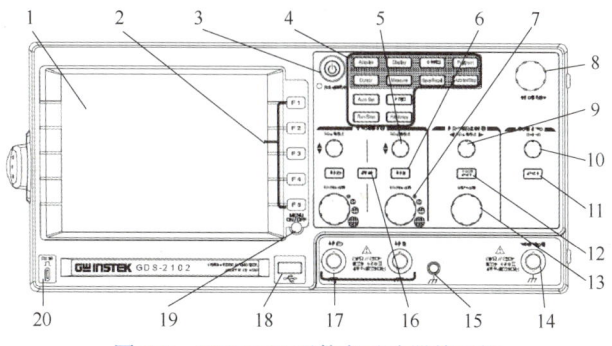

图 2-9　GDS-2102 型数字示波器前面板

表 2-4 前面板各按键（旋钮）功能及基本用法

编号	名称	功能说明
1	LCD（液晶显示器）	TFT 彩色 LCD 具有 320×234 的分辨率
2	主菜单显示键 F1~F5	一组位于显示器右边相互关联的功能键
3	开关/待机键 ON/STBY	按一次为开机（亮绿灯），再按一次为待机状态（亮红灯）
4	主要功能键	Acquire 键为波形采集模式 Display 键为显示模式的设定 Utility 键为系统设定，用于 Go-No Go 测试、打印，与 Hardcopy 键并用可作数据传输和校正 Program 键与 Auto test/Stop 键并用可用于程序设定和播放 Cursor 键为水平与垂直设定的光标 Measure 键用于自动测试 Help 键为操作辅助的说明 Save/Recall 键为储存/读取 USB 和内部存储器之间的图像、波形和设定储存 Auto Set 键为自动搜寻信号和设定 Run/Stop 键进行或停止浏览的信号
5	垂直位置旋钮 Vertical Position	将垂直信号向上（顺时针旋转）或向下（逆时针旋转）移动
6	CH1、CH2 菜单键	开启或关闭通道波形显示和垂直功能选单
7	波形 Y 轴灵敏度旋钮 Volts/Div	调节波形在 Y 轴的电压标度
8	参数旋钮 Variable	顺时针旋转此钮为增加数值或移动到下一个参数，逆时针旋转此钮则减少数值或回到前一个参数
9	水平位置旋钮 Horizontal Position	将波形往右（顺时针旋转）移动或往左（逆时针旋转）移动
10	触发水平 Trigger Level	设定触发位置：顺时针旋转为增加刻度，逆时针旋转为减少刻度
11	触发菜单键 Trigger Menu	触发信号的设定
12	水平菜单键 Horizontal Menu	水平浏览信号
13	时间刻度旋钮 Time/Div	设置水平方向时间刻度：顺时针旋转为增加刻度，逆时针旋转为减少刻度
14	外触发输入	外触发信号输入端口
15	接地端	连接待测体的接地导线端子
16	数学键 Math	根据信道的输入信号执行数学处理
17	信号输入端口	通道 1：CH1；通道 2：CH2
18	USB 接口	1.1/2.0 兼容的 USB 接口，用于打印与数据存储和读取
19	主菜单显示键 Menu On/Off	在显示器上显示或隐藏功能选单
20	测试信号输出	输出 $2V_{p-p}$ 的测试棒补偿信号

日常工作中使用的另一种 GDS-2202A 型数字示波器采用 8inLCD 显示屏，200MHz 频宽，2 输入通道，其面板如图 2-10 所示，各部分功能见表 2-5。

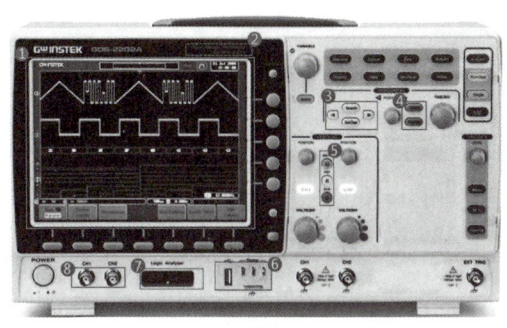

正面

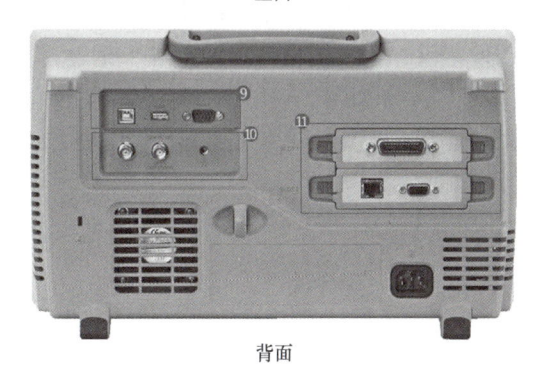

背面

图 2-10　GDS-2202A 型数字示波器面板

表 2-5　GDS-2202A 型数字示波器面板功能

编号	名称
1	8in 荧屏显示
2	2GSa/s 及时取样率
3	波形搜寻功能
4	波形局部放大与播放键
5	数学运算、参考波形与汇流排执行快速键
6	三个展示输出
7	数位通道输入端
8	信号产生器输出端
9	标准界面：USB、RS-232C
10	校正 Go/No Go 输出
11	选配模组：LAN/SVGA、GPIB、信号产生器、逻辑分析仪

3．基本使用方法

（1）测量准备

1）在开机前首先应检查电源电压是否符合仪器要求，然后将 Y 轴工作方式置"CH1"、触发模式"TRIG MODE"置"AUTO"、触发源"TRIG SOURCE"置"INT"、通道输入方式置"DC"。

2）接通电源，先将主电源开关切换到 ON，前面板的 ON/STBY 指示器会亮红灯，接着按下 ON/STBY 键，ON/STBY 指示器会亮绿灯。等仪器预热几分钟后再进行操作。

3）调节 Y 轴和 X 轴的"POSITION"旋钮，使屏幕上时基线位置合适。

（2）对示波器和测试探头线的校准　测量信号时，通常采用带屏蔽的专用测试探头线直接连接示波器输入端和被测点，进行准确的测试。示波器探头都设有衰减开关。若开关置于×10挡时，表示 Y 轴电压衰减为实际的 1/10，读数时要把它考虑进去。例如示波器中读出为 20mV，那么实际信号为 200mV。为避免测量误差，测量前需要校正探头。具体操作方法如下：

1）连接测试探棒到 CH1 的输入端，测试探棒的衰减刻度设定到×10，把探头的尖端连到示波器的标准信号端，以获得 $2V_{p-p}$、1kHz 的方波输入信号。

2）按"Auto Set"自动设定键，示波器会自动调整水平刻度、垂直刻度和触发水平。

3）观察示波器波形，若看到波形如图 2-11b、c 所示，则需进行调整。通过调整探头上的半固定调节器，以校正探头中的电容值，直到波形达到如图 2-11a 所示的最佳状态。

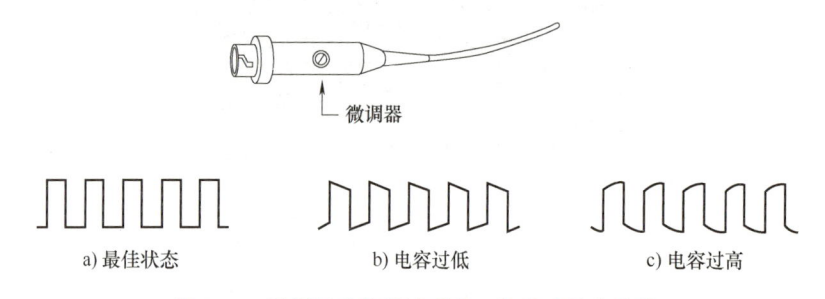

a) 最佳状态　　b) 电容过低　　c) 电容过高

图 2-11　根据标准信号波形校正探头中的电容值

（3）波形的观察

1）只观察 CH1 波形时，应进行如下设置：按下 Y 轴工作方式置"CH1"、触发模式"TRIG MODE"置"AUTO"、触发源"TRIG SOURCE"置"INT"、输入方式置"AC"（用以测量交流）或"DC"（用以测直流或交流），将 X 轴和 Y 轴的位移旋钮"POSITION"、Y 轴灵敏度旋钮"Volts/Div"和时间刻度旋钮"Time/Div"调至合适的值，屏幕即可显示大小适中、疏密合适的波形。

如波形不稳，可调节触发水平旋钮"Trigger Level"使波形稳定，如波形仍不稳定，应检查输入电缆的接地端是否已与测试电路接地端可靠连接。

2）若要观察 25Hz 以下的低频信号时，应将触发模式"TRIG MODE"置"NORM"。

3）若同时观察 CH1、CH2 信号，只要将第 1 步中的 Y 轴工作方式置"CH2"。

4）若只观察 CH2 信号，应将第 1 步中的按键"CH1"松开，只按下按键"CH2"，触发源"TRIG SOURCE"置"CH2"。

（4）直流电压的测量　将输入方式置"GND"，扫描线所在位置即为零电平位置，调 Y 轴"POSTION"旋钮使零线与一合适的水平线重合以便于测量。然后将输入方式置"DC"，Y 轴灵敏度开关置合适位置，并注意将 Y 轴灵敏度微调旋钮右旋至底（处于校正位置）。

（5）交流电压的测量　将输入方式置"DC"或"AC"，Y 轴灵敏度置合适位置并处于校正状态，使波形大小占几大格。若测量叠加在较大直流上的小信号，为便于放大小信号进行观测，应采用"AC"输入方式。若测量脉冲信号的电平变化，应采用"DC"输入方式，且

项目 2　基本电子电路的安装与调试

需像直流那样确定零线位置。

（6）快速操作方式　利用该数字示波器设置的功能键 Acquire、Channel、Cursor、Display Auto Set、Run/Stop、Auto test/Stop、Hardcopy 和 F1~F5 键的组合来完成一些测试功能、模式的设置，信号的获取，信号的处理、存储等快捷操作功能，简要的按键使用方法说明见表 2-6。

表 2-6　简要的按键使用方法说明

功能	按键	功能	按键
采集和光标设置		测量信号	
选择采集模式	Acquire→F1~F4	自动设定刻度	Auto Set
选择记忆长度	Acquire→F5	自动测量时间	Measure→F1→F3（重复）
选择水平光标	Cursor→F1、F2	自动测量电压	Measure→F1→F3（重复）
选择垂直光标	Cursor→F1、F3	检视测量结果	Measure→Measure
显示器		系统设置	
固定波形	Run/Stop	远程控制接口	Utility→F2→F1（重复）
更新显示画面	Display→F3	显示系统数据	Utility→F5→F2
显示网格线	Display→F5	选择语言	Utility→F4
F1~F5 功能选单开关	Menu ON/OFF	设定日期/时间	Utility→F5→F5→F2→F1
选择 vectors/dots 波形	Display→F1	快速存到 USB	Utility→F1→F1 Hardcopy
缩放水平画面	HORIMENU→F2、F3	储存图像	Save/Recall→F5→F1→F1~F4
转动水平画面	HORIMENU→F4	储存设定	Save/Recall→F3→F1~F4
检视 XY 模式	HORIMENU→F5	储存波形	Save/Recall→F4→F1~F4
反转波形	CH1/2/3/4→F2	使用边缘（Edge）触发	Trigger→F1（重复）→F2、F3、F5→F1~F4
限制频宽	CH1/2/3/4→F3	加/减	MATH→F1（重复）→F2~F4
选择耦合模式	CH1/2/3/4→F1		
选择测试探棒衰减	CH1/2/3/4→F4		

2.2　放大电路的安装与调试

在生产中经常会用一些微弱的信号去控制或驱动大功率负荷，这些微弱信号的电压幅值一般为 mV 或 μV 级别。比如汽车仪表盘上显示的数据，这些数据需要传感器采集温度、压力等微弱的非电信号，经放大之后，再经过汽车微机的分析和计算，显示在仪表盘上。

2.2.1　阻容耦合放大电路

1. 耦合电路概述

在多级放大电路中，每两个单级放大电路之间的连接方式叫作耦合。实现耦合的电路称为级间耦合电路，其任务是将前级信号传送到后级，进一步放大信号。耦合方式有阻容耦合、变压器耦合和直接耦合等。

（1）阻容耦合　阻容耦合是使用电阻、电容构成级间耦合电路，如图 2-12 所示，常用于低频放大电路，其特点是各级静态工作点互不影响，不适合传送缓慢变化的信号。因为在集成电路中不方便制作大电容，故而不能应用于集成电路中。

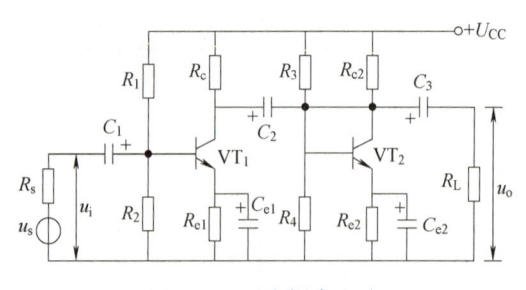

图 2-12　阻容耦合电路

（2）变压器耦合　变压器耦合是使用变压器构成级间耦合电路，如图 2-13 所示，常用于功放电路。

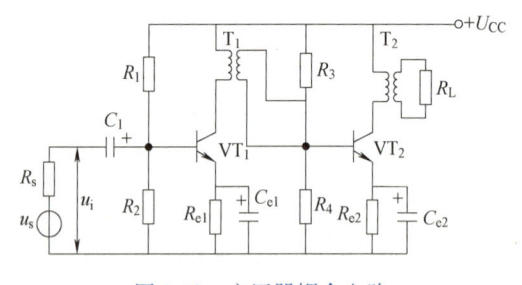

图 2-13　变压器耦合电路

（3）直接耦合　如图 2-14 所示，输入与输出直接相接，没有任何耦合元件，故称为直接耦合常用于直流放大电路和线性集成电路中。其特点是能传送交、直流信号。

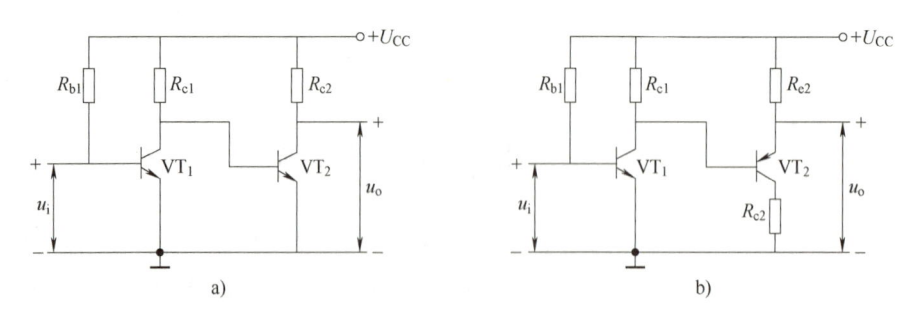

图 2-14　直接耦合电路

2. 阻容耦合放大电路的分析

因为电容具有隔直流通交流的作用，所以各级放大器的静态工作点相互独立，不会相互影响，也不会影响输入信号的传输。要发挥阻容耦合电路的放大作用，需要阻容耦合放大电路满足以下要求：在静态（$u_i=0$）时，各级都有合适的静态工作点；在动态（$u_i \neq 0$）时，输出信号的波形不失真且减少压降损耗。

对于多级阻容耦合放大电路来说，前一级的输出电压作为后一级的输入电压；后一级的输入电阻是前一级的交流负荷电阻；总电压放大倍数为各级放大倍数的乘积；总输入电阻 R_i 即为第一级的输入电阻 R_{i1}，总输出电阻即为最后一级的输出电阻。

（1）静态分析　图 2-15 为两级阻容耦合放大电路，放大电路无输入信号（$u_i = 0$）时，电路由直流电源 U_{CC} 供电，所以整个两级耦合放大电路中只存在直流电，此时放大电路的工作状态称为静态。晶体管是放大电路的核心，在静态时晶体管的直流电流 I_{BQ}、I_{CQ}，以及电压 U_{BEQ} 和 U_{CEQ} 统称为放大电路的静态工作点，用 Q 表示。

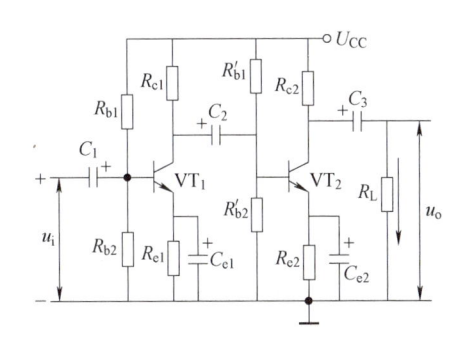

图 2-15　两级阻容耦合放大电路

在进行静态分析时，先要画出直流通路（电路中只有直流电，所以信号源和电容均看作开路），再根据直流电路求出 I_{CQ}、I_{BQ} 及 U_{CEQ} 的值，即能确定静态工作点，见式（2-5）~式（2-7）（β 为晶体管的电流放大系数）。

$$U_{BQ} = \frac{R_{b2}}{R_{b1}+R_{b2}} U_{CC}$$

$$I_{CQ} \approx I_{EQ} = \frac{U_{BQ}-U_{BEO}}{R_e} \tag{2-5}$$

$$I_{BQ} = \frac{I_{CQ}}{\beta} \tag{2-6}$$

$$U_{CEQ} = U_{CC} - I_{CQ}(R_c + R_e) \tag{2-7}$$

由于 C_2 耦合电容有"隔直"的作用，所以前后两级电路的静态工作点相互独立。直流通路（两级放大电路的直流通路一样）如图 2-16 所示。第一级和第二级放大电路的静态工作点的计算方法相同。

例 2-1　在具有分压式稳定工作点偏置电路的放大器中，$R_{b1} = 30\text{k}\Omega$，$R_{b2} = 10\text{k}\Omega$，$R_c = 2\text{k}\Omega$，$R_e = 1\text{k}\Omega$，$U_{CC} = 9\text{V}$，试估算 I_{CQ} 和 U_{CEQ}（U_{BEQ} 为 0.7V）。

解：直流电路如图 2-16 所示。

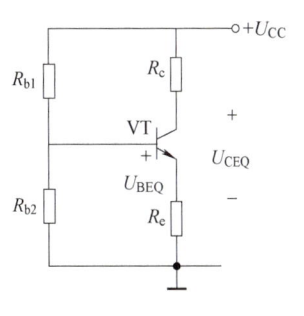

图 2-16　直流通路

$$U_{BQ} = \frac{R_{b2}}{R_{b1}+R_{b2}} U_{CC} = \frac{10\text{k}\Omega}{10\text{k}\Omega + 30\text{k}\Omega} \times 9\text{V} = 2.25\text{V}$$

$$I_{CQ} \approx I_{EQ} = \frac{U_{BQ} - U_{BEQ}}{R_e} = \frac{2.25\text{V} - 0.7\text{V}}{1\text{k}\Omega} = 1.55\text{mA}$$

$$U_{CEQ} = U_{CC} - I_{CQ}(R_c + R_e) = 9\text{V} - 1.55\text{mA} \times (1\text{k}\Omega + 2\text{k}\Omega) = 4.35\text{V}$$

普通共发射极放大电路的静态工作点会随着温度、环境和元器件的影响而发生变化，而分压式偏置电路能基本保证静态工作点的稳定性。当因更换晶体管而导致 β 发生变化时，分压式偏置电路能够自动改变 I_B 值以抵消 β 变化的影响。

（2）动态分析　所谓动态，指的是放大电路有信号输入（$u_i \neq 0$）时的工作状态。动态分析是研究信号的放大情况，目的是确定放大电路的放大倍数、输入电阻和输出电阻。通过获取以上信息可分析出放大电路对输入信号的放大能力及与信号源、负荷进行匹配的条件。

2.2.2　三端集成稳压电路

把分立元器件集成在一个模块内，组成一个整体即集成电路。集成稳压电路具有体积小、可靠性高、性能技术指标好、使用简单灵活及价格便宜等优点。集成稳压电路种类繁多，按制作工艺和结构可分为单片式和混合式，按工作原理分为串联、并联、开关调整方式，固定输出和可调输出方式等。集成稳压电路的主要性能参数如下：

1）稳压系数 S_r：环境温度和负荷不变时，稳压电路输出电压的相对变化量与输入电压的相对变化量之比，即 $S_r = \frac{\Delta U_o / U_o}{\Delta U_i / U_i} \times 100\%$，它反映了电网电压波动的影响。有时还用电压调整率 S_U，它表示环境温度和负荷电流不变，输出电压相对变化量与对应的输入电压增量的百分比，即 $S_U = \frac{\Delta U_o / U_o}{\Delta U_i} \times 100\%$。稳压系数或电压调整率越小，表明稳压性能越好。

2）电流调整率 S_I：输入电压 U_o 和环境温度不变，负荷电流 I_L 从 0 变化到最大值（稳压电路允许的电流值）引起输出电压的相对变化量，与 ΔI_L 的比值即 $S_I = \frac{\Delta U_o / U_o}{\Delta I_L}$，电流调整率的数值越小，带负荷能力越强。

3）输出电阻 R_o：输入电压 U_i 和环境温度不变，输出电压变化量与输出电流变化量之比，即 $R_o = \frac{-\Delta U_o}{\Delta I_L}$，其中负号表示外特性 ΔU_o 随 ΔI_L 增大而减小。

4）纹波抑制能力 S_R：输入和输出条件不变时，输入纹波电压最大值 U_{im} 与输出纹波电压最大值 U_{om} 之比，用分贝数表示为 $S_R = 20\lg\frac{U_{im}}{U_{om}}\text{dB}$。它表明稳压电路输出电压中含有交流分量的多少。

5）温度系数 S_T：输入电压负荷电流不变时，温度每变化一单位所引起的输出电压相对变化的百分比，即 $S_T = \frac{\Delta U_o / U_o}{\Delta T} \times 100\%$。它表示环境温度变化时，输出电压的稳压程度。

6）最大输出电流 I_{omax}：它是指稳压电路能够输出的电流最大值。为了保证稳压电路能够正常工作，电路中要装散热器。

7）最大输入电压 U_{imax}：指稳定电路输入端允许加的最大电压值，与其击穿电压有关。

8）最小输入与输出电压 $(U_i-U_o)_{min}$：保证稳压电路正常工作，要求的压差最小值，反映了所要求的输入电压最小值。

1. 78、79 系列三端集成稳压电路

通常所说的稳压电源，就是当电网电压波动或负荷发生变化时，能使输出电压稳定的电路。简单的直流稳压电源是稳压管稳压电路，电路简单，但带负荷能力差，一般只用于提供基准电压，不作为电源使用。若要获得稳定性高且连续可调的直流电压，应采用由晶体管或集成运算放大器组成的线性集成稳压电源。

集成稳压器是模拟集成电路中的一个重要分支，它具有输出电流大、输出电压高、体积小和成本低的优点，而且它所需外接元器件较少，便于安装与调试，工作可靠，因此在实际工作中得到了广泛应用。集成稳压器将取样、基准、比较放大、调整及保护环节集成在一个芯片中。按工作方式，它可分为串联型和并联型；按输出电压是否可调，它分为固定式和可调式；按外部结构，它可分为三端固定式和多端式等。

在线性集成稳压电源中，三端集成稳压器具有外围电路简单、使用方便及工作安全可靠的优点，不需做任何调整，适合作通用型标称输出的稳压电源。

集成稳压器是将稳压电路的主要元器件甚至全部元器件制作在一块硅基片上的集成电路，因而具有体积小、使用灵活和工作可靠等特点。三端固定输出集成稳压器主要有 78×× 系列（输出正电压）和 79×× 系列（输出负电压），×× 代表输出电压，有 5V、6V、8V、12V、15V、18V 和 24V 等。其额定输出电流以 78 或 79 后面的字母来区分：L 表示 0.1A，M 表示 0.5A，无字母表示 1.5A。如 7812 表示输出电压为 +12V，额定输出电流为 1.5A。

三端集成稳压器只有 3 个外部接线端子：输入端、输出端和公共端，分为固定式和可调式两类。CW7800 和 CW7900 系列三端固定输出集成稳压器的外形如图 2-17a 所示，其中 CW7800 系列①脚为输入端，②脚为公共端，③脚为输出端；CW7900 系列①脚为公共端，②脚为输入端，③脚为输出端。这两种系列的稳压电路都是串联调整型，由启动电路、取样电路、比较放大电路、基准电压调整电路及保护电路等组成。三端固定输出集成稳压器的引脚排列如图 2-17b 所示。

（1）内部电路结构　图 2-18 为 78×× 系列集成稳压器的内部原理框图。图中采用了串联式稳压电源的电路，并增加了一级启动电路和保护电路，使用时更加可靠。

（2）典型应用电路

1）固定输出电压的稳压电路。图 2-19 为 CW7800 和 CW7900 系列集成稳压器构成的固定输出电压的稳压电路。已知：$C_1=0.33\mu F$，$C_2=0.1\mu F$，$C_3=100\mu F$，其中图 2-19a 是 CW7800 系列，输出正电压，图 2-19b 是 CW7900 系列，输出负电压。输入端电容 C_1 的电容量一般取 $0.1\sim1\mu F$，用来抵消输入端引线过长的电感效应，防止产生自激振荡；输出端的电容 C_2 用来改善暂态响应，使瞬时增减负荷电流时不致引起输出电压有较大的波动，以削弱电路的高频噪声，一般取 $0.1\mu F$。C_3 用于滤除输出电压中的纹波电压，一般取几十微法。VD 是保护二极管，防止电容 C_3 通过集成稳压器放电而损坏元器件。

2）提高输出电压的电路。如果需要的直流稳压电源，其值高出集成电路稳压值，可以通过外接元器件提高输出电压，如图 2-20 所示。由图可知，该电路的输出电压为 $U_o=U_{xx}+U_z$。

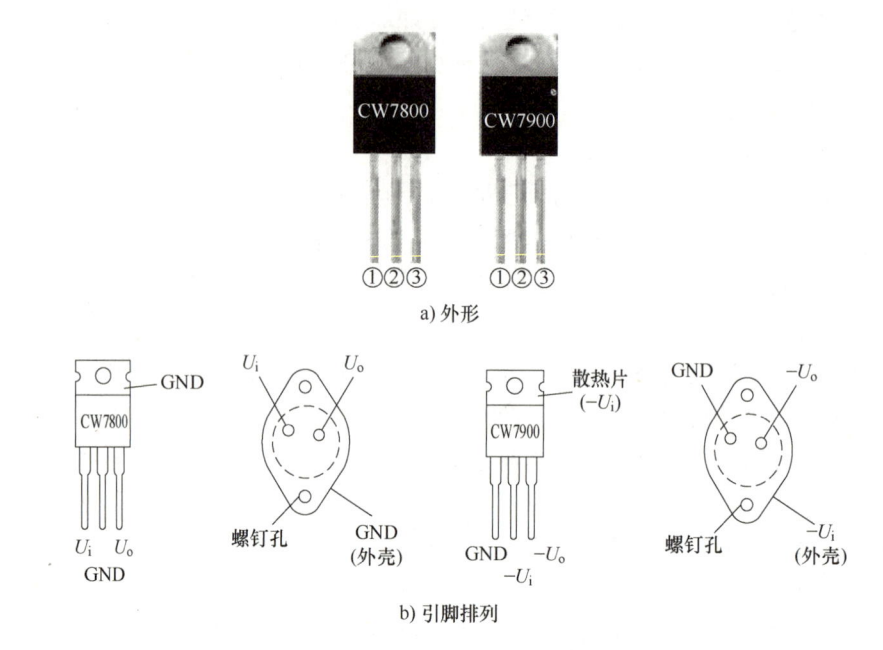

图 2-17 CW7800 和 CW7900 系列三端固定输出集成稳压器的外形及引脚排列

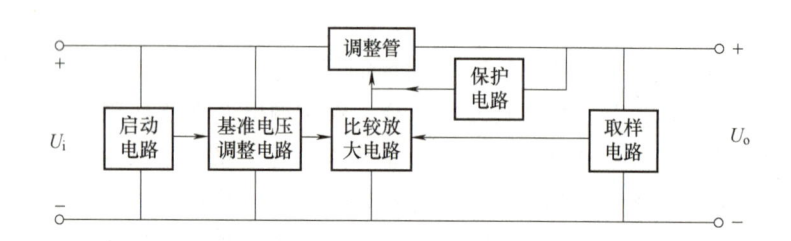

图 2-18 78××系列集成稳压器的内部原理框图

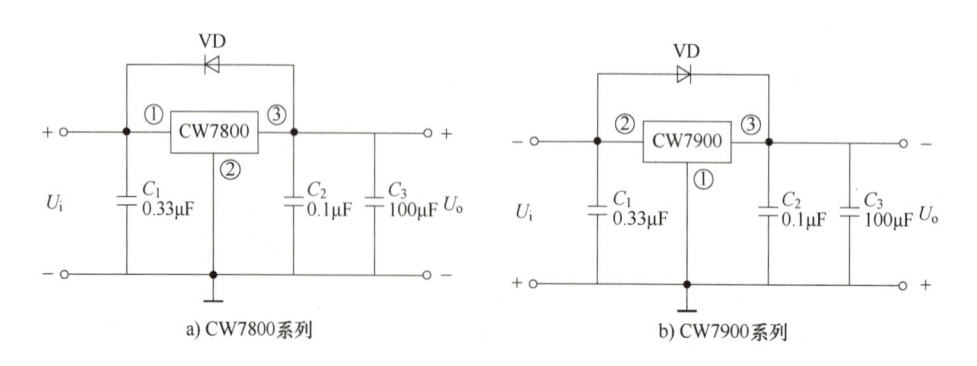

图 2-19 固定输出电压的稳压电路

3）输出正、负电压的稳压电路。图 2-21 为由 CW7800 和 CW7900 系列集成稳压器构成的能输出正、负电压的稳压电路。

图 2-20　提高输出电压的电路

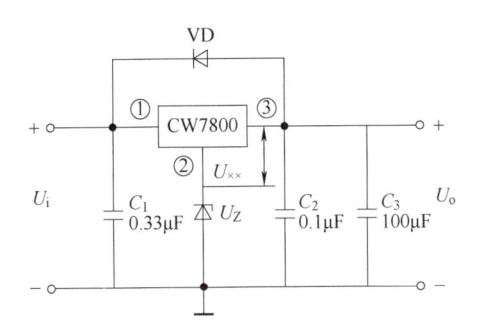

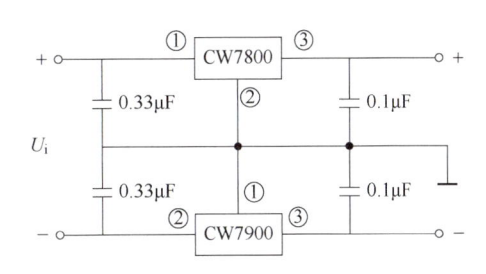

图 2-21　输出正、负电压的稳压电路

2. 使用三端集成稳压器的注意事项

1）必须加防振电容，以防止产生自激振荡。

2）在使用中应注意防止输入端对地短路、防止输入端和输出端反接、防止输入端滤波电路断路、防止输出端与其他高电压电路连接、防止稳压器接地端开路等，避免损坏稳压器。

3）三端集成稳压器是一个功率器件，应采取适当的散热措施，保证集成稳压器能够在额定输出电流下正常工作。

4）选用三端集成稳压器时，首先要考虑输出电压是否要求调整，若不需要调整，则可选用输出固定电压的稳压器；若需要调整，则应选用可调式稳压器。然后进行参数的选择，其中最重要的参数就是需要输出的最大电流值，从而确定稳压器的型号。最后再检查一下所选稳压器的其他参数能否满足使用要求。

5）为了提高稳压性能，应注意电路的连接布局。一般稳压电路不要离滤波电路太远；另外，输入线、输出线和地线应分开布设，采用较粗的导线且要焊接牢固。

2.3　电力电子技术

2.3.1　晶闸管

晶闸管是晶体闸流管的简称，它是一种在晶体管基础上发展起来的大功率开关型半导体器件，在电路中用"V"或"VTH"来表示。晶闸管可以工作在高电压、大电流的场合，所以说它的出现将半导体器件的使用从弱电领域扩展到了强电领域，而且其导通时间是可以控制的，被广泛应用于可控整流、交流调压、无触点电子开关、逆变及变频等电子电路中。

1. 晶闸管的基本结构

晶闸管为 $P_1N_1P_2N_2$ 4 层半导体结构，它有 3 个极：阳极（A），阴极（K）和门极（G），其外形、符号和内部结构如图 2-22 所示。

从晶闸管的外形来看，最下方的 A 是一个螺旋，这是阳极引出端，在此之上有个散热片；在螺旋上方有两根引线，粗的为 K 引线，细的为 G 引线。

2. 晶闸管的工作原理

图 2-23 所示为晶闸管导通实验电路，通过此图可以得出晶闸管的基本工作原理。

1）晶闸管加正向阳极电压，门极断开或接反向电压，灯泡不亮，如图 2-23a 所示。

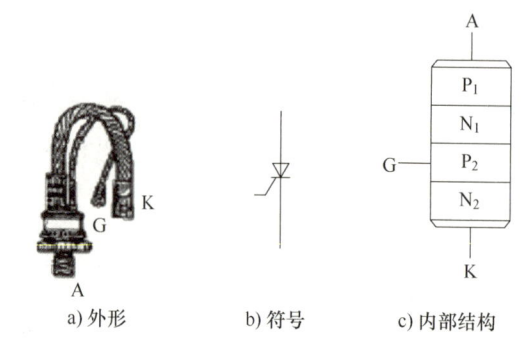

图 2-22 晶闸管

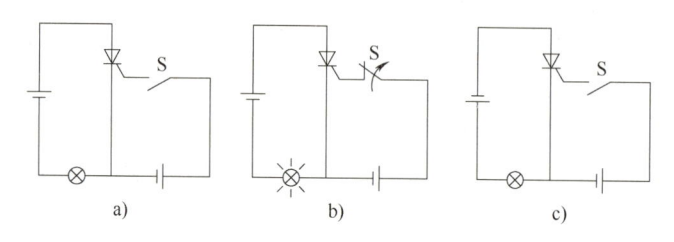

a) 外形　　b) 符号　　c) 内部结构

图 2-23 晶闸管导通实验电路

2）晶闸管加反向阳极电压，不论门极电源开关闭合与否，灯泡均不亮，如图 2-23c 所示。

3）晶闸管加正向阳极电压，门极接正向电压，灯泡亮，如图 2-23b 所示。

4）晶闸管导通后，门极开关 S 打开或接反向电压（门极失去作用），灯泡仍亮，如图 2-23b 所示。

综上所述，晶闸管的导通条件是：

① 晶闸管门极应加适当的正向电压以形成合适的门极电流 I_G，$I_G=0$ 时，晶闸管容易损坏，I_G 越大，使晶闸管导通所需要的正向阳极电压 U_A 就越低。

② 晶闸管阳极需加正向电压，当阳极正向电压 U_A 大于正向转折电压 U_{BO} 时，晶闸管导通。

晶闸管与二极管一样都有单向导通特性，但是晶闸管的导通受到门极电流的控制，当晶闸管导通后（通过的电流较大，但管压降仅有 1V 左右），门极随之失去控制作用，若想关断晶闸管，需要减弱阳极的电流；晶闸管与晶体管相比，晶闸管对门极电流不存在放大作用。

3. 晶闸管的型号及含义

KP 系列晶闸管的型号及含义如下：

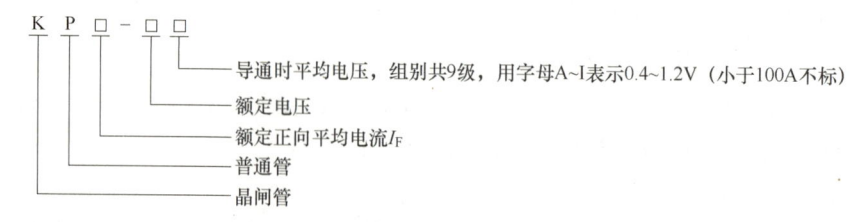

```
K P □-□□
     │  │└─ 导通时平均电压，组别共9级，用字母A~I表示0.4~1.2V（小于100A不标）
     │  └── 额定电压
     │      额定正向平均电流 $I_F$
     └───── 普通管
            晶闸管
```

例如：KP100-12G 表示额定正向平均电流为 100A，额定电压为 1200V，封装外形。

4. 晶闸管的主要参数

1）断态不重复峰值电压 U_{DSM}：门极开路时，施加在晶闸管上的阳极电压上升到正向伏安特性曲线急剧转折处所对应的电压值 U_{DSM}，$U_{DSM}<U_{BO}$。

2）断态重复峰值电压 U_{DRM}：门极开路，重复率为每秒 50 次，每次持续时间不大于 10ms 的断态最大脉冲电压，$U_{DRM}=90\%U_{DSM}$。

3）反向不重复峰值电压 U_{RSM}：门极开路，晶闸管承受反向电压时，对应于反向伏安特性曲线急剧转折处的反向峰值电压值 U_{RSM}，反向不重复峰值电压 U_{RSM} 应小于反向击穿电压。

4）反向重复峰值电压 U_{RRM}：晶闸管在门极开路时，允许重复施加在晶闸管上的反向最大脉冲电压，规定 U_{RRM} 为 U_{RSM} 的 90%。

5）额定电压 U_R：U_{DRM} 和 U_{RRM} 两者中较小的一个电压值规定为额定电压 U_R。在选用晶闸管时，应该使其额定电压为正常工作峰值电压 U_M 的 2~3 倍，以作为安全裕量。

6）正向平均电流 I_F：在环境温度为 40℃ 和规定的冷却状态下，晶闸管能够连续通过的最大工频正弦半波电流的平均值。

7）维持电流 I_H：在规定的环境温度，门极断路时，晶闸管维持导通所必需的最小电流。

2.3.2 触发电路

给晶闸管门极提供触发信号的电路称为触发电路；一般采用脉冲信号作为触发信号，晶闸管对触发电路的基本要求是：

1）触发脉冲信号应具有足够大的电压和电流，一般要求触发电压幅度为 4~10V。

2）触发电路不输出触发脉冲时，触发电路因漏电流产生的漏电压应小于 0.15V，以避免误触发。

3）触发脉冲要有一定的宽度，以保证晶闸管可靠导通。触发脉冲的宽度最好取 20~40μs。

4）触发脉冲前沿要陡，以保证触发时间的准确性。一般要求前沿时间不大于 10μs。

5）触发脉冲应与主回路同步，保证主回路中的晶闸管在每个周期的导通角相等。

6）触发信号应具有足够的移相范围，相位应能连续可调。

触发电路的形式多种多样，常用的触发电路主要有阻容移相触发电路、单结晶体管移相触发电路、同步信号为正弦波的触发电路、同步信号为锯齿波的触发电路以及 KC 和 KJ 系列的专用集成触发电路等。随着自动化技术的发展，数字集成移相触发电路、微机控制触发电路等逐渐得到广泛的应用。

1. 单结晶体管移相触发电路

利用单结晶体管（又称为双基极二极管）的负阻特性和 RC 的充放电特性，可组成频率可调的自激振荡电路，如图 2-24 所示。

图中 VU 为单结晶体管，其常用的型号有 BT33 和 BT35 两种，由 VT_2 的等效电阻和 C_1 组成 RC 充电回路，由 C_1、VU 和脉冲变压器组成电容放电回路，调节 RP_1 即可改变 VT_2 的等效电阻。

该电路的工作原理如下：由同步变压器二次侧输出的交流同步电压，经 $VD_1 \sim VD_4$ 桥式整流，再由稳压二极管 VZ_1、VZ_2 进行削波稳压，从而得到梯形波电压，其过零点与电源电压的过零点同步，梯形波通过 R_7 及等效可变电阻向电容 C_1 充电，当充电电压达到单结晶体管的

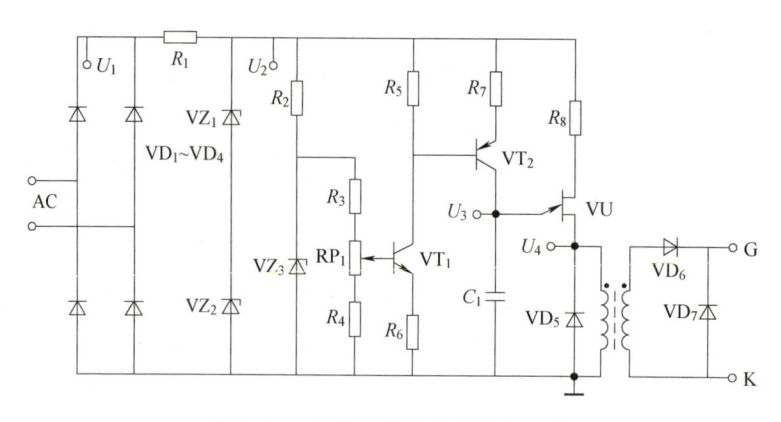

图 2-24 单结晶体管移相触发电路

峰值电压 U_P 时,单结晶体管 VU 导通,电容通过脉冲变压器一次侧放电,脉冲变压器二次侧输出脉冲。同时由于放电时间常数很小,C_1 两端的电压很快下降到单结晶体管的谷点电压 U_V,使 VU 关断,C_1 再次充电,周而复始,在电容 C_1 两端呈现锯齿波形,在脉冲变压器二次侧输出尖脉冲。在一个梯形波周期内,VU 可能导通、关断多次,但对晶闸管的触发只有第一个输出脉冲起作用。电容 C_1 的充电时间常数由等效电阻等决定,调节 RP_1 可实现脉冲的移相控制。单结晶体管触发电路各点的电压波形如图 2-25 所示。

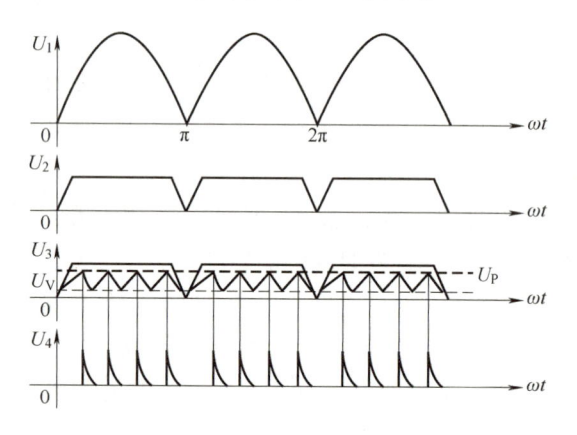

图 2-25 单结晶体管触发电路各点的电压波形

2. 正弦波同步移相触发电路

正弦波同步移相触发电路由同步移相、脉冲放大等环节组成,如图 2-26 所示。

图 2-26 中,同步信号由同步变压器二次侧提供。晶体管 VT_1 左边部分为同步移相环节,在 VT_1 的基极综合了同步信号电压 U_1、偏移电压 U_b 及控制电压 U_{ct}(RP_1 调节 U_{ct},RP_2 调节 U_b)。

调节 RP_1 及 RP_2 均可改变 VT_1 的翻转时刻,从而控制触发角的位置。脉冲形成整形环节是一个由分立元器件构成的集基耦合单稳态脉冲电路,VT_2 的集电极耦合到 VT_3 的基极,VT_3 的集电极通过 C_4、RP_3 耦合到 VT_2 的基极。当 VT_1 未导通时,R_6 供给 VT_2 足够的基极电流使之饱和导通,VT_3 截止。电源电压通过 R_9、T_1、VD_6、VT_2 对 C_4 充电至 15V 左右,极性为左负右正。当 VT_1 导通时,VT_1 的集电极从高电位翻转为低电位,VT_2 截止,VT_3 导通,脉冲变

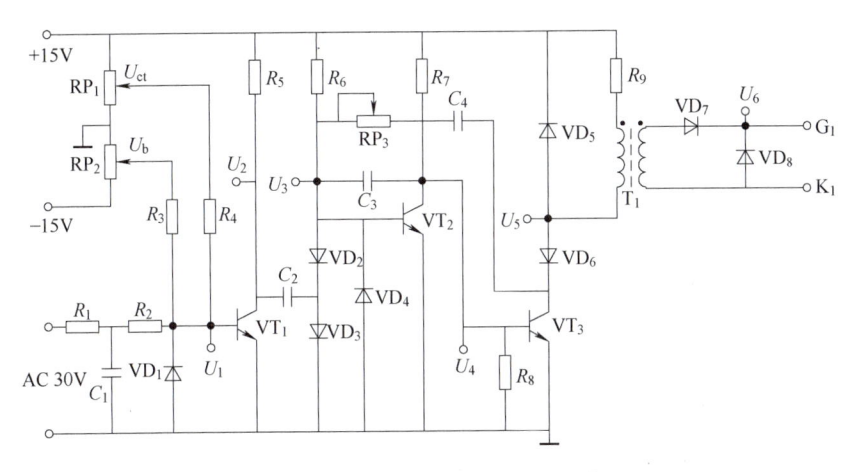

图 2-26 正弦波同步移相触发电路

压器输出脉冲。由于设置了 C_4、RP_3 阻容正反馈电路，使 VT_3 加速导通，提高输出脉冲的前沿陡度。同时 VT_3 导通经正反馈耦合，VT_2 的基极保持低电压，VT_2 维持截止状态，电容通过 RP_3、VT_3 放电到零，再反向充电，当 VT_2 的基极升到 0.7V 后，VT_2 从截止变为导通，VT_3 从导通变为截止。VT_2 的基极电位上升 0.7V 的时间由其充放电时间常数所决定，改变 RP_3 的阻值就改变了其时间常数，也就改变了输出脉冲的宽度。正弦波同步移相触发电路的各点电压波形如图 2-27 所示。

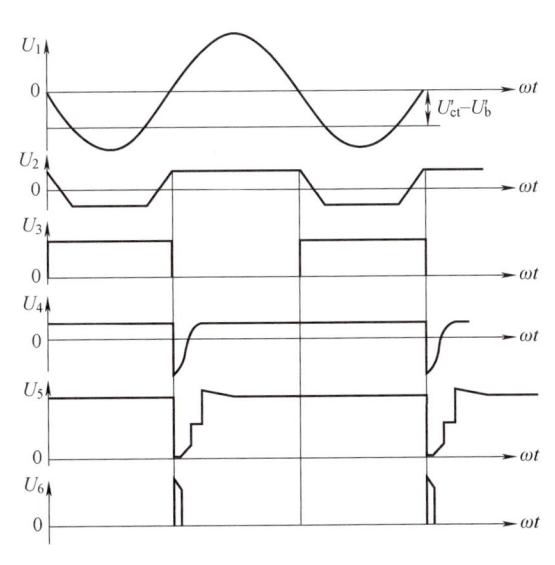

图 2-27 正弦波同步移相触发电路的各点电压波形

2.3.3 晶闸管整流应用电路

台灯是人们日常生活中经常用到的家用电器，如图 2-28 所示。有些台灯的亮度是可以调节的，更加方便人们的生活。在台灯的内部安装有调光电路，而起到主要调光作用的器件是晶闸管。

图 2-29 为调光台灯的电路原理。图中晶闸管交流调压器由可控整流电路和触发电路两部

分组成。从图中可知，二极管 VD_1~VD_4 组成桥式整流电路，单结晶体管 VU 构成张弛振荡器作为晶闸管的同步触发电路。当调压器接上交流电后，220V 交流电通过灯泡经二极管 VD_1~VD_4 整流，在晶闸管 VTH 的 A、K 两端形成一个脉动直流电压，该电压由电阻 R_1 降压后作为触发电路的直流电源。在交流电的正半周时，整流电压通过 R_1、RP 对电容 C_1 充电。当充电电压 U_C 达到 VU 的峰值电压 U_P 时，VU 由截止变为导通，于是电容 C_1 通过 VU 的 e-b_1 结和 R_3 迅速放电，结果在 R_3 上获得一个尖脉冲。这个脉冲作为控制信号送到晶闸管 VTH 的门极，使晶闸管导通。晶闸管导通后的管压降很低，一般小于 1V，所以张弛振荡器停止工作。

当交流电通过零点时，晶闸管关断。当交流电在负半周时，电容 C_1 又重新充电……如此周而复始，调整电位器 RP 阻值大小，便可调整灯泡亮度了。

图 2-28　台灯

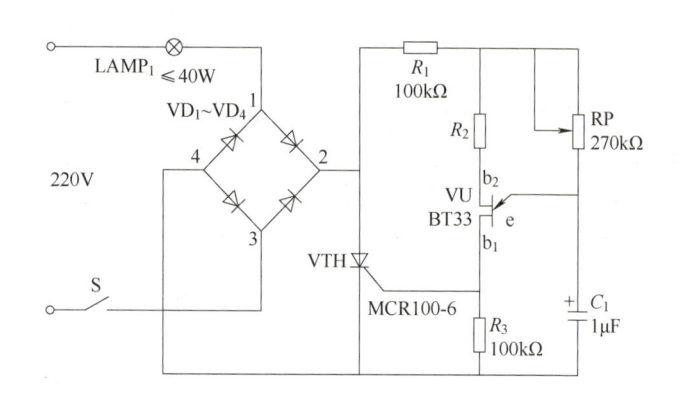

图 2-29　调光台灯的电路原理

2.4　应用技能训练

技能训练 1　惠斯通电桥的测量和读数

1. 考核项目

使用惠斯通电桥测量电阻。

2. 考核方式

考核方式为技能操作。

3. 实训器件和耗材

1）惠斯通电桥、色环电阻或可调电阻若干。

2）常用电工工具。

4. 考核时间

考核时间为 20min。

5. 评分标准

惠斯通电桥测量和读数的评分标准见表 2-7。

表 2-7 惠斯通电桥测量和读数的评分标准

考核项目	项目内容	配分	评分标准	扣分	得分
使用惠斯通电桥测量电阻	正确讲述惠斯通电桥的用途和结构	10 分	① 惠斯通电桥的用途，讲述不正确扣 5 分 ② 惠斯通电桥的结构，讲述不正确扣 1~5 分		
	正确检查仪器	10 分	正确检查仪器外观，未检查外观扣 5 分，未检查完好性扣 5 分		
	准确选择惠斯通电桥的旋钮和量程	20 分	针对测量任务，正确选择挡位和量程，挡位和量程选择不正确扣 10~20 分		
	对电阻进行正确测量和读数	50 分	违反安全规程得零分，测量方法不正确扣 25 分，读数不正确扣 25 分		
	测量完毕，调整挡位	10 分	应正确调整挡位，不正确扣 10 分		
开始时间		结束时间		成绩	

技能训练 2　声光控电路的安装与调试

在学校、楼宇等公共场所的走廊里，有一种声光控电路的灯具。当有日光照射时，无论有声响或无声响灯均不亮；当无日光照射（夜晚）且有声响的情况下灯才会亮；灯点亮一段时间（60s 左右，可调）后会自动熄灭。当再次有声响（满足无光条件）时，灯才会再亮。这种声光控电路原理图如图 2-30 所示。

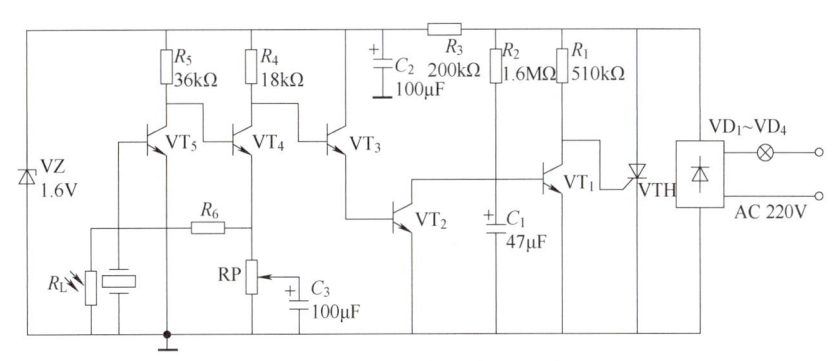

图 2-30　声光控电路原理图

该电路的工作原理是：接通电路时，交流电源经过桥式整流和电阻 R_1 加到晶闸管 VTH 的门极，由于电容 C_1 上的电压不能突变，保持为零，所以 VT_1 截止，使 VTH 导通。由于灯泡与二极管和 VTH 构成通路，则使灯点亮。同时整流后的电源经 R_2 给 C_1 充电，当 C_1 的充电电压达到 VT_1 的开启电压时，VT_1 饱和导通，晶闸管门极得到低电位，由于整流后的电压波形是全波，含有零电压，则在阳极上出现零电压时 VTH 关断，灯熄灭，所以改变充电时间常数的大小，就可以改变灯延时的长短。

在无光有声的情况下，光敏电阻的阻值很大，可以认为对电路没有影响。压电陶瓷片接收到声音后将其转换成一个电信号，经放大后使 VT_2 导通，使电容 C_1 放电，VT_1 截止，晶闸管门极得到高电位，VTH 导通后灯亮。随着 R_2C_1 充电的进行，灯泡延时后自动熄灭。调节 RP，改变负反馈的大小，可以改变接收声音信号的大小，从而调节灯对声音和光线的灵敏度。

在有光的情况下，光敏电阻的阻值很小，相当于把压电陶瓷片短路，所以即使是有声，压电陶瓷片感应出的电信号也极小，不能被有效放大，也就不能使 VT_3 导通，所以灯不会亮。

1. 考核方式

考核方式为技能操作。

2. 实训器件和耗材

声光控电路板及套件、电工工具和万用表等。

3. 考核时间

考核时间为60min。

4. 评分标准

声光控电路安装与调试的评分标准见表2-8。

表2-8　声光控电路安装与调试的评分标准

考核项目	项目内容	配分	评分标准	扣分	得分
测量晶体管极性	正确使用万用表测量晶体管的极性	20分	① 万用表量程选择，不正确每次扣5分 ② 晶体管极性判断，不正确每只扣3分 ③ 读数，不正确每次扣5分		
电路板安装	元器件排列整齐、高度一致	50分	① 元器件垂直插装，排列整齐，不规范每只扣2分 ② 插装位置不正确，错装、漏装每处扣2分 ③ 元器件引脚的长度一致，且剪切整齐，不符合要求每处扣2分 ④ 焊点表面美观，不光滑、不饱满每处扣2分 ⑤ 焊点得当，虚焊、假焊或漏焊每处扣2分 ⑥ 安装时损坏元器件，每只扣5分		
电路板调试	通电后测量电压值	20分	① 整流电路输入、输出电压测量正确，不正确扣10分 ② 调节RP从而调节灯对声音和光线的灵敏度正确，不正确扣10分		
仪表使用正确	测量完毕，调整挡位	10分	应正确调整挡位，不正确扣10分		
开始时间		结束时间		成绩	

复习思考题

1. 惠斯通电桥的准确度有哪些等级？
2. 惠斯通电桥和开尔文电桥的测量范围有何区别？
3. 信号发生器的主要用途是什么？
4. 示波器的主要用途是什么？
5. 如何进行脉冲周期的测量？
6. 使用电工仪器测量过程中，如何满足阻抗匹配的问题？
7. 对于电工仪器外壳的接地，是如何要求的？
8. 什么叫作耦合？常见的耦合方式有哪些？
9. 使用三端集成稳压器时应注意哪些事项？
10. 晶闸管导通的条件是什么？
11. 晶闸管对触发电路的基本要求有哪些？

项目 3

低压电器的应用和三相异步电动机控制电路的安装与调试

培训学习目标:

熟悉低压电器的应用原理和选用方法;熟悉三相异步电动机起动控制电路的电路组成和工作原理;熟悉三相异步电动机制动控制电路的电路组成和工作原理;熟悉绕线转子异步电动机控制电路的电路组成和工作原理;掌握电动机控制电路的安装方法。

3.1 低压电器的应用

3.1.1 断路器的选用

漏电断路器由断路器和漏电保护器(也称为脱扣器)组装而成。断路器部分主要由过电流脱扣器(包括过负荷和短路脱扣器)、灭弧装置、触头系统、外壳和接线端子、操作机构等组成。漏电保护器部分主要由电子组件板、零序电流互感器、漏电脱扣器(由线圈、铁心和弹簧等组成)、漏电指示部分及试验按钮等组成。

断路器与漏电保护器两部分合并起来就构成一个完整的漏电断路器,具有过负荷、短路和漏电保护功能,有些还有过电压保护功能。

1. 小型断路器的分类

1)按小型断路器的极数分为单极、两极、三极和四极,漏电保护断路器按极数分为1P+N、2P、3P、3P+N、4P。

2)按产品的使用功能分为家用和类似用途、剩余电流保护。

3)按脱扣方式分为 B 型脱扣器、C 型脱扣器和 D 型脱扣器。

4)按产品的保护功能分为过负荷保护、短路保护、漏电保护和过电压保护。

2. 漏电保护器的选用

对漏电保护器的安装范围可作如下规定:

(1) 必须安装漏电动作型保护器的场所和设备

1)属于 I 类的移动式电气设备和手持式电动工具。

2)安装在潮湿、强腐蚀性场所的电气设备。

3)建筑施工工地的电气机械。

4)临时用电的电气设备。

5)医院中直接接触人体的医用电气设备。

6)宾馆、饭店和招待所客房内的插座回路。

7）机关、学校、企业和住宅等建筑的插座回路。

8）游泳池、喷水池和浴池的水中照明设备。

9）安装在水中的供电线路和设备。

10）其他需要安装漏电保护器的场所和设备。

（2）可不安装漏电保护器的设备

1）由安全电源供电的电气设备。

2）一般环境条件下使用的具有双重绝缘或加强绝缘的电气设备。

3）由隔离变压器供电的电气设备。

4）采用不接地的局部等电位连接安全措施的场所使用的电气设备。

5）无间接触电危险场所的电气设备。

（3）漏电保护器的选用　漏电保护器的选用应根据供电方式、使用目的、安装场所、电压等级、被控制回路的泄漏电流和用电设备的接触电阻等因素来考虑。

1）根据电气设备的供电方式来选择漏电保护器。

① 单相220V电源供电的电气设备，应选用二极二线式（2P）或单极二线式（1P+N）的漏电保护器。

② 三相三线制380V电源供电的电气设备，应选用三极式（3P）漏电保护器。

③ 三相四线制380V电源供电的电气设备，或者单相与三相设备共用电路应选用三极四线式（3P+N）、四极四线式（4P）漏电保护器。

2）根据使用场所选择漏电保护器。在380/220V的低压配电系统中，如果用电设备的金属外壳、构架等容易被人触及，同时这些用电设备又不能按照我国用电规程的要求使其接地电阻小于4Ω或10Ω，除按上面介绍的间接接触保护要求在用电设备供电线路上安装漏电保护器外，还需根据不同的使用场所合理选择漏电动作电流，在下列特殊场所应按其特点来选择漏电保护器：

① 安装在潮湿场所的电气设备，应选用额定漏电动作电流为15～30mA的快速动作型漏电保护器。

② 安装在游泳池、喷水池、水上游乐场和浴室的照明线路，应选用额定漏电动作电流为10mA的快速动作型漏电保护器。

③ 在金属物体上使用手电钻、操作其他手持式电动工具或使用行灯，也应选取额定漏电动作电流为10mA的快速动作型漏电保护器。

④ 连接室外架空线路的室内电气设备应选用冲击不动作型漏电保护器。

⑤ 漏电保护器的防护等级应与使用环境相适应，对于电源电压偏差较大以及在高温或特殊低温环境的电气设备，应选用电磁式漏电保护器。

⑥ 安装在易燃、易爆或有腐蚀性气体环境中的漏电保护器，应根据有关标准选用特殊防护式漏电保护器，否则应采取相应的措施。

3.1.2　接触器的选用

交流接触器的选用，应根据负荷的类型和额定参数合理选用。

1. 选择接触器的类型

交流接触器按负荷种类一般分为一类、二类、三类和四类，分别记为AC1、AC2、AC3和

AC4。一类交流接触器对应的控制对象是无感或微感负荷，如电阻炉等；二类交流接触器用于绕线转子异步电动机的起动和停止；三类交流接触器的典型用途是笼型异步电动机的运转和运行中分断；四类交流接触器用于笼型异步电动机的起动、反接制动、反转和点动。

2. 选择接触器的额定参数

根据被控对象和工作参数（如电压、电流、功率和频率）及工作制等确定接触器的额定参数。

1）接触器的线圈电压，一般是越低越安全，这样对接触器的绝缘要求可以降低。但为了方便和减少设备，常按实际电网电压选取。

2）电动机的操作频率不高，如水泵、风机、压缩机、空调和冲床等，接触器额定电流大于负荷额定电流即可。接触器类型可选用 CJ20 型。

3）对重任务型电动机，如机床、升降设备用电动机等，其平均操作频率超过 100 次/min，运行于起动、点动、正反向制动和反接制动等状态，可选用 CJ12 型接触器。选用时，接触器额定电流大于电动机额定电流。

4）对特重任务型电动机，如用于印刷机、镗床等的电动机，操作频率很高，可达 12000 次/h，经常运行于频繁起动、反接制动等状态，接触器大致可按电寿命及起动电流选用，接触器型号选 CJ12 等。

5）交流回路中的电容器投入电网或从电网中切除时，接触器的选择应考虑电容器的合闸冲击电流。接触器的额定电流可按电容器的额定电流的 1.5 倍选取，型号选 CJ20。

6）用接触器对变压器进行控制时，应考虑浪涌电流的大小。如交流电弧焊机等，一般可按变压器额定电流的两倍选取接触器，型号选 CJ20 型。

7）对于电热设备，如电阻炉、电热器等，负荷的冷态电阻较小，起动电流相应要大一些。选用接触器时可不用考虑起动电流，直接按负荷额定电流选取。型号可选用 CJ20。

8）由于气体放电灯起动电流大、起动时间长，对于照明设备的控制，可按额定电流的 1.1~1.4 倍选取交流接触器，型号可选 CJ20 型。

9）接触器额定电流是指接触器在长期工作下的最大允许电流，持续时间小于或等于 8h，选用接触器时，接触器的额定电流按负荷额定电流的 110%~120% 选取。

对于长时间工作的电动机，由于其氧化膜没有机会得到清除，使接触电阻增大，导致触头发热超过允许温升。实际选用时，可将接触器的额定电流减小 30% 使用。

3.1.3 计数器的原理与应用

计数器在工业自动化控制中有着广泛的应用。近几年，随着经济的发展，计数器已由原来在控制电路中作计数控制，逐步发展为不仅能计数控制，还可以实现自动确定长度的控制。由于这种功能的实现，使得计数器不仅适用于重工业自动化控制，而且在轻工业领域也有广泛的应用，例如纺织、印刷和食品等行业。

计数器按适用范围可以分为：

（1）滚动式计数器

1）适用范围：滚动式计数器是用于测量长度和各种机械传动的仪器，一般用于纺织、印染、塑料薄膜和人造皮革等长度记录的场合。其外形如图 3-1 所示。

图 3-1　滚动式计数器的外形

2）工作原理：当记录长度为 1m 或 1 码（1 码＝0.9144m）时，滚动轮旋转 3 圈，计数器数字显示 1，依此类推，采用十进制，但不能逆向计数。复位机构采用手动复位，旋转 1 周后数字全部为"0"，然后为下次计数做好准备。

3）主要技术参数：

① 计数范围：0~99999。

② 转动比：1/3。

③ 最高计数速度：200 次/min。

（2）电磁式计数器

1）适用范围：常用电磁式计数器采用十进制，广泛用于印刷、纺织、印染和机械等行业。其外形如图 3-2 所示。

图 3-2　电磁式计数器的外形

2）主要技术参数：

① 计数位数：分为 2 位、3 位、4 位、5 位和 6 位。

② 复位方式：可手动复位。

③ 最大积算容积：999999。

④ 电压种类：DC 12~220V；AC 24~220V。

⑤ 计数速度：DC 25 次/s；AC 10 次/s。

⑥ 功率：DC 3.75W；AC 4.0V·A。

⑦ 最小脉冲宽度（通/断）：DC 25/22ms；AC 50/50ms。

(3) 电子式计数器

1) 适用范围：电子式计数器广泛适用于产品数量、流量和长度等所有需要计数的场合，并可与二次仪表组成显示仪器。其外形如图3-3所示。

图 3-3　电子式计数器的外形

2) 主要技术参数：

① 额定电源电压、计数电压：AC 24V、110V、220V；DC 6.3V、12V、24V。

② 电源功耗：不大于3W。

③ 工作环境温度：-10~45℃（无冷凝水）。

④ 预计数：1~9999（×1、×10、×100通过面板上开关选择）。

⑤ 计数输入方式：电压输入型，即电压通过触点信号或非触点信号（电信号、传感器信号如光敏开关、接近开关等）。

⑥ 停电保持：一次开机可保持数据3个月以上，电池寿命3年以上。

⑦ 可按预置数接通或分断电路；设×1、×10、×100倍率，供选择。

⑧ 装置方式：面板式、插装式。

⑨ 触点容量：28V DC 5A（阻性）；250V AC 3A。

⑩ 最大计数速度：30次/s。

⑪ 最小计数脉宽：15ms。

⑫ 显示器件：采用大规模集成电路，LED（或LCD）数字显示，可靠性高。

(4) 红外线计数器　检测方式采用红外线遮光方式。其常见外形如图3-4所示。其特点是：抗干扰能力强、工作性能稳定可靠、计数范围广和高亮度数码显示等。红外线计数器在日常生活及生产科研中有着非常广泛的用途，可广泛应用于包装、印刷、制药、食品、纺织、造纸、陶瓷、石油、化工和冶金等行业作计数、流量等控制。

图 3-4　红外线计数器的外形

1) 电路组成：由电源电路、光电输入电路、脉冲形成电路和计数与显示电路等组成。

① 电源电路：如图3-5所示，220V交流电源经过变压器降压，再经过桥式整流电路整流、电容C_1滤波，成为约14V的直流电；再经三端集成稳压电路LM7805稳压形成5V稳定

直流电，作为光电输入电路、脉冲形成电路和计数与显示电路的工作电源。

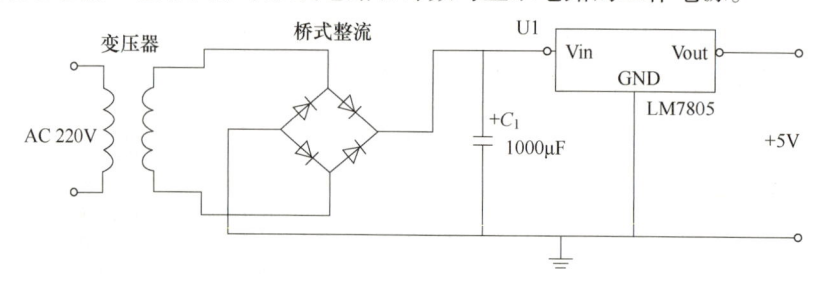

图 3-5　电源电路

② 光电输入电路：红外对射管将输入电流在发射器上转换为光信号射出，接收器再根据接收到的光线的强弱或有无对目标物体进行探测。每当物体通过红外对射管中间一次，红外光就被遮挡一次，光电接收管的输出电压便发生一次变化，这个变化的电压信号经过 VT_1 的放大并向计数脉冲形成电路输送信号，如图 3-6 所示（本图截自图 3-7，因此图中元件编号不连续）。

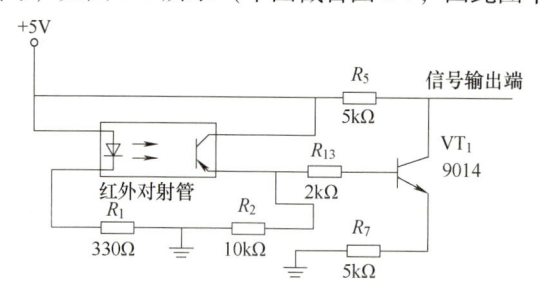

图 3-6　红外对射管的工作原理

③ 脉冲形成电路：当用遮挡物按正方向（设定物体从电路板下方向上移动为正方向）先挡住两红外对射管中下面一次，下方的 VT_2 输出高电平，经过两个非门给 C_2 充电，VT_1 输出为低电平，使 U7A 输入端为 0 和 1，输出为 1，再经一个与非门后输出为 0，即借位为 0。当用遮挡物按正方向再挡住两红外对射管中上面一次，上方的 VT_1 输出高电平，经过两个非门给 C_1 充电，此时 VT_2 集电极为高电平，使 U5A 两输入端为 0 和 1，输出为 0，再经一个与非门后输出为 1，即进位为 1。上方的 VT_1 输出高电平时，C_2 放电使 U7A 输入端仍为 0 和 1，输出为 1，再经一个与非门后输出为 0，即借位还为 0。同理，当用遮挡物按负方向挡住两红外对射管各一下，借位输出 1，进位输出为 0，如图 3-7 所示。

④ 计数与显示电路：如图 3-8 所示，译码电路采用两块 CD40110 分别组成 BCD 七段译码器，驱动 LED 数码显示器。CD40110 计数集成电路能完成十进制的加法、减法、进位和借位等计数功能，并能直接驱动小型 LED 数码管。CR 为清零端，CR＝1 时，计数器复位；CP 为时钟端（CPU 为加法计数器时钟，CPD 为减法计数器时钟）；CO 输出进位脉冲，BO 输出借位脉冲；$\overline{CT}$ 为触发器使能端，$\overline{CT}=0$ 时计数器工作，$\overline{CT}=1$ 时计数器处于禁止状态。七段数码显示器件为小型 LED 共阴极数码管，CD40110 与数码管配合使用可直接显示计数结果。

2）工作原理：利用被检测物对光束的遮挡或反射，检测物体的有无，所有能遮挡或反射光线的物体均可被检测。红外计数器的工作原理框图如图 3-9 所示。

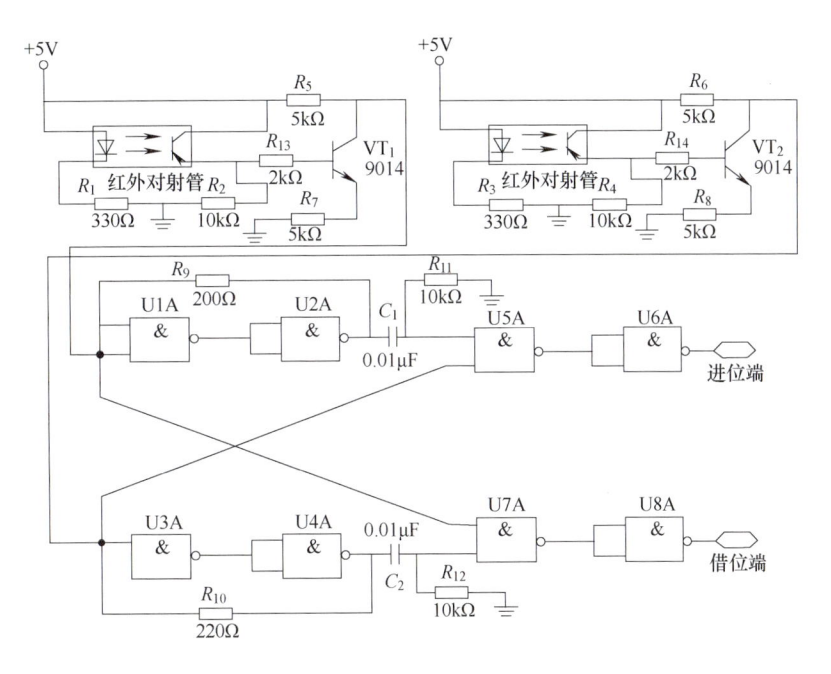

图 3-7　脉冲形成电路的工作原理

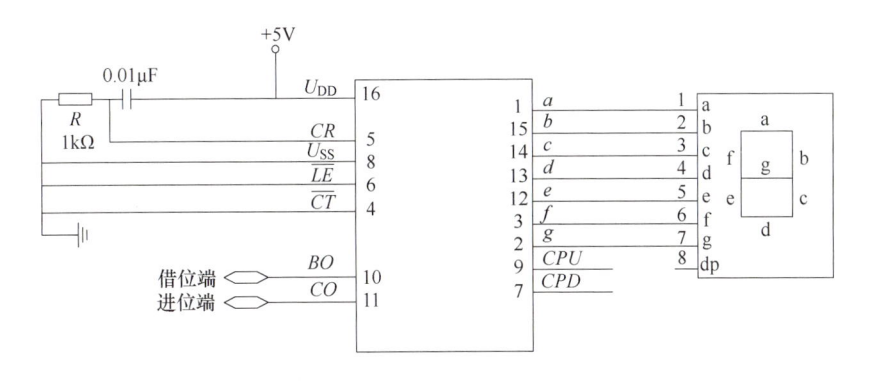

图 3-8　计数与显示电路的工作原理

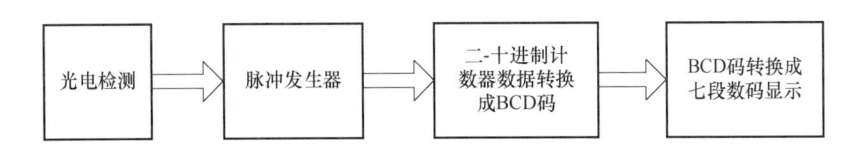

图 3-9　红外计数器的工作原理框图

3.1.4　继电器的原理与应用

继电器是一种电子控制器件，它具有输入电路和输出电路，通常应用于自动控制电路中，它实际上是用较小的电流去控制较大电流的一种"电动开关"。因此，它在电路中起着自动调节、安全保护和转换电路等作用。

1. 继电器的分类

继电器的分类方法较多，可以按作用原理、外形尺寸、触点容量、防护特征和用途等分类。

(1) 按作用原理分类

1) 电磁继电器。在输入电路内电流的作用下，由机械部件的相对运动产生预定响应的一种继电器。它包括直流电磁继电器、交流电磁继电器、磁保持继电器、极化继电器、舌簧继电器和节能功率继电器等。

2) 固态继电器。输入/输出功能由电子元器件完成而无机械运动部件的一种继电器。

(2) 按外形尺寸分类　继电器按外形尺寸不同，可分为微型、超小型和小型继电器，见表3-1。

表3-1　常用继电器的外形尺寸

名称	外形尺寸（最长边长度）/mm
微型继电器	10
超小型继电器	10~25
小型继电器	25~50

(3) 按触点容量分类　继电器按触点可通过的电流大小不同，可分为微功率、弱功率、中功率、大功率和节能功率继电器，见表3-2。

表3-2　常用继电器的触点容量

名称	触点容量/A
微功率继电器	<0.2
弱功率继电器	0.2~2
中功率继电器	2~10
大功率继电器	10~20
节能功率继电器	20~100

(4) 按防护特征分类　继电器按不同的防护特征，可分为密封、塑封、防尘罩和敞开继电器，见表3-3。

表3-3　继电器的防护特征

名称	防护特征
密封继电器	采用焊接或其他方法，将触点和线圈等密封在金属罩内，其泄漏率较低
塑封继电器	采用封胶的方法，将触点和线圈等密封在塑料罩内，其泄漏率较高
防尘罩继电器	用罩壳将触点和线圈等封闭加以防护
敞开继电器	不用防护罩来保护触点和线圈

(5) 按用途分类　继电器按用途不同，可分为通信、机床、家电用、汽车和安全继电器，见表3-4。

表3-4　继电器的用途

名称	特点
通信继电器	该类继电器（包括高频继电器）触点负荷范围从低电流到中等电流，环境使用条件要求不高
机床继电器	机床中使用的继电器，触点容量大，寿命长

(续)

名称	特点
家电用继电器	家用电器中使用的继电器，要求安全性能好
汽车继电器	汽车中使用的继电器，该类继电器切换负荷功率大，抗冲、抗振性高
安全继电器	用于实现安全功能的继电器

2. 小型通用继电器

小型通用继电器适用于电气电子控制设备，常用于家用电器、办公自动化、试验、保安（密）、通信设备、机床、建筑设备和仪器仪表等场合，可作为遥控、中间转换或放大器件，其引出端子适用于印制板（PCB）电路安装与使用，而且其端子间距和外形尺寸已标准化、系列化、国际通用。

例如：JQX 系列小型通用继电器具有体积小、通断负荷电流大和使用寿命长等特点，可用于各种控制通信设备及继电器保护设备中作为切换交、直流电路信号使用，也可用于各种电子设备、通信设备和电子计算机控制设备中，用于切换电路及扩大控制范围。其外形如图 3-10 所示。

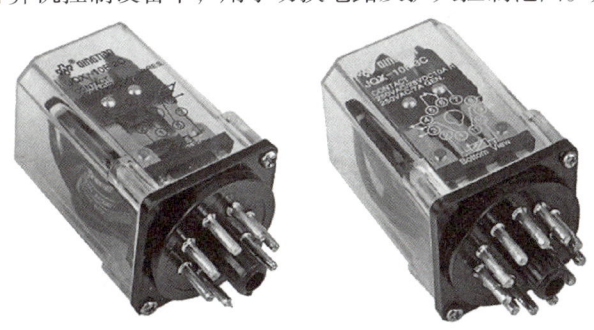

图 3-10 JQX 系列小型通用继电器的外形

小型通用继电器一般由静铁心、线圈、衔铁（动铁心）和触点簧片等组成的。只要在线圈两端加上一定的电压，线圈中就会流过一定的电流，从而产生电磁效应，衔铁就会在电磁力吸引的作用下克服返回弹簧的拉力吸向静铁心，从而带动衔铁的动触头与静触头闭合（常开触点）或断开（常闭触点）。当线圈断电后，电磁的吸力也随之消失，衔铁就会在弹簧力作用下返回原来的位置，使动触点回到原位。这种触点的闭合、断开，达到了在电路中的导通、切断的目的。

3. 固态继电器

固态继电器是一种全部由固态电子元器件组成的新型无触点开关器件，它利用电子元器件（如开关晶体管、双向晶闸管等半导体器件）的开关特性，可达到无触点无火花地接通和断开电路的目的，因此又被称为"无触点开关"，它问世于 20 世纪 70 年代，由于它的无触点工作特性，其在许多领域的电控及计算机控制方面得到日益广泛的应用。其外形示例如图 3-11 所示。

固态继电器按使用场合不同，可以分为交流型和直流型两大类，它们分别在交流或直流电源上作为负荷开关，不能混用。

（1）交流（过零型）固态继电器的工作原理　固态继电器由输入电路、隔离（耦合）电路和输出电路组成。如图 3-12 所示，在输入电路控制端加入信号后，光耦合器内部光电晶体

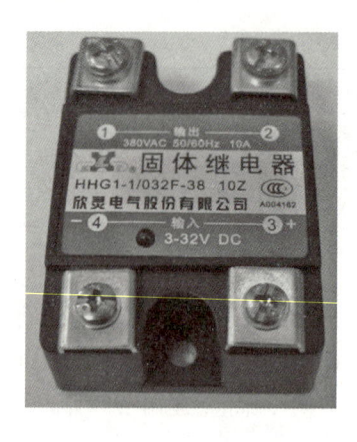

图 3-11　固态继电器的外形示例

管呈导通状态，串接电阻 R_1 对输入信号进行限流，以保证光耦合器不会损坏。发光二极管（LED）用于指示输入端控制信号，VD_1 可防止输入信号正负极性接反，用于保护光耦合器。晶体管 VT_1 在电路中起到交流电压检测的作用，使固态继电器在电压过零时开启，在负荷电流过零时关断。当光耦合器中光电晶体管截止时（控制端无信号输入时），VT_1 通过 R_2 获得基极电流使之饱和导通，从而使晶闸管 VTH_1 门极触发电压 U_{GT} 被钳在低电位而处于关断状态，最终导致双向晶闸管 VTH_2 在门极控制端 R_6 上无触发脉冲而处于关断状态。当光耦合器中光电晶体管导通时（控制端有信号输入时），晶闸管 VTH_1 的工作状态由交流电压零点检测晶体管 VT_1 来确定其工作状态。如电源电压经 R_2 与 R_3 分压，A 处电压高于过零电压（$U_A > U_{BE1}$）时，VT_1 处于饱和导通状态，VTH_1、VTH_2 都处于关断状态；如电源电压经 R_2 与 R_3 分压，A 处电压低于过零电压（$U_A < U_{BE1}$）时，VT_1 处于截止状态，VTH_1 通过 R_4 获得触发信号而导通，从而使 VTH_2 在 R_6 上也获得触发信号后呈导通状态，对负荷电源进行关断控制。如此时控制端信号关断后，负荷电流也随之减小至 VTH_2 的维持电流 I_H 时可自行关断，切断负荷电源。

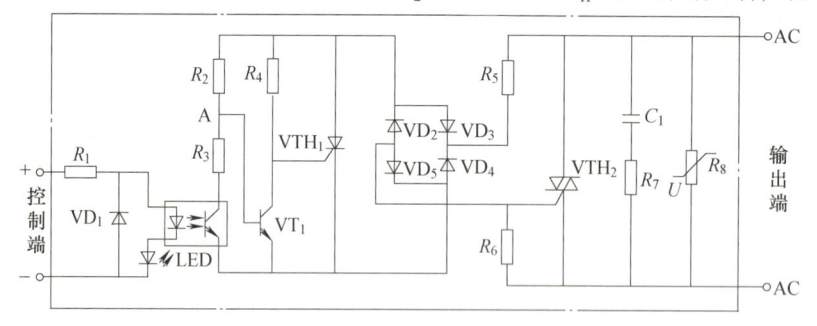

图 3-12　交流固态继电器

交流过零型固态继电器，因其电压过零时开启，负荷电流过零时关断的特性，它的最大接通、关断时间是半个电源周期，在负荷上可得到一个完整的正弦波形，也相应减少了对负荷的冲击，而在相应的控制电路中产生的射频干扰也大大减少，因此在工控领域中得到广泛应用。

（2）直流固态继电器的工作原理　如图 3-13 所示，在输入控制电路中电阻 R_1 串联在光耦合器输入端，它的作用是对 LED 进行限流保护，LED 对输入控制信号给予指示，VD_1 对输入端的反偏电压进行保护。当控制端无信号输入时，光耦合器中的光电晶体管呈截止高阻状态，VT_1 通过 R_2 获得其基极电流使之饱和导通，从而导致晶体管 VT_2、VT_3、VT_4 均处在截止状态，使固态继电器呈关断状态。当控制端有信号输入时，光耦合器中光电晶体管导通，使 VT_1 呈截止状态，因 VT_2、VT_3、VT_4 导通而使固态继电器呈接通状态，并将电源加至负荷上，直流固态继电器的输出端因输入端信号的加入而导通，因输入信号的消失而关断。

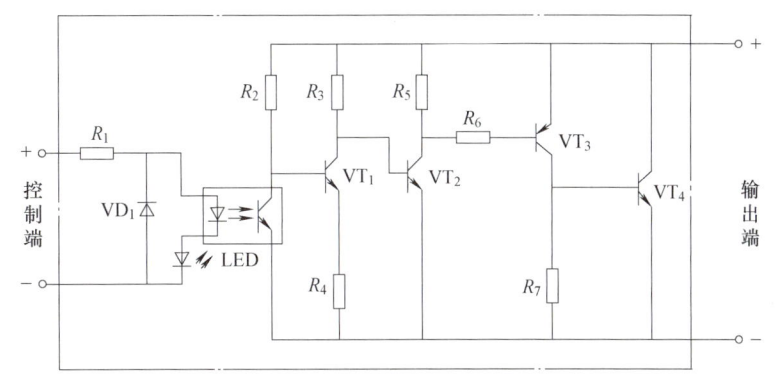

图 3-13 直流固态继电器

大功率低电压的直流固态继电器的输出开关普遍采用功率场效应晶体管来替代功率晶体管，以此来降低输入控制功率。

直流固态继电器与交流固态继电器相比，无过零控制电路，也不必设置吸收电路，开关器件一般用大功率开关晶体管，其他工作原理相同。

在使用直流固态继电器时应注意以下几点：

1）负荷为感性时，如直流电磁阀或电磁铁，应在负荷两端并联二极管，极性如图 3-13 所示，二极管的电流应等于工作电流，电压应高于工作电压的 4 倍。

2）固态继电器工作时应尽量靠近负荷，其输出引线应满足负荷电流的需要。

3）使用的电源经交流电整流所得，其滤波电解电容应足够大。

（3）固态继电器的主要特点　它成功地实现了弱电信号对强电（输出端负荷电压）的控制。由于光耦合器的应用，使控制信号所需功率极低（约 10mW 就可正常工作），而且弱电信号所需的工作电平与 TTL、HTL、CMOS 等常用集成电路兼容，可以实现直接连接。这使固态继电器在数控和自控设备等方面得到广泛应用，在相当程度上可取代传统的线圈—簧片触点式继电器。

固态继电器是由全固态电子元器件组成的，它没有任何可动的机械部件，工作中也没有任何机械动作；固态继电器由电路的工作状态变换实现"通"和"断"的开关功能，没有电接触点，所以它具有一系列线圈—簧片触点式继电器不具备的优点，即工作高可靠、长寿命、无动作噪声、耐振耐机械冲击、安装位置无限制、很容易用绝缘防水材料灌封做成全密封形式，而且具有良好的防潮、防霉和防腐性能，在防爆和防止臭氧污染方面的性能也极佳。

交流固态继电器由于采用过零触发技术，因而可以使固态继电器安全地应用在计算机输出接口上，不必为在接口上采用线圈—簧片触点式继电器而产生的一系列对计算机的干扰而烦恼。此外，固态继电器还有能承受在数值上可达额定电流 10 倍左右的浪涌电流的特点。

（4）固态继电器的特性参数　固态继电器的特性参数包括输入和输出参数等，现对主要几个参数说明如下：

1）额定输入电压。它是指在额定条件下能承受的稳态阻性负荷的最大允许电压有效值。

如果受控负荷是非稳态或非阻性的，必须考虑所选产品是否能承受工作状态或条件变化时（冷热转换、静动转换、感应电动势、瞬态峰值电压和变化周期等）所产生的最大合成电压。例如，负荷为感性时，所选额定输出电压必须大于 2 倍电源电压值，而且所选产品的阻断（击穿）电压应高于负荷电源电压峰值的 2 倍。

又如，在电源电压为交流 220V、一般的小功率非阻性负荷的情况下，应选用额定电压为 400~600V 的固态继电器产品；但对于频繁起动的单相或三相电动机负荷，应选用额定电压为 660~800V 的固态继电器产品。

2）额定输出电流。额定输出电流是指在给定条件下（环境温度、额定电压、功率因数和有无散热器等）所能承受的最大电流的有效值。如周围温度上升，应按曲线作降额使用。

3）浪涌电流。浪涌电流是指在给定条件下（室温、额定电压、额定电流和持续的时间等）不会造成永久性损坏所允许的最大非重复性峰值电流。交流继电器的浪涌电流为额定电流的 5 倍~10 倍（1 个周期），直流产品为额定电流的 1.5 倍~5 倍（1s）。

(5) 固态继电器的选用方法

1）在选用时，如负荷为稳态阻性，固态继电器可全额或降额 10%使用。

2）对于电加热器、接触器等，初始接通瞬间出现的浪涌电流可达 3 倍的稳态电流，因此，固态继电器降额 20%~30%使用。

3）对于白炽灯类负荷，固态继电器应按降额 50%使用，并且还应加上适当的保护电路。

4）对于变压器负荷，所选产品的额定电流必须大于负荷工作电流的 2 倍。

5）对于感应电动机负荷，所选产品的额定电流值应为电动机运转电流的 2~4 倍，固态继电器的浪涌电流值应为额定电流的 10 倍。

6）固态继电器对温度的敏感性很强，工作温度超过标称值后，必须降热或外加散热器，例如额定电流为 10A 的 JGX-10F 型固态继电器，不加散热器时的允许工作电流只有 10A。

3.2　三相笼型异步电动机的起动控制电路的安装与调试

在工业生产中，多以电力为原动力，用电动机拖动生产机械使之运转的方法称为电力拖动。电力拖动是由电动机、控制和保护设备、生产机械及传动装置等部分组成。

任何复杂的控制电路都是由一些比较简单的、基本的控制电路或控制环节所组成的。

三相笼型异步电动机有全压起动和减压起动两种起动方式。起动时，其定子绕组上的电压为电源额定电压的，属于全压起动，也称为直接起动。对于较大功率的电动机，一般采用减压起动。

3.2.1　三相异步电动机顺序控制

有的生产机械要求在一台设备起动之后，另一台设备才能起动运行，这种控制方法称为顺序起动控制。也有些生产机械要求两台设备在起动时采用顺序起动控制，停止时需要一台设备先停止，另一台设备再停止运行，这种控制方法称为顺序起动、逆序停止控制。

1. 工作原理

如图 3-14 所示，电动机 M1 为辅助设备，M2 为主设备。当辅助设备的接触器 KM1 动作之后，主设备的接触器 KM2 才能动作，主设备 M2 不停止，辅助设备 M1 也不能停止。辅助设备在运行中因某种原因停止运行（例如 FR1 动作），主设备也随之停止运行。

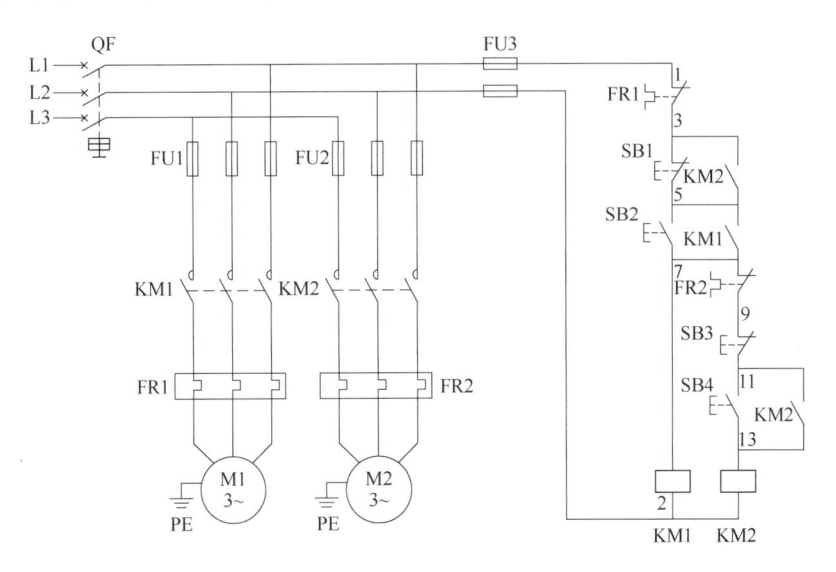

图 3-14 顺序起动、逆序停止控制电路

2．工作过程

闭合开关 QF，接通电路的电源。

1）起动控制：按下起动按钮 SB2，接触器 KM1 线圈得电，KM1 主触头闭合，使电动机 M1 运行，KM1 辅助常开触头闭合实现自锁。随后按下起动按钮 SB4，接触器 KM2 线圈得电，KM2 主触头闭合，电动机 M2 开始运行，KM2 的辅助常开触头闭合实现自锁。KM2 的另一个辅助常开触头也闭合，使停止按钮 SB1 失去控制作用，无法先停止电动机 M1 的运行。

2）停止控制：只有先按下停止按钮 SB3，使 KM2 线圈失电，辅助触头断开复位，停止按钮 SB1 才起作用。

3.2.2 三相异步电动机位置控制

1．位置控制电路

有的生产机械运动部件的行程或位置要受到限制，例如在摇臂钻床、万能铣床和桥式起重机等机床设备中就遇到这种控制要求。利用生产机械运动部件上的挡铁与行程开关碰撞，使其触头动作来接通或断开电路，以实现对生产机械运动部件的位置或行程的自动控制的方法称为位置控制，又称为行程控制或限位控制。实现这种控制要求所依靠的主要电器是行程开关。

图 3-15 所示为工厂车间桥式起重机采用的位置控制电路，起重机运行路线的两端处各安装一个行程开关 SQ1 和 SQ2，它们的常闭触头分别串接在正转控制电路和反转控制电路中。当安装在行车前后的挡铁 1 或挡铁 2 撞击行程开关的滚轮时，行程开关的常闭触头分断，切断控制电路，使行程自动停止。

图 3-15 所示位置控制电路的工作原理，可参照接触器联锁正反转控制电路进行分析。起重机的行程和位置可通过移动行程开关的安装位置来调节。

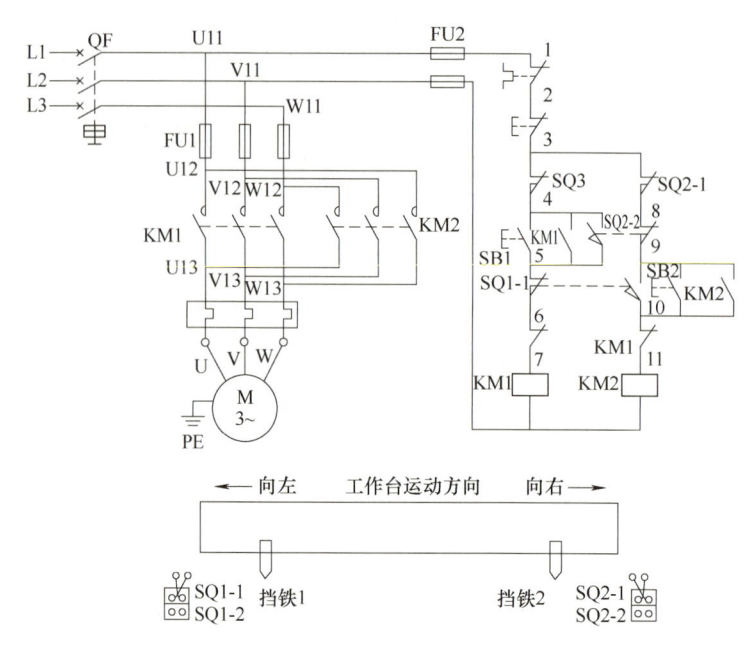

图 3-15 位置控制电路

2. 自动往返控制电路

在实际生产中，有些生产机械（如磨床）的工作台要求在一定行程内自动往返运动，以便实现对工件的连续加工，提高生产效率。这就需要电气控制电路能控制电动机实现自动换接正反转。

由行程开关控制的工作台自动往返控制电路如图 3-16a 所示。

为了使电动机的正反转控制与工作台的左右运动相配合，在控制电路中设置了 4 个行程开关 SQ1、SQ2、SQ3 和 SQ4，并把它们安装在工作台需限位的地方。其中 SQ1、SQ2 用来自动换接电动机正反转控制电路，实现工作台的自动往返；SQ3 和 SQ4 用作终端保护，以防止 SQ1、SQ2 失灵，工作台越过限定位置而造成事故。在工作台边的 T 形槽中装有两块挡铁，挡铁 1 只能和 SQ1、SQ3 相碰撞，挡铁 2 只能和 SQ2、SQ4 相碰撞。当工作台运动到所限位置时，挡铁碰撞行程开关，使其触头动作，自动换接电动机正反转控制电路，通过机械传动机构使工作台自动往返运动。工作台行程可通过移动挡铁位置来调节，拉开两块挡铁间的距离，行程变短，反之则变长。

3.2.3 三相异步电动机串电阻减压起动控制

1. 定子绕组串电阻减压起动

图 3-17 中 KM1 为接通电源接触器，KM2 为短接电阻接触器，R 为减压起动电阻。电动机起动时在三相定子绕组中串入电阻，使定子绕组上的电压降低，起动结束后再将电阻短接，电动机全压运行。

该电路的工作原理如下：合上电源开关 QS，按下起动按钮 SB2，接触器 KM1 通电并自锁，时间继电器 KT 通电，电动机定子串入电阻 R 减压起动。经一段时间后，KT 的常开触头延时闭合，接触器 KM2 通电，3 对主触头将电阻 R 短接，电动机全压运行。

项目3　低压电器的应用和三相异步电动机控制电路的安装与调试

a) 工作台自动往返控制电路

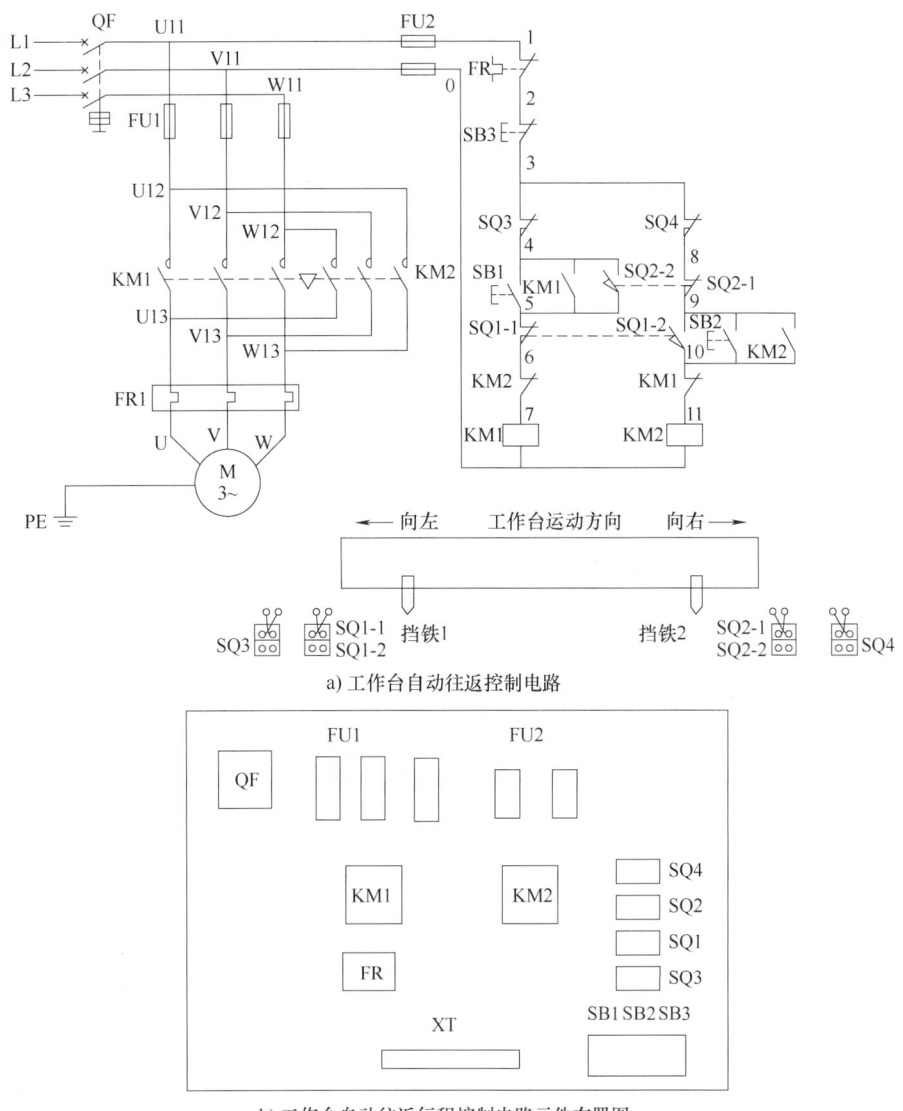

b) 工作台自动往返行程控制电路元件布置图

图 3-16　自动往返控制电路

注意：KT 的延时时间应根据电动机的起动要求来调整。

2. 自动与手动控制定子绕组串电阻的减压起动

图 3-18 是在图 3-17 的基础上增加了一只开关 SA，其手柄有两个位置，当手柄置于 M 位置时为手动控制，当手柄置于 A 位置时为自动控制；另外还增加了按钮 SB3，用于完成电动机进入全压运行的升压控制；在控制回路中设置了 KM2 自锁触头与联锁触头，从而提高了电路的可靠性。

该电路的工作原理如下：

(1) 自动控制　将开关 SA 的手柄置于 A 位置，按下起动按钮 SB2，KM1 线圈通电并自锁，主触头闭合，电动机串电阻减压起动；KM1 的辅助常开触头闭合，KT 线圈通电，经过延时后，其延时触头闭合，KM2 线圈通电并自锁，主触头闭合，将 KM1 主触头和电阻 R 短接

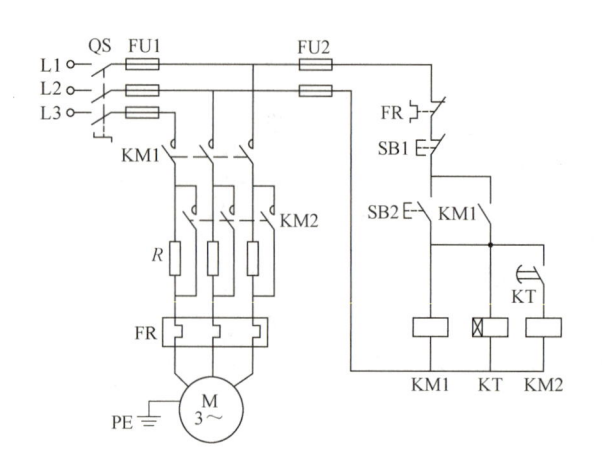

图 3-17 定子绕组串电阻减压起动控制电路

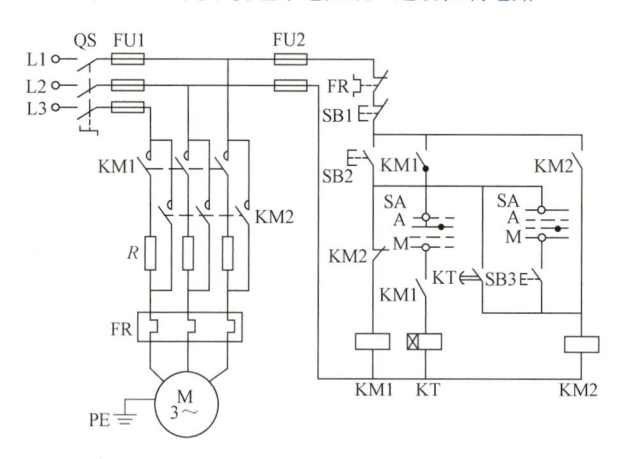

图 3-18 自动与手动串电阻减压起动控制电路

后，电动机进入全压运行，从而实现了定子绕组串电阻减压起动的自动控制。

（2）手动控制 将开关 SA 的手柄置于 M 位置，按下起动按钮 SB2，KM1 线圈通电并自锁，主触头闭合，使电动机串电阻减压起动；当其转速接近稳定转速时，则按下按钮 SB3，KM2 线圈通电并自锁，将 KM1 主触头和电阻 R 短接后，电动机进入全压运行，从而实现了定子回路串电阻减压起动的手动控制。

定子绕组串电阻减压起动方式具有结构简单、起动平稳且运行可靠的优点，但该方式仅适于空载起动或轻载起动的场合。另外，因使用起动电阻，将使控制柜体积增大、电能损耗增大，所以对于大功率电动机往往采用连接电抗器来实现减压起动。

3.2.4 自耦变压器减压起动控制

自耦变压器减压起动是利用三相自耦变压器将电动机在起动过程中的端电压降低，以达到减小起动电流的目的。

减压起动用的自耦变压器又称为起动补偿器。设自耦变压器的电压比为 k，则减压起动时，电动机定子电压为直接起动时的 $1/k$，定子电流也为直接起动时的 $1/k$，则变压器一次电流降为直接起动时的 $1/k^2$。由于电磁转矩与外加电压的二次方成正比，故起动转矩也降低为直接起动时的 $1/k^2$。

自耦变压器二次侧有电源电压的 60%、80% 等抽头，使用时可根据电动机起动转矩的要求具体选择。因能获得 36%、64% 全压起动时的转矩。自耦变压器减压起动适用于功率较大的、不能用Y-△减压起动的异步电动机。

常用的自耦变压器减压起动控制电路有以下两种：

1. 两只接触器控制的自耦变压器减压起动

图 3-19 中，KM1 为减压接触器，KM2 为运行接触器，T 为三相自耦变压器。

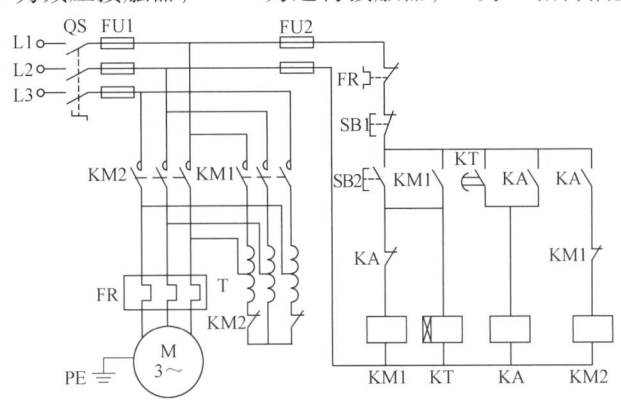

图 3-19　两只接触器控制的自耦变压器减压起动控制电路

该电路的工作原理如下：

合上电源开关 QS，按下起动按钮 SB2，KM1 和 KT 线圈同时通电，KM1 辅助常开触头自锁；主触头闭合，将自耦变压器接入电动机的定子绕组；联锁触头断开 KM2 线圈回路。自耦变压器作星形联结，电动机由自耦变压器的二次侧供电实现减压起动。经整定时间延时后，继电器 KT 的常开触头闭合，使中间继电器 KA 的线圈通电并自锁，KA 的常闭触头断开，使 KM1 线圈失电，主触头断开，切除自耦变压器；辅助常闭触头复位，为 KM2 线圈的通电做好准备。KA 的常开触头闭合，使接触器 KM2 的线圈通电，其主触头闭合，电动机全压运行。

注意：此种电路在电动机起动过程中会出现二次涌流冲击，因此仅适用于不频繁起动，电动机功率在 30kW 以下的设备中。

2. 三只接触器控制的自耦变压器减压起动

图 3-20 中，开关 SA 有手动和自动两个位置；KM1、KM2 为减压接触器；KM3 为运行接触器；T 为三相自耦变压器。

该电路的工作原理如下：

（1）自动控制　将开关 SA 置于自动控制位置 A 上，按下按钮 SB2，接触器 KM1 线圈通电，其主触头闭合，将自耦变压器作星形联结；KM1 辅助常闭触头断开，切断 KM3 线圈回路，实现联锁；KM1 辅助常开触头闭合，使接触器 KM2 线圈通电，KM2 辅助常开触头闭合，维持 KM1、KM2 线圈通电；KM2 主触头闭合，将三相电源接入自耦变压器的一次侧，电动机定子绕组经由自耦变压器二次侧实现减压起动。

因 KM2 辅助常开触头闭合，使中间继电器 KA 和时间继电器 KT 的线圈通电，KA 常开触头闭合，KA 和 KT 的线圈持续通电；KA 在主电路中的常开触头闭合，将电动机定子绕组的电流互感器二次侧中热继电器 FR 的热元件短接。

经过整定时间延时后，继电器 KT 的常闭触头断开，使接触器 KM1 线圈断电，KM1 常闭触头复位,为 KM3 线圈通电做准备;KM1 常开触头复位,使 KM2 线圈断电,由此电动机定子绕组断开了自耦变压器。时间继电器 KT 常开触头闭合使 KM3 线圈通电并自锁,KM3 主触头闭合,电动机全压运行。

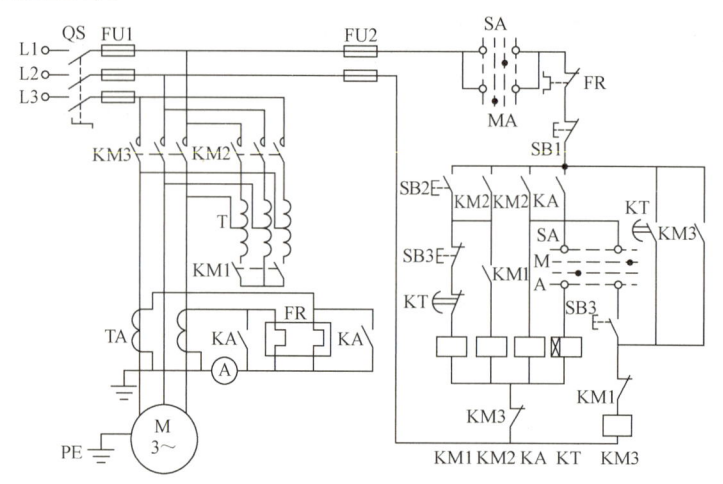

图 3-20 三只接触器控制的自耦变压器减压起动控制电路

(2)手动控制 将开关 SA 置于自动控制位置 M 上,按下按钮 SB2 后电动机减压起动的工作过程与自动控制时相同,只是在转入全压运行时,尚需再按下 SB3,使接触器 KM1 线圈断电,KM3 线圈通电并自锁,实现全压运行。

注意:当操作按钮 SB2 时,按下的时间应稍长些,待接触器 KM2 线圈通电并自锁后才可松开,否则自耦变压器无法接入,不能实现减压起动。

自耦变压器减压起动多用于电动机功率较大的场合,因无大容量的热继电器,故采用电流互感器后使用小容量的热继电器来实现过负荷保护。

3.3 三相笼型异步电动机的电气制动控制

电动机断开电源后,因惯性作用要经过一段时间后才会完全停止下来。对于某些生产机械,这种情况是不适宜的,所以有时要对电动机进行制动。所谓制动,是指在切断电动机电源后使它迅速停转而采取的措施。制动方式分为两种类型:机械制动和电气制动。

电气制动是指在电动机停转时利用电气原理产生一个与实际转动方向相反的转矩来迫使其迅速停转的方法。电气制动的方法有反接制动、能耗制动、电容制动和发电制动等,本节主要介绍常用的反接制动和能耗制动。

3.3.1 三相异步电动机反接制动控制

反接制动是在电动机断电时,接入反相序电源,即交换电动机定子绕组任意两相电源线的接线顺序,以产生制动转矩使电动机停转。

反接制动适用于 10kW 以下较小功率电动机的制动,并且对 4.5kW 以上的电动机进行反接制动时,需要在定子回路中串入限流电阻 R,以限制反接制动电流。通常使用速度继电器来完成对电动机转速变化的控制,并自动和及时切断电源。

项目3 低压电器的应用和三相异步电动机控制电路的安装与调试

（1）单向运行的反接制动控制电路 如图3-21所示，图中KM1为单向运转接触器，KM2为反接制动接触器，KS为速度继电器，R为反接制动电阻。

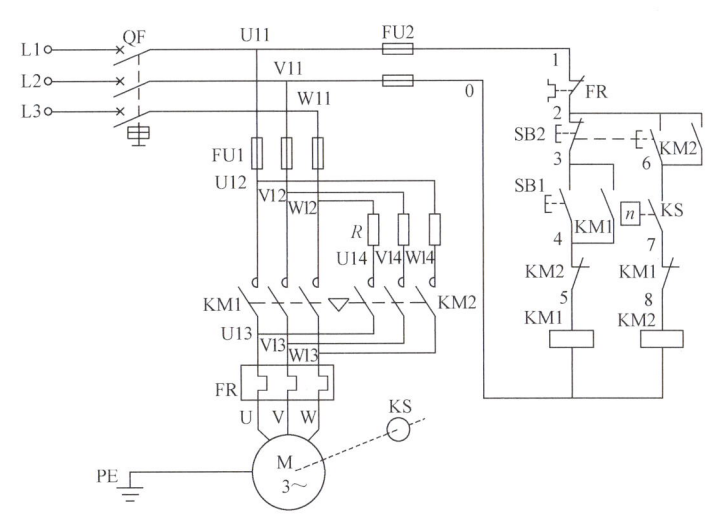

图3-21 单向运行的反接制动控制电路

该电路的工作原理如下：

起动时，合上电源断路器QF，按下起动按钮SB1，接触器KM1线圈通电并自锁，KM1常闭触头断开，切断KM2线圈回路；同时KM1主触头闭合，电动机通电后旋转。当电动机转速上升到120r/min以上时，速度继电器KS的常开触头闭合，为制动做好准备。

停车时，按下停止按钮SB2，接触器KM1线圈断电，KM1主触头断开，电动机断开电源，但依然惯性旋转，所以速度继电器KS的常开触头依然闭合，此时由于KM2触头闭合以及KM1的常闭触头的复位，使KM2线圈通电并自锁，其主触头闭合，接入反向电源，定子绕组串接制动电阻开始制动。电动机转速迅速下降，当接近于100r/min时，KS的常开触头复位，使KM2线圈断电，其主触头断开，电动机及时脱离电源迅速停车，制动结束。

注意：当操作按钮SB2时，应一按到底，否则反接制动无法实现。当电动机转速接近零时，需立即切断电源以防电动机反转。

（2）双向运行的反接制动控制电路 图3-22中，KM1、KM2为双向运行接触器，KM3为短接电阻的接触器，R为反接制动电阻；KS-1为正转闭合时速度继电器的常开触头，KS-2为反转闭合时的常开触头。

该电路的工作原理如下：

正转起动时，合上电源开关QS，按下正转起动按钮SB2，接触器KM1线圈通电并自锁，KM1辅助常闭触头（12-13）断开，切断接触器KM2线圈电路；KM1主触头闭合，使电动机定子绕组经两相电阻R接通正向电源，电动机开始减压正向起动。当电动机转速上升到120r/min以上时，速度继电器KS的正转常开触头KS-1闭合，为制动做好准备，同时使接触器KM3的线圈通过KS-1、KM1（14-15）通电工作，KM3主触头闭合，于是电阻R被短接，电动机全压正转运行。

制动时，按下停止按钮SB1-1，使接触器KM1、KM3线圈相继断电，KM1主触头断开，

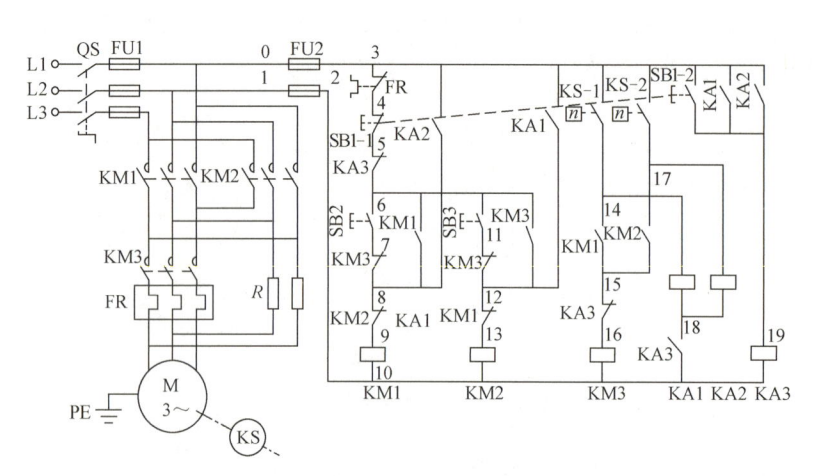

图 3-22 双向运行的反接制动控制电路

电动机断开正向电源惯性旋转,速度继电器 KS-1 触头依然闭合;KM3 主触头断开,电动机定子绕组接入制动电阻 R。

此时由于 SB1-2 常开触头（3-19）闭合使 KA3 线圈通电,KA3 常闭触头（15-16）断开,切断 KM3 的线圈回路;KA3 的常开触头（10-18）闭合,使 KA1 线圈通电,其自锁触头闭合,KA3 线圈持续通电;其常开触头（3-12）闭合,使接触器 KM2 线圈通电,KM2 主触头闭合,电动机接入反向电源,定子绕组串接制动电阻开始制动。电动机转速迅速下降,当接近于 100r/min 时,KS 的常开触头 KS-1 复位,使 KA1、KA3、KM2 线圈断电,其主触头断开,电动机断电迅速停车制动。

电动机的反向起动和停车反接制动过程与上述工作过程相同,在此不再赘述。反接制动具有制动快、制动转矩大等优点,同时也有制动电流冲击过大、适用范围小等缺点。

3.3.2 三相异步电动机能耗制动控制

所谓能耗制动,是指在运行的电动机断电后,立刻给其定子绕组接入直流电源,以产生静止磁场,利用转子感应电流和静止磁场相互作用所产生的制动转矩对电动机制动的方法。

能耗制动比反接制动消耗的能量少,其制动电流比反接制动时要小得多,适用于电动机功率较大、要求制动平稳和频繁的场合,但能耗制动需要直流电源。

(1) 时间继电器控制的单向能耗制动控制电路　图 3-23 中,KM1 为单向运行接触器,KM2 为能耗制动接触器,TR 为整流变压器,VC 为桥式整流器。

该电路的工作原理如下：

当电动机正常运行时,若按下停止按钮 SB1-1,其常闭触头断开,切断接触器 KM1 线圈电路,电动机断电后惯性旋转。与此同时,按钮 SB1-2 常开触头闭合,使时间继电器 KT 和接触器 KM2 线圈通电并自锁,KM2 主触头闭合,将两相定子绕组接入桥式整流器 VC 的电路,进行能耗制动。电动机转速迅速下降,当转速接近零时,时间继电器 KT 的整定时间到,其常闭触头断开使 KM2 和 KT 的线圈断电,制动过程结束。

(2) 速度继电器控制的双向能耗制动　图 3-24 中,KM1、KM2 为双向运行接触器,KM3 为能耗制动接触器。

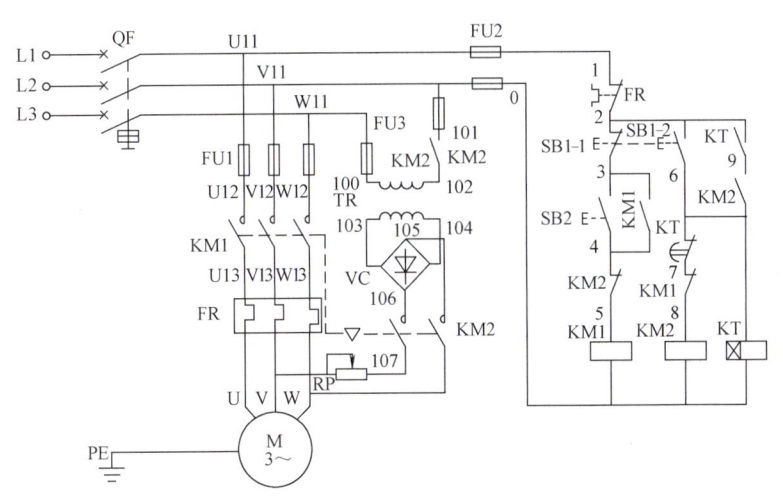

图 3-23 时间继电器控制的单向能耗制动控制电路

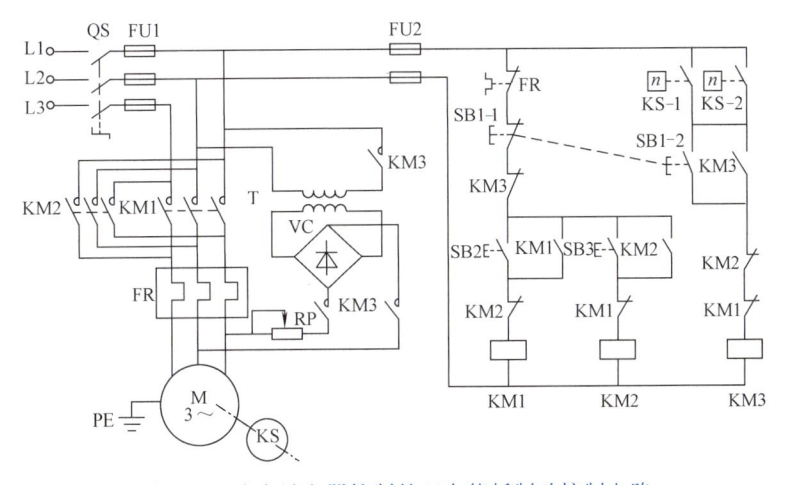

图 3-24 速度继电器控制的双向能耗制动控制电路

该电路的工作原理如下：

电动机正向运行时，若需停车，可按下停止按钮 SB1，其常闭触头 SB1-1 断开，使接触器 KM1 线圈断电，电动机断电后惯性旋转，KS-1 常开触头仍然闭合，同时因 SB1-2 触头闭合，使接触器线圈通电，KM3 主触头闭合，使直流电源加到定子绕组，电动机进行正向能耗制动，转子正向转速迅速下降。当降至 100r/min 时，速度继电器正转闭合的常开触头 KS-1 断开，KM3 线圈断电，主触头断开，定子绕组脱离直流电源，能耗制动结束。反向起动与反向能耗制动过程和上述正向情况相同。

（3）单管能耗制动控制电路　上述两种能耗制动控制电路均需用直流电源，由带变压器的桥式整流电路提供。为减少线路中的附加设备，对于功率较小（10kW 以下）且制动要求不高的电动机，可采用图 3-25 所示的无变压器单管能耗制动控制电路。图中 KM1 为运行接触器，KM2 为制动接触器，VD 为整流二极管，R 为限流电阻。

该电路的工作原理如下：

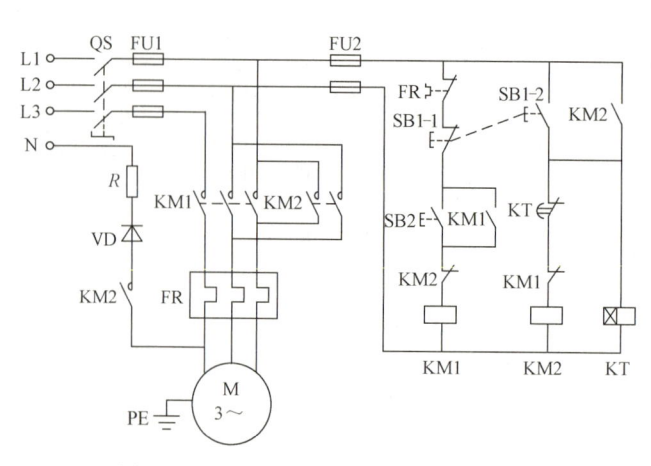

图 3-25　无变压器单管能耗制动控制电路

当电动机正常运行时，若按下停止按钮 SB1，其触头 SB1-1 断开，KM1 线圈断电；SB1-2 闭合，接触器 KM2 和时间继电器 KT 的线圈通电工作，KM2 主触头闭合。此时，电动机定子绕组断电，随即又经 KM2 主触头接入无变压器的单管半波整流电路。两相交流电源经 KM2 主触头接到电动机两相定子绕组，并由另一相绕组经接触器 KM2 主触头、整流二极管 VD 和限流电阻 R 接到中性线，构成整流回路。由于定子绕组上有直流电流通过，所以电动机进行能耗制动，当其转速接近零时，KT 延时整定时间到，KM2 和 KT 线圈相继断电，制动过程结束。

3.4　绕线转子异步电动机的起动控制电路的安装与调试

在生产中对于要求起动电流较小但起动转矩较大或能在一定范围内平滑调速的场合，通常采用三相绕线转子异步电动机。对于绕线转子异步电动机的控制，可通过集电环在转子绕组电路中串接外加电阻或频敏变阻器，以达到减小起动电流和提高起动转矩的目的。

按起动过程中绕线转子串接装置的不同，绕线转子异步电动机的起动可分为串接电阻起动和串接频敏变阻器起动两种方式。

3.4.1　转子绕组串接电阻起动控制电路

串接在转子回路中的起动电阻，一般接成星形。起动时，起动电阻全部接入，起动过程中，起动电阻逐段被短接。短接电阻的方式有平衡短接法和不平衡短接法。凡用接触器控制时，采用平衡短接法，即将每相起动电阻对称等阻值短接。

1. 欠电流继电器控制的串接电阻起动控制电路

图 3-26 中 KM1~KM3 为短接转子电阻接触器；R_1~R_3 为转子外接电阻；KUC1~KUC3 为欠电流继电器。

该电路的工作原理如下：

合上电源开关 QS，按下按钮 SB2，接触器 KM4 线圈通电并自锁，其主触头闭合，将三相电源接入电动机定子绕组，转子串入 R_1、R_2、R_3 全部电阻起动；同时 KM4 辅助常开触头闭合，使中间继电器 KA 线圈通电，KA 常开触头全部闭合，为接触器 KM1、KM2、KM3 线圈的通

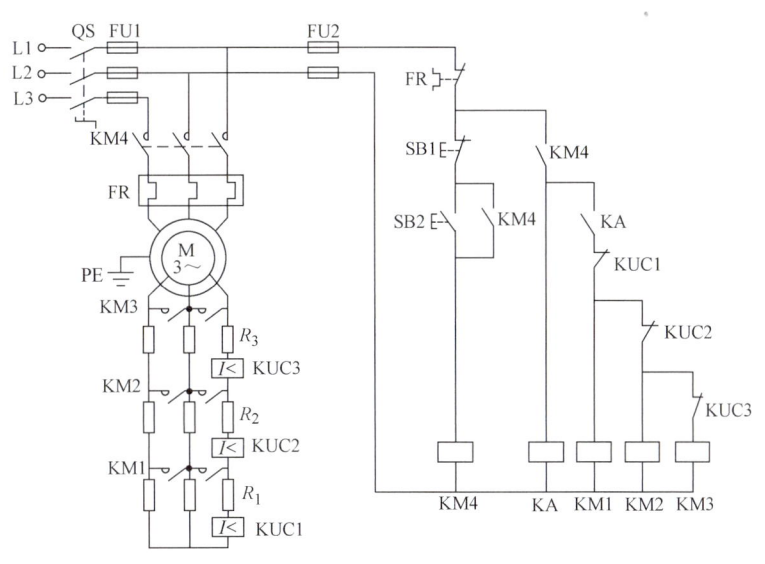

图 3-26　欠电流继电器控制的串接电阻起动控制电路

电做好准备。由于刚起动时电动机转速很小，转子绕组电流很大，3个欠电流继电器 KUC1～KUC3 吸合电流一样，故同时吸合动作，常闭触头同时断开，使 KM1、KM2、KM3 线圈均处于断电状态，保证所有转子电阻都串入转子电路，达到限制起动电流和提高起动转矩的目的。

在起动过程中，随着电动机转速的升高，起动电流逐渐减小，而3个欠电流继电器的释放电流不同，KUC1 释放电流最大，KUC2 次之，KUC3 最小，所以，当起动电流减小到 KUC1 释放电流值时，KUC1 首先释放，其常闭触头复位闭合，使接触器 KM1 线圈通电，KM1 的主触头闭合，短接一段电阻 R_1；由于电阻被短接，转子电流增加，起动转矩增大，致使转速又加快上升，这又使得转子电流下降，当降低到 KUC2 的释放电流时，KUC2 接着释放，其常闭触头复位闭合，使接触器 KM2 线圈通电，KM2 主触头闭合，短接第2段转子电阻 R_2；随着电动机的转速不断增加，转子电流进一步减小，直至 KUC3 释放，接触器 KM3 线圈通电，KM3 主触头闭合，短接第3段转子电阻 R_3；至此，转子电阻全部被短接，电动机起动过程结束。

为保证电动机转子串入全部电阻起动，控制电路中设置了中间继电器 KA。当 KM4 线圈通电时，其常开触头闭合，使 KA 线圈通电，再使 KA 常开触头闭合，在这之前起动电流已到达欠电流继电器的吸合值并已动作，其常闭触头已将 KM1、KM2、KM3 线圈回路断开，确保转子电路串入，避免了电动机的直接起动。

2. 时间继电器控制的串电阻起动控制电路

图 3-27 中 KT1～KT3 为通电延时时间继电器。转子回路3段起动电阻的短接是靠 KT1～KT3 3个时间继电器和 KM1～KM3 3个接触器的相互配合来完成的。

该电路的工作原理如下：

按下按钮 SB2 后，接触器 KM4 线圈通电并自锁，其主触头闭合，电动机接通电源；KM4 常开触头闭合，使时间继电器 KT1 线圈通电，但其触头未动作，因此电动机转子串入全部电阻起动。经过整定时间延时后，KT1 的常开触头延时闭合，KM1 线圈通电，KM1 主触头闭合，电阻 R_1 被短接；同时 KM1 的辅助常开触头闭合，使时间继电器 KT2 线圈通电，经过一段时

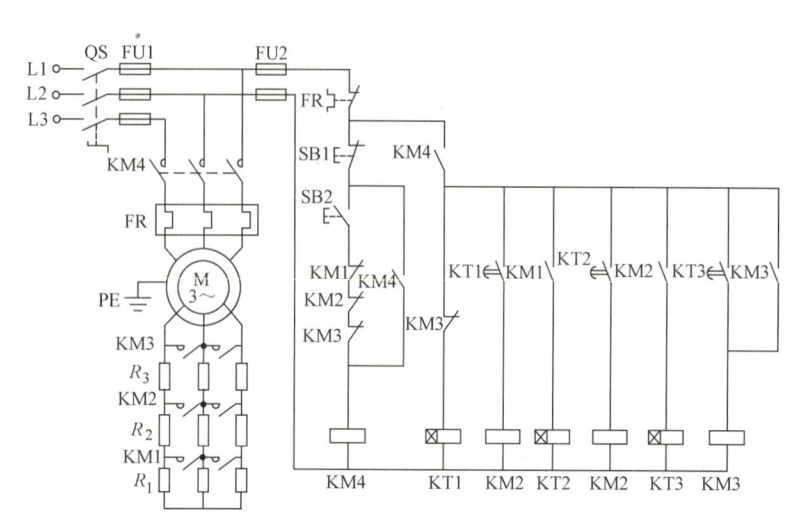

图 3-27　时间继电器控制的串电阻起动控制电路

间延时后，KT2 的常开触头闭合，KM2 线圈通电，KM2 主触头闭合，电阻 R_2 被短接；同时 KM2 的辅助常开触头闭合，使时间继电器 KT3 线圈通电，经过一段时间延时后，KT3 的常开触头闭合，KM3 线圈通电并自锁，KM3 主触头闭合，电阻 R_3 被短接，KM3 辅助常闭触头断开，使 KT1、KM1、KT2、KM2 和 KT3 的线圈依次断电，至此所有电阻被短接，电动机起动结束，进入正常运行。

3.4.2　转子绕组串接频敏变阻器起动控制电路

采用转子绕组串电阻的起动方法，使用电器较多、控制电路复杂、起动电阻体积较大，特别是在起动过程中，起动电阻的逐段切除，使起动电流和起动转矩瞬间增大，导致机械冲击。为了改善电动机的起动性能，获取较理想的机械特性，简化控制电路及提高工作可靠性，绕线转子异步电动机可以采取转子绕组串接频敏变阻器的方法来起动。

1. 频敏变阻器

频敏变阻器是一种静止的、无触头的电磁元器件，其电阻值随频率变化而变化。它由几块 30~50mm 厚的铸铁板或钢板叠成的三柱式铁心，在铁心上分别装有线圈，3 个线圈连接成星形联结，相当于三相电抗器，与电动机转子绕组相接。BP1 系列频敏变阻器的外形如图 3-28 所示。

图 3-28　BP1 系列频敏变阻器的外形

频敏变阻器的等效电路及其与电动机的连接电路如图 3-29 所示。图中 R_b 为绕组的直流电阻，R 为涡流损耗的等值电阻，X 为等值感抗。

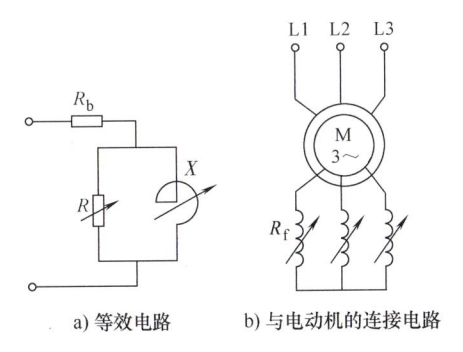

图 3-29 频敏变阻器的等效电路及其与电动机的连接电路

BP1 系列频敏变阻器适用于 50Hz、三相交流绕线转子异步电动机的轻载及重载，作起动限流器件使用。例如水泵、空压机、轧钢机和空气压缩机等，其型号含义表示如下：

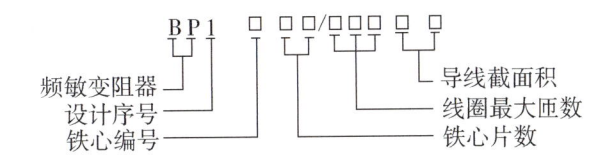

绕线转子异步电动机采用串接频敏变阻器可实现平滑无级起动，常用于较大功率电动机的起动控制中。

2. 转子串频敏变阻器起动控制电路

（1）单向运行电动机串接频敏变阻器起动控制电路　图 3-30 中 R_f 为频敏变阻器，KM1 为电源接触器，KM2 为短接频敏变阻器的接触器。

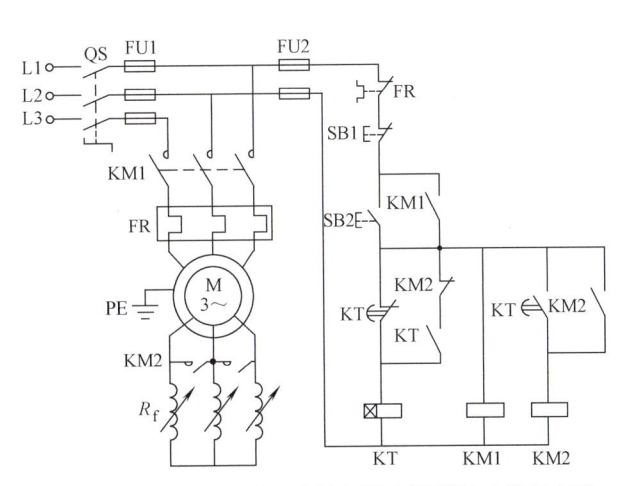

图 3-30 单向运行电动机串接频敏变阻器起动控制电路

该电路的工作原理如下：

按下按钮 SB2，时间继电器 KT 线圈通电，KT 瞬时触头闭合，接触器 KM1 线圈通电，

KM1辅助常开触头闭合，使KT、KM1线圈持续通电，KM1主触头闭合，电动机定子绕组接通电源，转子接入频敏变阻器起动。随着电动机的转速平稳上升，频敏变阻器的阻抗逐渐自动下降，当转速上升到接近稳定转速时，时间继电器的延时时间已到，触头动作，接触器KM2线圈通电并自锁，KM2主触头闭合，将频敏变阻器短接，电动机进入正常运行。

（2）正反向运行电动机串接频敏变阻器起动控制电路　图3-31中KM1、KM2为正反转电源接触器，KM3为短接频敏变阻器的接触器，TA为电流互感器，SA为手动与自动选择开关。

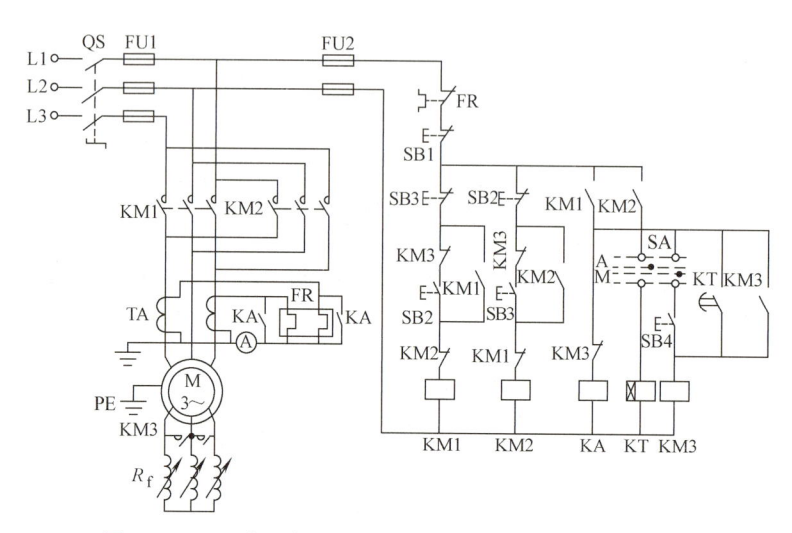

图3-31　正反向运行电动机串接频敏变阻器起动控制电路

该电路的工作原理如下：

1）自动控制：将选择开关SA扳向A位置，合上电源开关QS，按下起动按钮SB2，接触器KM1线圈通电并自锁，KM1主触头闭合，接通电动机定子绕组的正向电源，转子接入频敏变阻器后正向起动。与此同时，KM1辅助常开触头闭合，使中间继电器KA和时间继电器KT线圈通电，KA的常开触头闭合，短接热继电器FR的热元件。

随着电动机转速的平稳上升，频敏变阻器的阻抗逐渐自动下降，当转速上升到接近稳定转速时，时间继电器的延时时间已到，触头动作，接触器KM3线圈通电并自锁，KM3主触头闭合，将频敏变阻器短接，电动机进入正常的正转运行。KM3常闭辅助触头断开，KA线圈失电。

反向起动控制与此相似，只是按下反向起动按钮SB3，工作原理与上述过程相似。

2）手动控制：将选择开关SA扳向M位置，合上电源开关QS，按下正向起动按钮SB2，接触器KM1线圈通电并自锁，KM1主触头闭合，接通电动机定子绕组的正向电源，转子接入频敏变阻器后正向起动。与此同时，KM1辅助常开触头闭合，使中间继电器KA线圈通电，KA的常开触头闭合，短接热继电器FR的热元件。电动机的转速平稳上升，频敏变阻器的阻抗逐渐自动下降，当转速上升到接近稳定转速时，按下手控按钮SB4，接触器KM3线圈通电并自锁，KM3主触头闭合，将频敏变阻器短接，电动机进入正常的正转运行。KM3常闭辅助触头断开，KA线圈失电，FR起过负荷保护作用。

当进行手动控制电动机的起动时，时间继电器KT不起作用。电路中设置电流互感器TA，目的是使用小容量的热继电器实现电路的过负荷保护。在电动机起动过程中，KA线圈工作，其常开触头闭合，可避免因起动时间过长而使热继电器误动作。

3. 频敏变阻器的调整

频敏变阻器每相绕组备有 4 个接线端头，其中 3 个接线端头与公共接线端头之间分别对应 100%、85%、71% 的匝数，出厂时线接在 85% 的匝数上。频敏变阻器上、下铁心由两面 4 个拉紧螺栓固定，上、下铁心的气隙大小可调，出厂时该气隙被调为零。在使用过程中，如果出现下列情况，可调整频敏变阻器的匝数或气隙。

1）起动电流、起动转矩及电动机完成起动过程的时间的调整，均可通过换接抽头，改变匝数的方法来实现。如起动电流过小、起动转矩过小或完成起动时间过长时，可减少频敏变阻器的匝数。

2）如果刚起动时，起动转矩过大，有机械冲击现象，而起动完毕后，稳定转速又偏低时，应将上、下铁心的气隙调大。具体方法是拧开铁心的拉紧螺栓，在上、下铁心间增加非磁性垫片。气隙的增大虽使起动电流有所增加，起动转矩稍有减小，但是起动完毕后电动机的转矩会增加，而且稳定运行时的转速也会得到相应的提高。

3.5　应用技能训练

技能训练 1　Y-△ 减压起动控制电路的安装

1. 目的要求

掌握接触器控制的 Y-△ 减压起动控制电路的安装方法。

2. 工具、仪表及器材

（1）工具和仪表　螺钉旋具、尖嘴钳、断线钳、剥线钳和 MF47 型万用表等。

（2）器材　控制板一块，导线、线槽若干和 U 形冷轧片等。

3. 安装步骤

1）根据如图 3-32 所示电路配齐所用电器元件，并检验电器元件的质量。

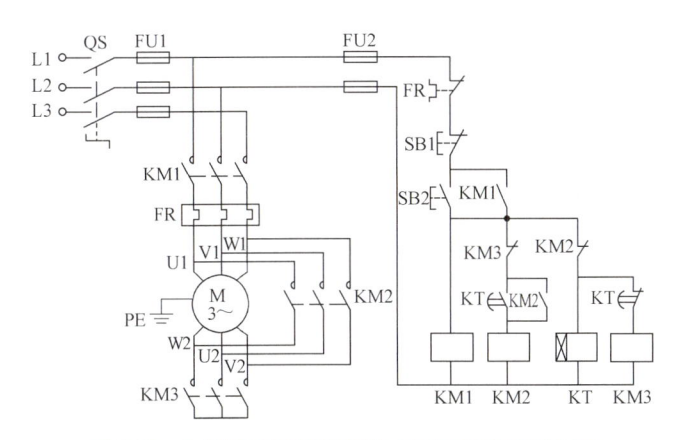

图 3-32　3 只接触器控制的 Y-△ 减压起动控制电路

2）在控制板上安装电器元件和线槽，其位置可参照图 3-33，并贴上醒目的文字符号。

3）进行线槽配线（控制板上配线的情况可先在图 3-33 中用电器接线图的形式绘制出

来），压接导线前应在导线端部安装冷压接线头。

4）连接控制板外部的导线。

5）自检接线电路板。

6）可靠连接电动机和电器元件的金属外壳的保护接地线。

7）检查无误后通电试车。

注意：通电试车时应遵循开关操作顺序并安全操作。

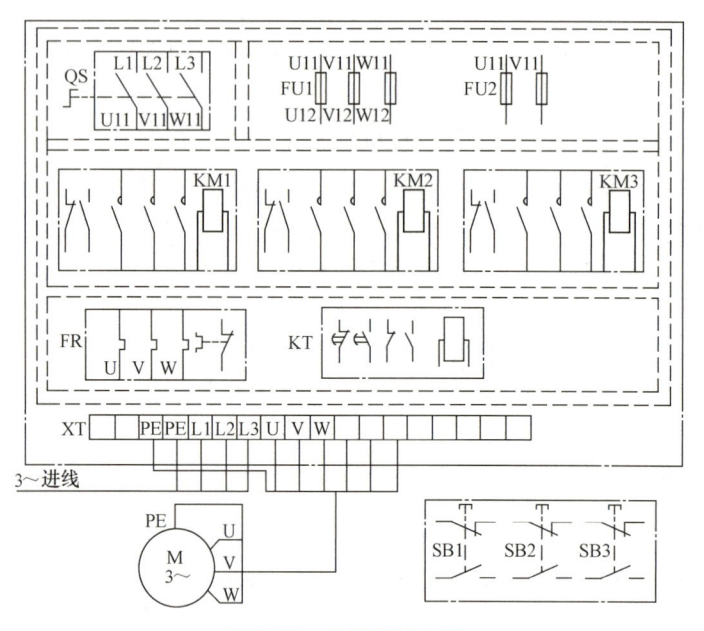

图 3-33 技能训练 1 图

4. 评分标准

Y-△减压起动控制电路安装的评分标准见表 3-5。

表 3-5 Y-△减压起动控制电路安装的评分标准

项目内容	配分	评分标准	扣分	得分
装前检查	10 分	① 电器元件漏检或错检，每处扣 1 分 ② 元器件布置不整齐、不匀称、不合理，每件扣 2 分 ③ 元器件安装不牢固，每件扣 2 分		
安装元件	15 分	① 安装元器件时漏装木螺钉，每件扣 1 分 ② 线槽安装不符合要求，每处扣 2 分 ③ 损坏元器件，每件扣 5 分		
布线	45 分	① 不按电路图接线，扣 10 分 ② 布线不符合要求：主电路，每根扣 3 分；控制电路，每根扣 2 分 ③ 接点不符合要求，每个接点扣 1 分 ④ 损伤导线绝缘或线芯，每根扣 5 分 ⑤ 漏套或错套编码套管，每处扣 1 分 ⑥ 漏接接地线，扣 5 分		

项目3　低压电器的应用和三相异步电动机控制电路的安装与调试

（续）

项目内容	配分	评分标准	扣分	得分
通电试车	30分	① 整定值未整定或整定错，每只扣3分 ② 配错熔体，主、控电路，各扣5分 ③ 第一次试车不成功，扣10分；第2次试车不成功，扣10分		
安全文明操作		违反安全操作规程扣5~10分		
定额时间	2.5h	每超时5min以内以扣3分计算		
备注		除定额时间外，各项内容的最高扣分不应超过配分数		
开始时间		结束时间	成绩	

技能训练2　单向运行反接制动控制电路的安装与检修

1. 目的要求

掌握单向运行反接制动控制电路的安装和检修方法。

2. 工具、仪表及器材

同技能训练1。

3. 安装步骤

1) 根据如图3-21所示电路配齐所用电器元件，并检验电器元件的质量。

2) 在控制板上安装电器元件和线槽，其位置可参照图3-34，并贴上醒目的文字符号。

3) 进行线槽配线，其接线可参照图3-34，压接导线前应在导线端部安装冷压接线头。

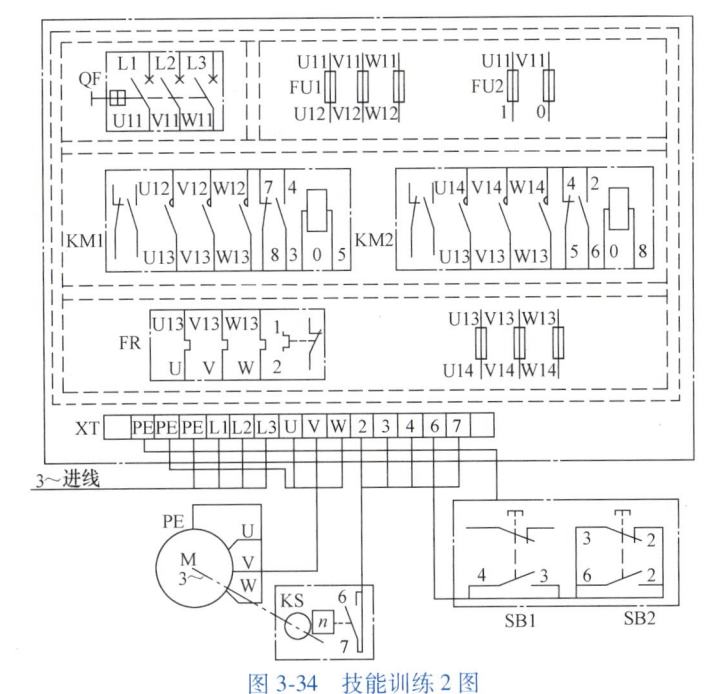

图 3-34　技能训练2图

以后步骤同技能训练1的4)~7)。

4. 注意事项

1) 安装速度继电器前，要弄清其结构，辨明常开触头的接线端。

2）速度继电器可以预先安装好，不属于定额时间。

3）通电试车时，若制动不正常，可检查速度继电器是否符合规定要求。

4）速度继电器动作值和返回值的调整，应先由指导教师示范后，再由学员自己调整。

5）制动操作不宜过于频繁。

6）通电试车时，应有教师现场监护，应安全操作。

5. 控制电路故障检修的步骤和方法

1）故障设置：在控制电路或主电路中人为设置电气故障两处。

2）故障检修：其检修步骤如下：

① 用通电试验法观察故障现象，若发现异常情况，应立即断电检查。

② 用逻辑分析法判断故障范围，并在电路图上用虚线标出故障部位的最小范围。

③ 用测量法准确迅速地找出故障点。

④ 采用正确方法快速排除故障。

⑤ 排除故障后通电试车。

6. 故障检修注意事项

1）检修前要掌握线路的构成、工作原理及操作顺序。

2）在检修过程中严禁扩大和产生新的故障。

3）带电检修必须有指导教师在现场监护，并确保用电安全。

7. 故障检修的评分标准

检修单向运行反接制动控制电路故障的评分标准见表 3-6。

表 3-6　检修单向运行反接制动控制电路故障的评分标准

项目内容	配分	评分标准	扣分	得分
自编检修步骤	10 分	检修步骤不合理、不完善，扣 2~5 分		
故障分析	30 分	① 检修思路不正确，扣 5~10 分 ② 标错电路故障范围，每个扣 10 分		
排除故障	60 分	① 停电不验电，每次扣 3 分 ② 工具及仪表使用不当，每次扣 5 分 ③ 排除故障的顺序不对，扣 5~10 分 ④ 不能查出故障，每个扣 20 分 ⑤ 查出故障，但不能排除，每个故障扣 10 分 ⑥ 产生新的故障：不能排除，每个扣 10 分；已经排除，每个扣 5 分 ⑦ 损坏电动机，扣 30 分 ⑧ 损坏电器元件，每只扣 5~10 分 ⑨ 排除故障后通电试车不成功，扣 10 分		
安全文明操作		违反安全规程或烧毁仪表，扣 10~30 分		
定额时间	1h	每超时 5min 以内以扣 10 分计算		
备注		除定额时间外，各项内容的最高扣分不得超过配分数		
开始时间		结束时间		成绩

技能训练3　单向起动能耗制动控制电路的安装与检修

1. 目的要求

掌握有变压器桥式整流单向起动能耗制动控制电路的安装与检修方法。

2. 工具、仪表及器材

同技能训练1。

3. 安装步骤

1）根据如图3-23所示电路图配齐所用电器元件，并检验电器元件的质量。

2）在控制板上安装电器元件和线槽，其位置可参照图3-35，并贴上醒目的文字符号。

3）进行线槽配线，其接线可参照图3-35，压接导线前应在导线端部安装冷压接线头。以后步骤同技能训练1的4）~7）。

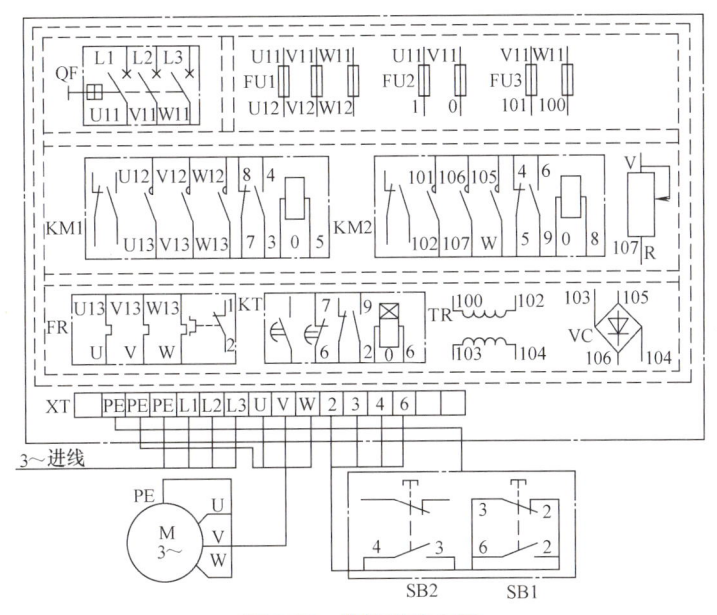

图3-35　技能训练3图

4. 注意事项

1）时间继电器的整定时间不要调得太长，以免制动时间过长引起定子绕组发热。

2）整流二极管要配装散热器和散热器支架。

3）进行制动时，停止按钮SB1要按到底。

4）通电试车时，必须有指导教师在现场监护，同时要安全操作。

5. 故障检修步骤与注意事项

可参照技能训练2的要求。

复习思考题

1. 简述红外计数器的工作原理。
2. 简述小型通用继电器的工作原理。

3. 固态继电器的用途是什么？

4. 简述直流固态继电器的工作原理。

5. 使用直流固态继电器时的注意事项有哪些？

6. 选用固态继电器时应注意什么？

7. 在电动机的控制电路中，短路保护和过负荷保护各由什么电器来实现？它们能否互相替代？

8. 三相笼型异步电动机的起动电流一般为额定电流的4~7倍，为什么起动转矩却不大？

9. 三相笼型异步电动机在什么条件下可以直接起动？不能直接起动时，应采用什么方法起动？

10. 作图：设计并画出某机床运行的电路图，要求如下：

1）如图3-36所示，按下起动按钮后，刀架由原始位置前进，当碰到位置开关SQ1时返回（刀架返回是依靠机械改变的）；当返回到原位碰到位置开关SQ2时刀架停止。

2）刀架在前进或后退途中的任意位置都应能停止或再次起动。

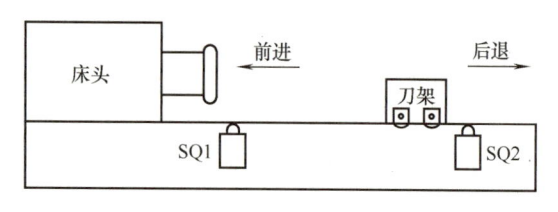

图 3-36

11. 如何对三相绕线转子异步电动机进行起动和调速控制？

12. 作图：画出一台小车运行的控制电路，其动作顺序如下：

1）小车由原位开始前进，至终端后自动停止。

2）在终端停留2min后自动返回原位停止。

3）要求在前进或后退途中的任意位置都能起动或停止。

13. 作图：设计一台绕线转子异步电动机的控制电路。要求如下：

1）电动机单方向旋转。

2）按起动按钮后，经1s后切除第一段转子电阻R_1，经2s后切除第二段转子电阻R_2，经3s后切除第三段转子电阻R_3。

3）运行时只允许切除R_3的接触器工作，其余时间继电器断电。

4）具有过负荷、短路及零电压保护环节。

14. 什么叫作减压起动？常见的减压起动方法有哪几种？

15. 简述笼型异步电动机几种电气制动方式的优、缺点和适用场合。

16. 三相异步电动机的调速方法有哪几种？

项目 4

一般机械设备电气控制电路的检修

> **培训学习目标：**
> 熟悉机床一般电气故障的检修方法；熟悉典型设备的结构和电力拖动特点；掌握常用机械设备电气控制电路的安装方法；掌握各种机床电气控制电路的故障检修方法。

一般机械设备在日常使用中经常发生各种电气故障，这些故障多数是由维护保养不当、操作失误、检修过程中操作不规范、机械故障、电气控制电路的接线端子松动、振动使电器开关移位和电器开关损坏等造成的。因此，作为维修电工人员，除了要掌握继电器-接触器基本控制电路的安装和维修方法，还应学会分析机床电气控制电路电气故障的方法、步骤，加深对典型控制电路的了解和应用，并在实践中不断地总结和提高。

4.1 机床一般电气故障的检修步骤与方法

正确分析和妥善处理一般机械设备电气控制电路中出现的各种故障，首先要找到故障的产生部位和原因。

4.1.1 一般电气故障的检修步骤

1. 故障调查

检修机械设备前要进行故障调查，即机械设备发生故障后，首先应向操作者了解故障发生前后的基本状况，再根据机械设备的工作原理来分析发生故障的原因。切忌再通电试车和盲目动手检修。

（1）问　一般询问的内容有：故障发生在开车前、开车后或是在运行中；是运行中自行停车，还是出现情况后由操作者停车的；发生故障时，机床工作在什么状态，按动了哪个按钮，扳动了哪个开关；故障发生前后，设备有无异常现象（如响声、气味、冒烟或冒火等）；以前是否发生过类似的故障以及是怎么处理的等。

（2）看　查看机床有无明显的外部损坏特征，例如：电动机、变压器和电磁铁线圈等有无过热冒烟；熔断器的熔丝是否熔断；其他电器元件有无发热、烧坏和断线；导线连接点是否松动；电动机的转速是否正常等。

（3）听　倾听电动机、变压器和电器元件在运行中的声音是否正常，这样有助于查找故障发生的部位。

（4）摸　触摸电动机、机床控制变压器和电器元件的线圈等部位，因其发生故障后温度明显升高，可切断电源后用手去感触温升情况。

2. 电路分析

根据调查结果，参考该电气设备的电气原理图进行分析，初步判断故障产生的部位，逐步缩小故障范围，直至找到故障点并加以排除。分析故障时应有针对性，如接地故障一般先考虑电器柜外的电气装置，后考虑电器柜内的元件；而断路和短路故障，应先考虑频繁动作的电器元件，后考虑其他元件。

3. 断电检查

动手检查前应首先断开机床总电源，然后根据故障可能产生的部位，逐步找出故障点。检查时应先检查电源线进线处有无损伤而引起的电源接地、短路等现象，螺旋式熔断器的熔断指示色点是否脱落，热继电器是否动作；然后检查电器外部有无损坏，连接导线有无断路、松动，绝缘部分是否过热或烧焦。

4. 通电检查

若断电检查仍未找到故障时，可对电气设备进行通电检查。通电检查法是指机床和机械设备发生电气故障后，根据故障的性质，在条件允许的情况下，通电检查故障发生的部位和原因。

在通电检查时，要尽量使电动机和机械传动部分彼此脱开，将控制器和转换开关置于零位，行程开关还原到正常位置，还要查看是否有断相和电压、电流不平衡的现象。通电检查的顺序为：先检查控制电路，后检查主电路；先检查交流系统，后检查直流系统；先检查开关电路，后检查调整系统。也可断开所有开关，取下所有熔断器，然后按顺序逐一放入欲检查的各部分电路的熔断器，合上开关，观察各元件是否按要求动作，有无冒烟、熔断器熔断的现象，直至查到发生故障的部位。

注意：在通电检查时，必须注意人身和设备的安全。要遵守安全操作规程，不得随意触动带电部分。

4.1.2 一般电气故障的检修方法

1. 断路故障的检修

（1）验电器检修法　用验电器检修断路故障的方法如图 4-1 所示。检修时用验电器依次测试图中 1~7 各点，并按下按钮 SB2，当验电器测量到哪一点不亮时即为断路处。注意：

1）在有一端接地的 220V 电路中测量时，应从电源侧开始，依次测量，并注意观察验电器的亮度，防止由于外部电场、泄漏电流造成氖管发亮，而误认为电路没有断路。

2）当检查 380V 且有变压器的控制电路中的熔断器是否熔断时，防止由于电源通过另一相熔断器和变压器的一次绕组回到已熔断的熔断器的出线端，造成熔断器没有熔断的假象。

（2）万用表检修法

1）电压测量法：检查时将万用表挡位开关转到交

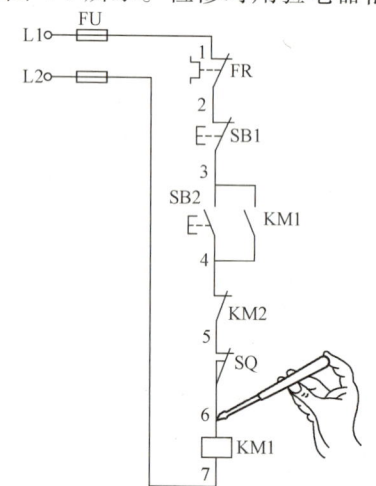

图 4-1　用验电器检修断路故障的方法

项目 4　一般机械设备电气控制电路的检修

流电压 500V。

① 电压分阶测量法：如图 4-2 所示，检查时，首先用万用表测量 1 和 7 两点间的电压，若电路电压为 380V，然后按住起动按钮 SB2 不松开，此时将黑表笔接到 7 号线上，红表笔按 2、3、4、5、6 标号依次测量，即测量 7-2、7-3、7-4、7-5、7-6 各阶之间的电压。电路正常的情况下，各阶的电压值均为 380V，假如 7-6 两点间无电压，则说明行程开关 SQ 的常闭触头（5-6）断路。

这种根据各阶电压值来检查故障的方法就像台阶一样，所以称为分阶测量法。这种方法判别故障的原理见表 4-1。

表 4-1　分阶测量法判别故障的原理

故障现象	测试状态	7-1	7-2	7-3	7-4	7-5	7-6	故障原因
按动 SB2，KM1 不吸合	按动 SB2 不松开	380V	380V	380V	380V	380V	0	SQ 常闭触头接触不良
		380V	380V	380V	380V	0	0	KM2 常闭触头接触不良
		380V	380V	380V	0	0	0	SB2 常开触头接触不良
		380V	380V	0	0	0	0	SB1 常闭触头接触不良
		380V	0	0	0	0	0	FR 常闭触头接触不良

② 电压分段测量法：如图 4-3 所示，检查时，首先用万用表测试 1、7 两点之间的电压，若电压值为 380V，说明电源电压正常。然后，将红、黑两根表笔逐段测量相邻两标点 1-2、2-3、3-4、4-5、5-6、6-7 间的电压。如电路正常，按下 SB2 后，除 6-7 两点间的电压为 380V 外，其他任何相邻两点间的电压值均为零。

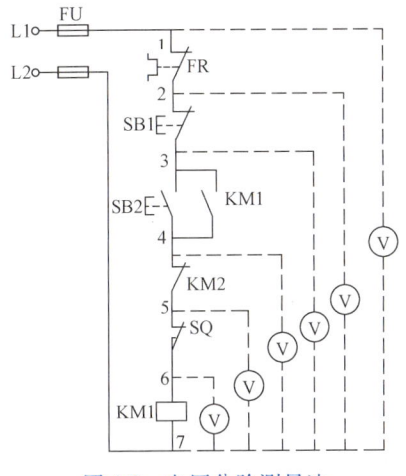

图 4-2　电压分阶测量法　　　　图 4-3　电压分段测量法

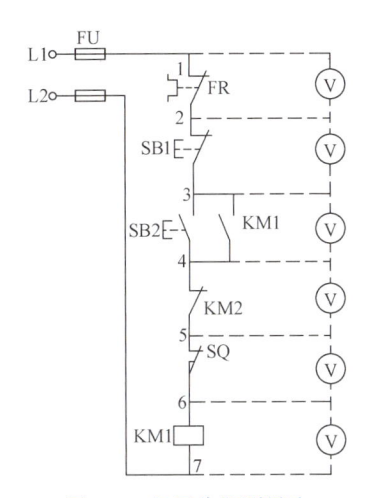

若按下按钮 SB2，接触器 KM1 不吸合，则说明发生了断路故障，此时可用电压表逐段测试各相邻点间的电压。如测量到某相邻两点间的电压为 380V 时，说明这两点间有断路故障，这种根据各段电压值来检查故障的方法称为分段测量法。其判别故障的原理见表 4-2。

表 4-2　分段测量法判别故障的原理

故障现象	测试状态	1-2	2-3	3-4	4-5	5-6	6-7	故障原因
按动 SB2，KM1 不吸合	按动 SB2 不松开	380V	0	0	0	0	0	FR 常闭触头接触不良
		0	380V	0	0	0	0	SB1 常闭触头接触不良
		0	0	380V	0	0	0	SB2 常开触头接触不良
		0	0	0	380V	0	0	KM2 常闭触头接触不良
		0	0	0	0	380V	0	SQ 常闭触头接触不良
		0	0	0	0	0	380V	KM1 线圈断路

2）电阻测量法：也可分为分阶测量法和分段测量法两种。

① 电阻分阶测量法：如图 4-4 所示，按下按钮 SB2，接触器 KM1 不吸合，则该回路有断路故障。

用万用表的电阻挡检测前应先断开电源，然后按下 SB2 不放，先测量 1-7 两点间的电阻，如电阻值为无穷大，说明 1-7 之间的电路断路；然后分阶测量 1-2、1-3、1-4、1-5、1-6 各点间的电阻值。若电路正常，则该两点间的电阻值为"0"；当测量到某标号间的电阻值为无穷大，则说明表笔刚跨过的触头或连接导线断路。

② 电阻分段测量法：如图 4-5 所示，检查时先切断电源，按下按钮 SB2，然后依次逐段测量相邻两标号点 1-2、2-3、3-4、4-5、5-6 间的触头或连接导线的电阻。当测得 2-3 两点间电阻为无穷大时，说明停止按钮 SB1 或连接 SB1 的导线断路。

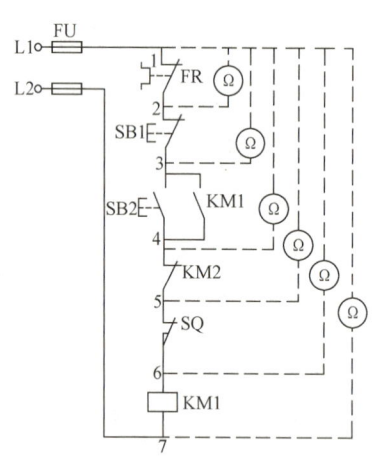

图 4-4　电阻分阶测量法

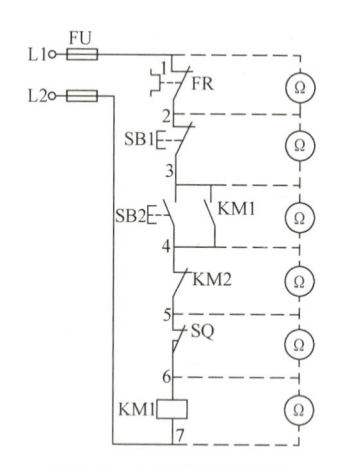

图 4-5　电阻分段测量法

电阻测量法的使用注意事项如下：

① 用电阻测量法检查故障时一定要断开电源。

② 如被测电路与其他电路并联，必须将该电路与其他电路断开，否则所测得的电阻值将不准确。

③ 测量高电阻值的元器件时，应把万用表的选择开关旋至合适的电阻挡。

2. 短路故障的检修

（1）电源间短路故障的检修　这种故障一般是通过电器的触头或连接导线将电源短路的。

例如：图 4-6 中行程开关 SQ 的 2 号与 0 号线因某种原因被短路，合上电源并按下 SB2 后，熔断器 FU 就会立即熔断。使用万用表进行检修，具体步骤如下：

1）将熔断器 FU 取下，令万用表的两表笔分别接到 1 号和 0 号线上，开关置于电阻挡，若指针指示值为"0"，则说明电源间短路。

2）将行程开关 SQ 常开触头上的 0 号线拆下，指针若不指"0"，说明电源短路在这个环节；指针若仍指"0"，说明短路点在 0 号上。

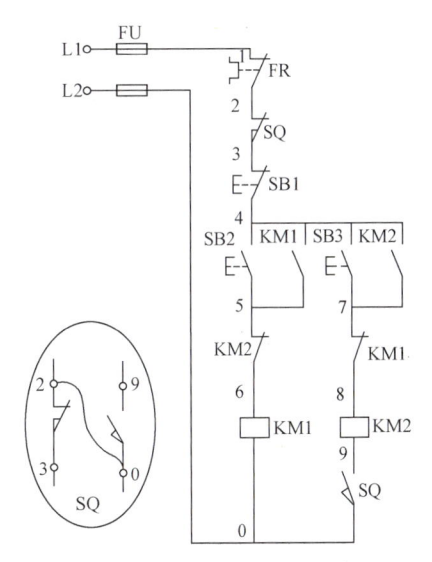

（2）电器触头本身短路故障的检修　图 4-6 中，若停止按钮 SB1 的常闭触头短路，会使接触器 KM1、KM2 工作后不能释放。又如接触器 KM1 的自锁触头短路，这时一合上电源，KM1 就会吸合，这类故障较为明显，只要通过分析即可确定故障点。

（3）电器触头之间短路故障的检修　图 4-7 中，接触器 KM1 的两对辅助触头 3 号和 8 号线因某种原因被短路，当合上电源后，接触器 KM2 即吸合。具体检修步骤如下：

1）通电检修：通电检修时可按下 SB1，如接触器 KM2 释放，则可确定短路故障的一端在 3 号；然后将 SQ2 断开，KM2 也释放，则说明短路故障可能在 3 号和 8 号之间。若拆下 7 号线，KM2 仍吸合，则可确定 3 号和 8 号为短路故障点。

2）断路检修：将熔断器 FU 取下，用万用表的电阻挡测 2-9 之间，若电阻为"0"，说明 2-9 之间有短路故障；然后按 SB1，若电阻为"∞"，说明短路不在 2 号；若将 SQ2 断开，测量电阻为"∞"，则说明短路也不在 9 号；然后将 7 号点断开，电阻为"0"，则可确定短路故障点在 3 号和 8 号。

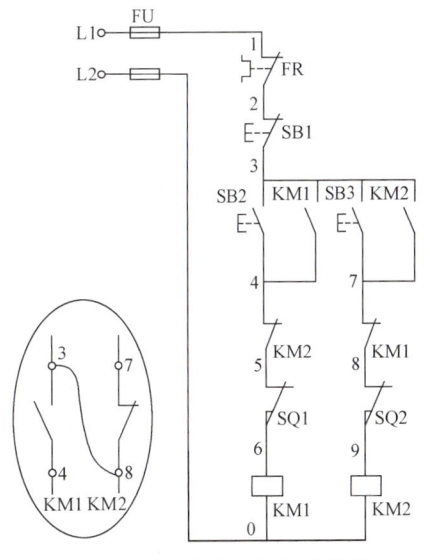

4.1.3　电气故障检修技巧

（1）熟悉电路原理，确定检修方案　当一台设备的电气系统发生故障时，不要急于动手拆卸，首先要了解该电气设备产生故障的原因、经过、现象和范围，熟悉该设备及电气系统的基本工作原理，分析各个具体电路，弄清电路中各级之间的相互联系以及信号在电路中的来龙去脉，结合实际经验，经过周密思考，确定一个科学的检修方案。

（2）先机械，后电气　机械设备多以电气-机械原理为基础，特别是机电一体化的先进设备，机械和电子在功能上有机配合，是一个整体的两个部分。往往机械部件出现故障，影响电气系统，许多电气部件的功能就不起作用。因此不要被表面现象所迷惑，电气系统出现故障并不都是电气系统本身的问题,有可能是机械部件发生故障造成的。因此,先检修机械部件所产生的故障,再排除电气部分的故障,往往会收到事半功倍的效果。

(3) 先简单,后复杂　检修故障时要先用最简单易行、自己最熟练的方法去处理,再用复杂、精确的方法。排除故障时,先排除直观、显而易见和简单常见的故障,后排除难度较高、没有处理过的疑难故障。电气设备经常容易产生的相同类型的故障就是"通病",由于通病比较常见,积累的经验较丰富,可快速排除,这样就可以集中精力和时间排除比较少见、难度高的疑难杂症,简化步骤,缩小范围,提高检修速度。

(4) 先外部调试,后内部处理　外部是指暴露在电气设备外部的各种开关、按钮、插口及指示灯等。内部是指在电气设备外壳或密封件内部的印制电路板、元器件及各种连接导线。先外部调试,后内部处理,就是在不拆卸电气设备的情况下,利用电气设备面板上的开关、旋钮和按钮等调试检查,缩小故障范围。首先排除外部部件引起的故障,再检修机内的故障,尽量避免不必要的拆卸。

(5) 先不通电测量,后通电测试　首先在不通电的情况下,对电气设备进行断电检修,排除短路故障;然后再在通电情况下,对设备进行带电检修。对许多发生故障的电气设备检修时,不能立即通电,否则会人为扩大故障范围,烧毁更多的元器件,造成不应有的损失。因此,在故障设备通电前,先进行电阻测量,采取必要的措施后,方能通电检修。

(6) 先公用电路,后专用电路　任何电气系统的公用电路出故障,其能量、信息就无法传送、分配到各具体专用电路,专用电路的功能、性能就不起作用。如一个电气设备的电源出故障,整个系统就无法正常运转,向各种专用电路传递的能量、信息就不可能实现。因此遵循先公用电路,后专用电路的顺序,就能快速、准确地排除电气设备的故障。

(7) 总结经验,提高效率　检修完任何一台有故障的电气设备,应该把故障现象、原因、检修过程、技巧和心得记录在工作簿或专用记录本上。应不断地学习各种新型电气设备的机电理论知识,熟悉其工作原理,积累维修经验,将自己的经验上升为理论。在理论指导下,具体故障具体分析,才能准确、迅速地排除故障。

4.2　CA6140型车床电气控制电路的检修

卧式车床是一种应用广泛的金属切削机床,能够车削外圆、内圆、螺纹、螺杆、端面以及车削定型表面等。

车床的结构型式很多,有卧式车床、立式车床、转塔车床、多刀半自动车床及数控车床等。不同的车床,其电气控制的复杂程度不同,卧式车床只使用了一个或几个独立电力拖动控制电路的环节,复杂的车床则应用了变频技术和数控技术。

卧式车床有两个主要的运动部分,一是卡盘或顶尖带动工件的旋转运动,这是车床主轴的运动,称为主运动;二是溜板带动刀架的直线快速运动,称为进给运动。车床工作时绝大部分功率消耗在主轴运动上,并通过光杠带动溜板箱进行慢速移动,使刀具进行自动切削。溜板箱的运动只消耗很小的功率。

本节以常用的CA6140型车床为例进行说明。该车床的型号意义如下:

项目4 一般机械设备电气控制电路的检修

```
        C A 6 1 40
类代号(车床类)┘ │ │ └─ 主参数折算值(床身最大工件回转直径的1/10)
结构特性代号 ──┘ │ └── 系代号(卧式车床系)
                 └── 组代号(落地及卧式车床组)
```

CA6140 型车床的外形和结构如图 4-8 所示。

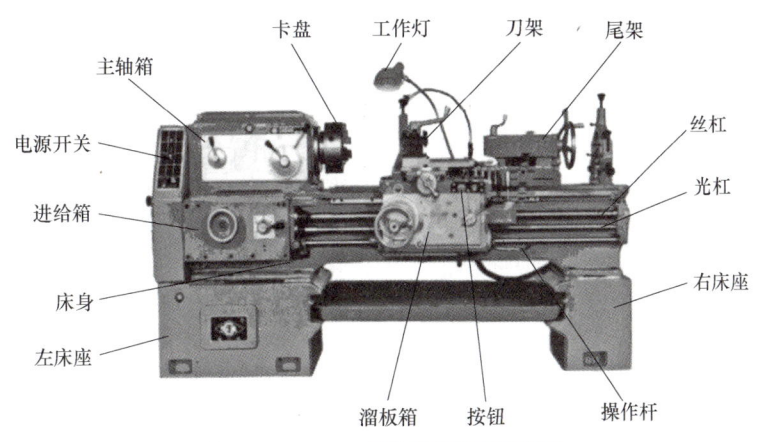

图 4-8 CA6140 型车床的外形和结构

4.2.1 CA6140 型车床电气控制电路分析

CA6140 型车床电气控制电路如图 4-9 所示。

1. 主电路

主电路共有 3 台电动机：M1 为主轴电动机，带动主轴旋转和刀架做进给运动；M2 为冷却泵电动机，用以输送切削液；M3 为刀架快速移动电动机。

将 SB 向右旋转，再扳动断路器 QF 引入三相交流电源。熔断器 FU 具有总短路保护功能；FU1 作为冷却泵电动机 M2、快速移动电动机 M3 和控制变压器 TC 的短路保护。

主轴电动机 M1 由接触器 KM 控制，接触器 KM 具有失电压和欠电压保护功能；热继电器 FR1 作为主轴电动机 M1 的过负荷保护。

冷却泵电动机 M2 由中间继电器 KA1 控制，热继电器 FR2 为电动机 M2 实现过负荷保护。

刀架快速移动电动机 M3 由中间继电器 KA2 控制，因电动机 M3 是短期工作的，故未设过负荷保护。

2. 控制电路

控制变压器 TC 二次侧输出 110V 电压作为控制电路的电源。

（1）主轴电动机 M1 的控制

按下起动按钮 SB2，接触器 KM 获电吸合，KM 主触头闭合，主轴电动机 M1 起动。按下蘑菇形停止按钮 SB1，接触器 KM 失电释放，电动机 M1 停转。

（2）冷却泵电动机 M2 的控制

只有当接触器 KM 获电吸合，主轴电动机 M1 起动后，合上旋钮开关 SB4，使中间继电器 KA1 获电吸合，冷却泵电动机 M2 才能起动。当 M1 停止运行时，M2 自行停止。

（3）刀架快速移动电动机 M3 的控制

刀架快速移动电动机 M3 的起动是由安装在进给操纵手柄顶端的按钮 SB3 来控制的，它与

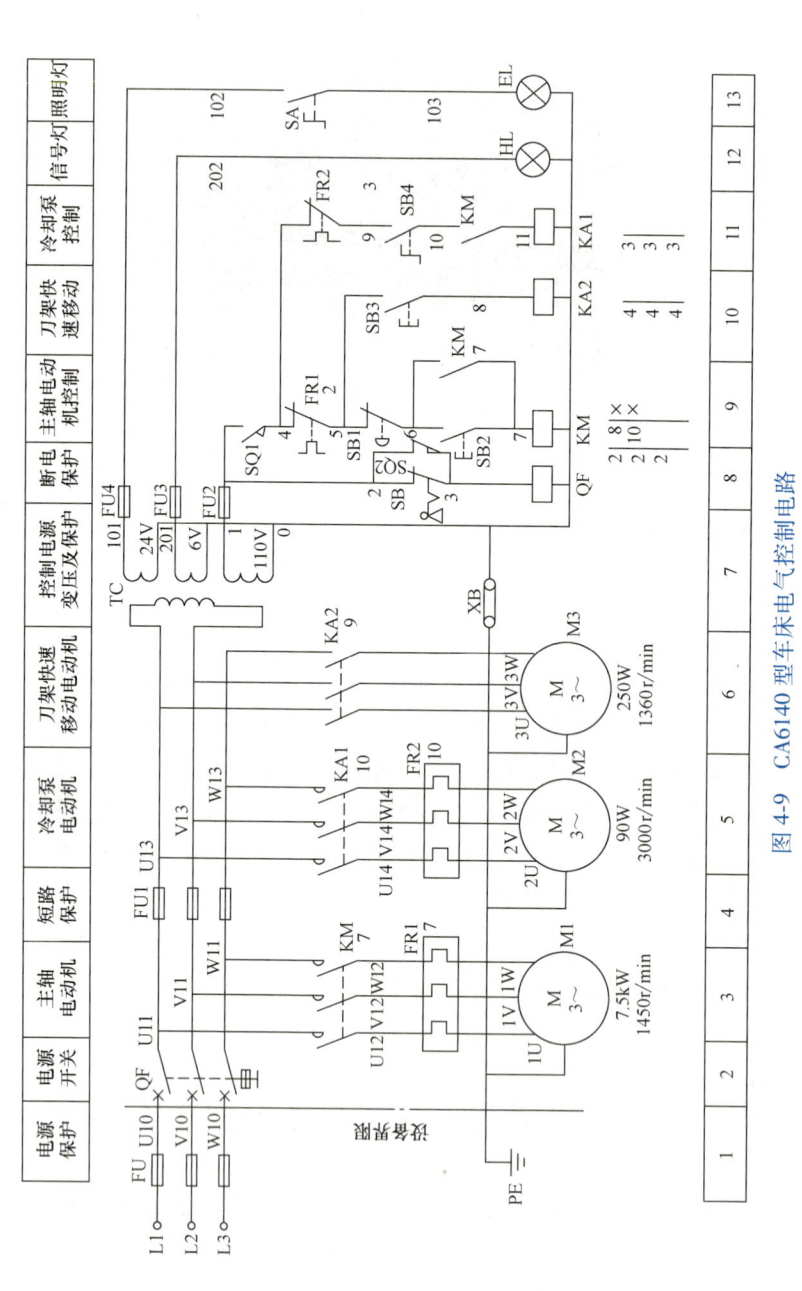

图 4-9 CA6140 型车床电气控制电路

中间继电器 KA2 组成点动控制环节。将操纵手柄扳到所需的方向，按下按钮 SB3，中间继电器 KA2 获电吸合，电动机 M3 获电起动，刀架就向指定方向快速移动。

3. 照明及信号灯电路

控制变压器 TC 的二次侧分别输出 24V 和 6V 电压，作为机床照明灯和信号灯的电源。EL 为机床的低压照明灯，由开关 SA 控制；HL 为电源的信号灯。

CA6140 型车床的电气设备明细见表 4-3，其接线图如图 4-10 所示。

表 4-3　CA6140 型车床的电气设备明细

代号	名称	型号及规格	数量	用途
M1	主轴电动机	Y132M-4-B3、7.5kW、1450r/min	1	主传动用
M2	冷却泵电动机	AOB-25、90W、3000r/min	1	输送切削液用
M3	快速移动电动机	AOS5634、250W、1360r/min	1	溜板快速移动用
FR1	热继电器	JR20-63L	1	M1 的过负荷保护
FR2	热继电器	JR20-63L	1	M2 的过负荷保护
KM	交流接触器	CJ20-20	1	控制 M1
KA1	中间继电器	JZ7-44、线圈电压 110V	1	控制 M2
KA2	中间继电器	JZ7-44、线圈电压 110V	1	控制 M3
SB1	按钮	LAY3-01ZS/1	1	停止 M1
SB2	按钮	LAY3-10/3.11	1	起动 M1
SB3	按钮	LA9	1	起动 M3
SB4	旋钮开关	LAY3-10X/2	1	控制 M2
SQ1、SQ2	位置开关	JWM6-11	2	断电保护
HL	信号灯	ZSD-0、6V	1	刻度照明
QF	断路器	AM2-40、20A	1	电源引入
TC	控制变压器	JBK2-100、380V/110V/24V/6V	1	变换电压

4.2.2　CA6140 型车床常见电气故障的分析与检修

（1）主轴电动机 M1 不能起动

1）按下起动按钮 SB2 后，接触器 KM1 没有吸合，主轴电动机 M1 不能起动。故障应在控制电路中，可依次检查熔断器 FU2，热继电器 FR1 和 FR2 的常闭触头，停止按钮 SB1，起动按钮 SB2 和接触器 KM1 的线圈是否断路。

2）按下起动按钮 SB2 后，接触器 KM1 吸合，但主轴电动机 M1 不能起动。故障应在主电路中，可依次检查接触器 KM1 的主触头，热继电器 FR1 的热元件接线端及三相电动机的接线端。

（2）主轴电动机 M1 不能停车　这类故障的原因多是接触器 KM1 的铁心面上的油污使上下铁心不能释放或 KM1 的主触头发生熔焊，或停止按钮 SB1 的常闭触头短路所致。

（3）刀架快速移动电动机 M3 不能起动　按下点动按钮 SB3，中间继电器 KA2 没吸合，则故障应在控制电路中，此时可用万用表按分阶电压测量法依次检查热继电器 FR1 和 FR2 的常闭触头、停止按钮 SB1 的常闭触头、点动按钮，以及中间继电器 KA2 的线圈是否断路。

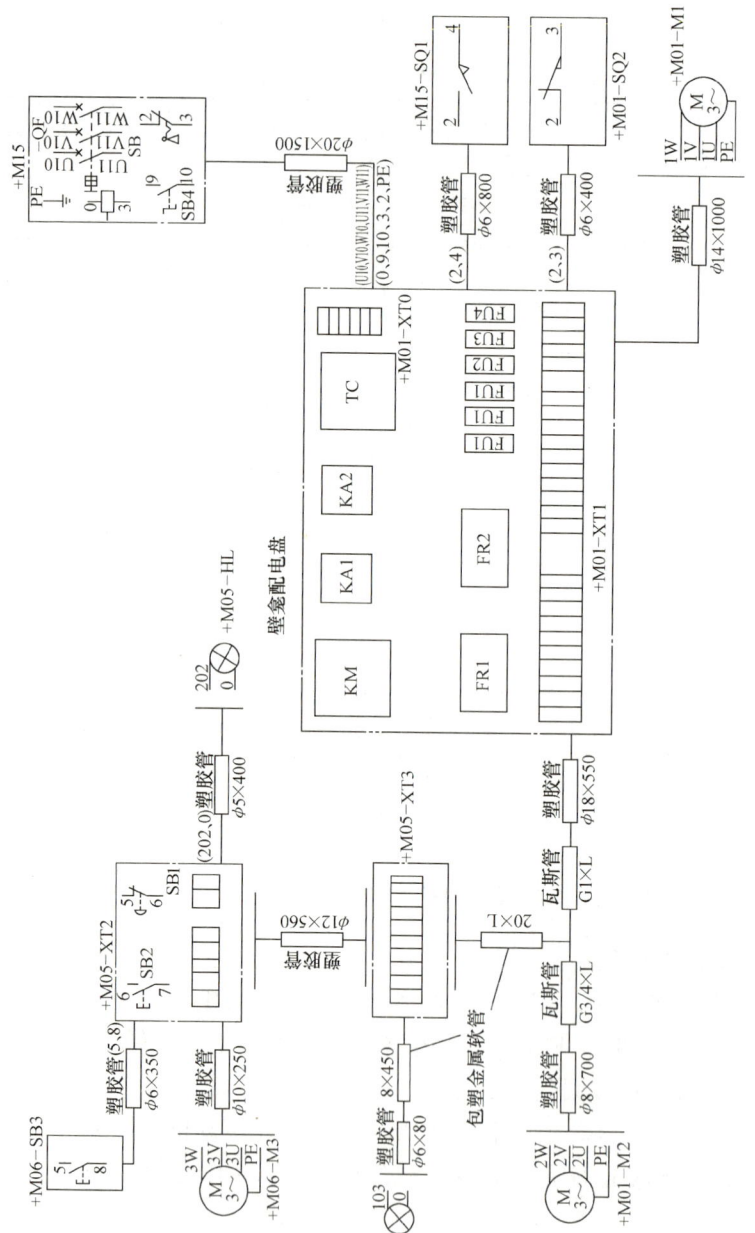

图 4-10 CA6140 型车床接线图

4.3　M7130型平面磨床电气控制电路的检修

磨床是用磨料磨具（砂轮、砂带、油石和研磨剂等）为工具进行切削加工的机床，多是利用砂轮的周边或端面对工件的表面进行精密加工。磨床的种类很多，按用途和采用的工艺方法不同，可分为外圆磨床、内圆磨床、平面磨床、工具磨床、刀具刃具磨床、专门化磨床及研磨机等。

平面磨床是用来磨削加工各种零件平面的常用机床，其中 M7130 型平面磨床是使用较为普遍的一种（M7130 型平面磨床由于机床热变形大、精度保持性差及结构陈旧，已淘汰，4.3 节中仅作为案例介绍检修方面的知识），该磨床操作方便，磨削精度和表面粗糙度较高，适于磨削精密零件和各种工具，并可作镜面磨削。其型号意义如下：

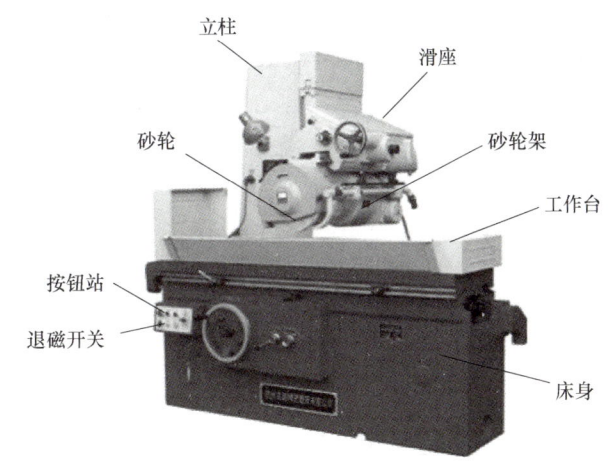

```
       M 7 1 30
磨床 ─┘ │ │  └─ 工作台面宽度为 30mm
平面 ───┘ └──── 卧轴矩台式
```

M7130 型平面磨床的外形和结构如图 4-11 所示。

图 4-11　M7130 型平面磨床的外形和结构

4.3.1　M7130型平面磨床电气控制电路分析

M7130 型平面磨床电气控制电路如图 4-12 所示。

1. 主电路

主电路共有 3 台电动机，M1 为砂轮电动机，M2 为冷却泵电动机，M3 为液压泵电动机。它们共用一组熔断器 FU1 作为短路保护。砂轮电动机 M1 用接触器 KM1 控制，用热继电器 FR1 进行过负荷保护；由于冷却泵箱和床身是分装的，所以冷却泵电动机 M2 通过接插器 X1 和砂轮电动机 M1 的电源线连接，并和 M1 在主电路实现顺序控制。冷却泵电动机的功率较小，没有单独设置过负荷保护，液压泵电动机 M3 由接触器 KM2 控制，由热继电器 FR2 进行过负荷保护。

2. 控制电路

控制电路采用交流 380V 电压供电，由熔断器 FU2 作为短路保护。

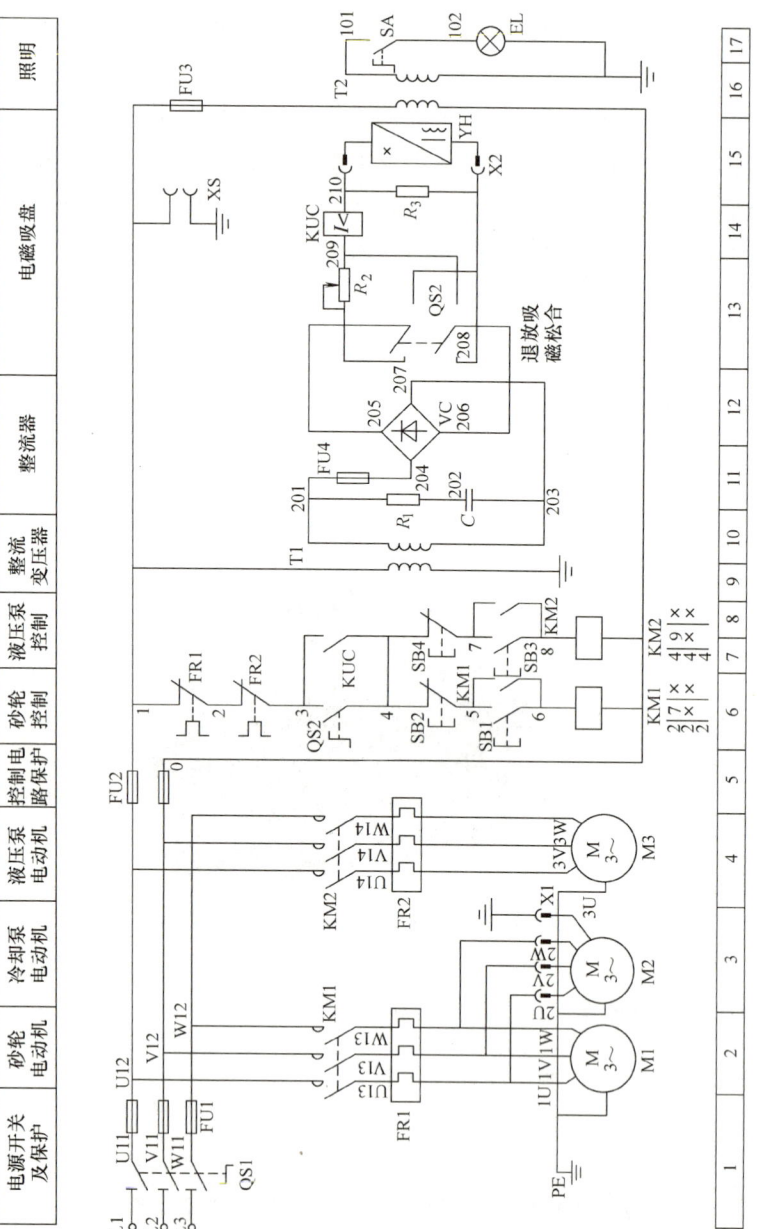

图 4-12 M7130 型平面磨床电气控制电路

电路中串接着电磁开关 QS2 的常开触头（6 区）和欠电流继电器 KUC 的常开触头（8 区），因此，3 台电动机起动的必要条件是使 QS2 或 KUC 的常开触头闭合。欠电流继电器 KUC 的线圈串接在电磁吸盘 YH 的工作回路中，所以当电磁吸盘得电工作时，欠电流继电器 KUC 线圈得电吸合，接通砂轮电动机 M1 和液压泵电动机 M3 的控制电路，这样就保证了在加工工件被 YH 吸住的情况下，砂轮和工作台才能进行磨削加工，保证了安全。

砂轮电动机 M1 和液压泵电动机 M3 都采用了接触器自锁正转控制电路，SB1、SB3 是起动按钮，SB2、SB4 是停止按钮。

3. 电磁吸盘电路

电磁吸盘是用来固定加工工件的一种夹具。它与机械夹具相比较，具有夹紧迅速，操作快速简便，不损伤工件，一次能吸牢多个小工件，以及磨削中发热工件可自由伸缩、不会变形等优点；不足之处是只能吸住铁磁材料的工件，不能吸牢非磁性材料（如铜、铝等）的工件。

电磁吸盘的结构如图 4-13b 所示。它的外壳由钢制箱体和盖板组成。在箱体内部均匀排列的多个凸起的芯体上绕有线圈，盖板则用非磁性材料（如铝锡合金）隔离成若干钢条。当线圈通入直流电后，凸起的芯体和隔离的钢条均被磁化形成磁极。当工件放在电磁吸盘上，也将被磁化而产生与吸盘相异的磁极并被牢牢吸住。

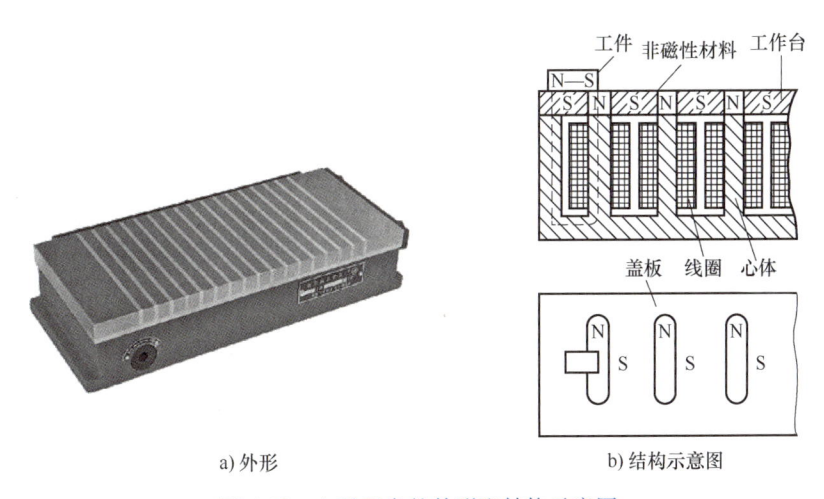

图 4-13 电磁吸盘的外形和结构示意图

电磁吸盘电路包括整流电路、控制电路和保护电路 3 部分。

（1）整流电路 整流变压器 T1 将 220V 的交流电压降为 145V，然后经桥式整流器 VC 后输出 110V 直流电压。

（2）控制电路 QS2 是电磁吸盘 YH 的退磁开关，有"吸合"、"放松"和"退磁"3 个位置。当 QS2 扳至"吸合"位置时，触头（205-208）和（206-209）闭合，110V 直流电压接入电磁吸盘 YH，工件被牢牢吸住。此时，欠电流继电器 KUC 线圈得电吸合，KUC 的常开触头闭合，接通砂轮和液压泵电动机的控制电路。待工件加工完毕，先把 QS2 扳到"放松"位置，切断电磁吸盘 YH 的直流电源。此时由于工件具有剩磁而不能取下，因此，必须进行退磁。将 QS2 扳到"退磁"位置，这时，触头（205-207）和（206-208）闭合，电磁吸盘 YH

通入较小的（因串入了退磁电阻 R_2）反向电流进行退磁。退磁结束，将 QS2 扳回到"放松"位置，即可将工件取下。

如果有些工件不易退磁时，可将附件退磁器的插头插入插座 XS，使工件在交变磁场的作用下进行退磁。

若将工件夹在工作台上，而不需要电磁吸盘时，则应将电磁吸盘 YH 的 X2 插头从插座上拔下，同时将退磁开关 QS2 扳到"退磁"位置，这时，接在控制电路中 QS2 的常开触头（3-4）闭合，接通电动机的控制电路。

（3）保护电路　电磁吸盘的保护电路是由放电电阻 R_3 和欠电流继电器 KUC 组成。电阻 R_3 是电磁吸盘的放电电阻，它的作用是在电磁吸盘断电瞬间给线圈提供放电通路，吸收线圈释放的磁场能量。欠电流继电器 KUC 用以防止电磁吸盘断电时工件脱出发生事故。

电阻 R_1 与电容器 C 的作用是防止电磁吸盘回路交流侧的过电压。

4. 照明电路

照明变压器 T2 将 380V 的交流电压降为 36V 的安全电压供给照明电路。EL 为照明灯，一端接地，另一端由开关 SA 控制。

M7130 型平面磨床的电器位置如图 4-14 所示。

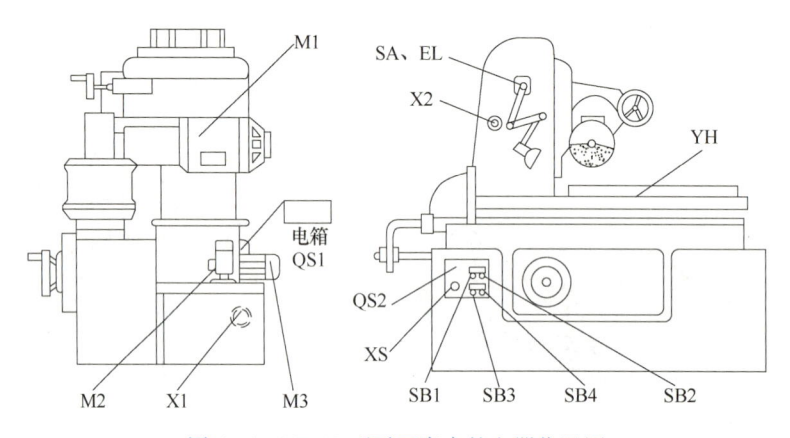

图 4-14　M7130 型平面磨床的电器位置图

4.3.2　M7130 型平面磨床常见电气故障的分析与检修

1. 3 台电动机都不能起动

造成 3 台电动机都不能起动的原因是欠电流继电器 KUC 的常开触头和退磁开关 QS2 的触头（3-4）接触不良、接线松脱或有油垢，使电动机的控制电路处于断电状态。检修故障时，应将退磁开关 QS2 扳至"吸合"位置，检查欠电流继电器 KUC 的常开触头（3-4）的接通情况，不通时修理或更换元器件便可排除故障。否则，应将退磁开关 QS2 扳至"退磁"位置，拔掉电磁吸盘插头，检查 QS2 的触头（3-4）的通断情况，不通则修理或更换退磁开关。

若 KUC 和 QS2 的触头（3-4）无故障，3 台电动机仍不能起动，可检查热继电器 FR1、FR2 的常闭触头是否动作或接触不良。

2. 砂轮电动机的热继电器 FR1 经常脱扣

砂轮电动机 M1 为装入式电动机，它的前轴承是铜瓦，易磨损。磨损后易发生堵转现象，使电流增大，导致热继电器脱扣。若是这种情况，应修理或更换轴瓦。另外，砂轮进给量太大，电动机超负荷运行，造成电动机堵转，电流急剧上升，热继电器脱扣。因此，工作中应选择合适的进给量，防止电动机超负荷运行。除以上原因外，更换后的热继电器规格选得太小或没有调整好整定电流，使电动机还未达到额定负荷时，热继电器就已经脱扣。因此，应注意热继电器必须按其被保护电动机的额定电流进行选择和调整。

3. 冷却泵电动机烧坏

造成这种故障的原因有以下几种：一是切削液进入电动机内部，造成匝间或绕组间短路，使电流增大；二是反复修理冷却泵电动机后，使电动机端盖轴间隙增大，造成转子在定子内不同心，工作时电流增大，电动机长时间过负荷运行；三是冷却泵被杂物塞住引起电动机堵转，电流急剧上升。由于该磨床的砂轮电动机与冷却泵电动机共用一个热继电器 FR1，而且两者容量相差太大，当发生以上故障时，电流增大不足以使热继电器 FR1 脱扣，从而造成冷却泵电动机烧坏。若给冷却泵电动机加装热继电器，就可以避免发生这种故障。

4. 电磁吸盘无吸力

出现这种故障时，首先用万用表测三相电源电压是否正常。若电源电压正常，再检查熔断器 FU1、FU2、FU4 有无熔断现象。常见的故障是熔断器 FU4 熔断，造成电磁吸盘电路断开，使吸盘无吸力。FU4 熔断是由于整流器 VC 短路，使整流变压器 T1 二次绕组流过很大的短路电流。如果检查整流器输出空载电压正常，接通吸盘后，输出电压下降不大，欠电流继电器 KUC 不动作，吸盘无吸力，这时，可依次检查电磁吸盘 YH 的线圈、插接器 X2、欠电流继电器 KUC 的线圈有无断路或接触不良的现象。检修故障时，可使用万用表测量各点电压，查出故障元器件，进行修理或更换，即可排除故障。

5. 电磁吸盘吸力不足

引起这种故障的原因是电磁吸盘损坏或整流器输出电压不正常。M7130 型平面磨床电磁吸盘的电源电压由整流器 VC 供给。空载时，整流器直流输出电压应为 130~140V，负荷时不应低于 110V。若整流器空载输出电压正常，带负荷时电压远低于 110V，则表明电磁吸盘线圈已短路，短路点多发生在线圈各绕组间的引线接头处。由于吸盘密封不好，切削液流入，引起绝缘损坏，造成线圈短路。若短路严重，过大的电流会使整流器件和整流变压器烧坏。出现这种故障，必须更换电磁吸盘线圈，并且要处理好线圈绝缘，安装时要完全密封好。

若电磁吸盘电源电压不正常，多是由整流器件短路或断路造成的。应检查整流器 VC 的交流侧电压及直流侧电压。若交流侧电压正常，直流输出电压不正常，则表明整流器发生器件短路或断路故障。如某一桥臂的整流二极管发生断路，将使整流电压降到额定电压的 1/2；若相邻的两个二极管都断路，则输出电压为零。整流器件损坏可能是器件过热或过电压造成的。由于整流二极管热容量很小，在整流过负荷时，器件温度急剧上升，烧坏二极管；当放电电阻 R_3 损坏或接线断路时，由于电磁吸盘线圈电感很大，在断开瞬间产生过电压将整流器件击穿。排除此类故障时，可用万用表测量整流器的输出及输入电压，判断出故障部位，查出故障器件，进行更换或修理即可。

6. 电磁吸盘退磁效果不好致使工件取下困难

电磁吸盘退磁效果不好的故障原因：一是退磁电路断路，根本没有退磁，应检查退磁开关 QS2 接触是否良好，以及退磁电阻 R_2 是否损坏；二是退磁电压过高，应调整电阻 R_2，使退磁电压调至 5~10V；三是退磁时间太长或太短，对于不同材料的工件，所需的退磁时间不同，注意掌握好退磁时间。

4.4　Z3040 型摇臂钻床电气控制电路的检修

钻床是一种用途广泛的孔加工机床，主要用于钻床钻削精度要求不太高的孔，还可以用来扩孔、铰孔、镗孔以及攻螺纹等。钻床的结构型式很多，有台式钻床、立式钻床、深孔钻床及多轴钻床等。

摇臂钻床是一种立式钻床，它适用于单件或批量生产中带有多孔的大型零件的孔加工。现以常用的 Z3040 型钻床为例进行说明。该钻床的型号意义如下：

```
    Z 3 0 4 0
钻床 ┘ │ └ 最大钻孔直径40mm
摇臂 ──┘   摇臂钻床系
```

4.4.1　Z3040 型摇臂钻床的结构和运动形式

Z3040 型摇臂钻床主要由底座、内立柱、外立柱、摇臂、主轴箱和工作台等部分组成。内立柱固定在底座上，在它外面套着空心的外立柱，外立柱可绕着内立柱回转 360°。摇臂一端的套筒部分与外立柱滑动配合，借助于丝杠，摇臂可沿着外立柱上下移动，但两者不能做相对转动，因此摇臂与外立柱一起相对内立柱做回转运动。其外形和结构如图 4-15 所示。

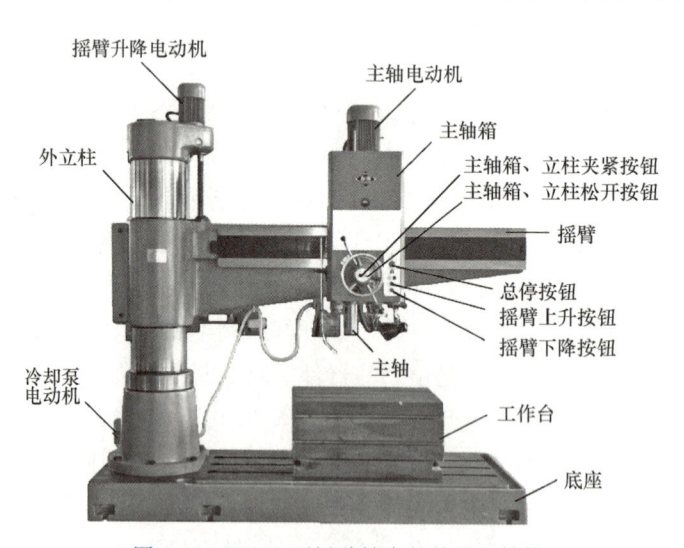

图 4-15　Z3040 型摇臂钻床的外形和结构

主轴箱是一个复合部件，它包括主轴及主轴旋转和进给运动（轴向前进移动）的全部传动变速和操作机构。主轴箱安装于摇臂的水平导轨上，可通过手轮操作使它沿着摇臂上的水平导轨做径向移动。当需要钻削加工时，利用夹紧机构将主轴箱紧固在摇臂导轨上，摇臂紧固在外立柱上，外立柱紧固在内立柱上，使加工时主轴不会移动、刀具不会振动，保证加工精度。

根据工件高度的不同，摇臂借助于丝杠可带动主轴箱沿外立柱升降。在升降之前，摇臂自动松开；当达到升降所需位置后，摇臂又自动夹紧在立柱上。摇臂连同外立柱绕内立柱的回转运动依靠人力推动进行，但回转前必须先将外立柱松开。主轴箱沿摇臂上导轨的水平移动也是手动的，移动前也必须先将主轴箱松开。

摇臂钻床的主运动是主轴带动钻头的旋转运动；进给运动是钻头的上下运动；辅助运动是指主轴箱沿摇臂水平移动、摇臂沿外立柱上下移动以及摇臂连同外立柱一起相对于内立柱的回转运动。

4.4.2　Z3040型摇臂钻床的拖动方式与控制要求

1）主轴电动机M2承担钻削及进给任务，只要求单向旋转。主轴的正反转通过摩擦离合器来实现，主轴钻速和进刀量用变速机构调节。

2）摇臂的夹紧与放松、立柱本身的夹紧与放松、主轴箱的夹紧与放松都是由电动机M3配合液压装置自动进行的。

3）摇臂的升降是由电动机M2来完成的，摇臂的升降要求有限位保护。

4）钻削加工时，需要对刀具及工件进行冷却，由冷却泵电动机M4输送冷却液。

5）为了安全，本机床设有"开门断电"功能。

4.4.3　Z3040型摇臂钻床电气控制电路分析

Z3040型摇臂钻床的电气控制电路如图4-16（见书后插页）所示。

1. 主电路

主电路共有4台电动机，除冷却泵电动机采用断路器直接起动外，其余3台异步电动机均采用接触器直接起动。M1是主轴电动机，由交流接触器KM1控制，只要求单向旋转，主轴的正反转由机械手柄操作。M1装于主轴箱顶部，拖动主轴及进给传动系统运转。热继电器FR1作为电动机M1的过负荷及断相保护，短路保护由断路器QF1中的电磁脱扣器来完成。M2是摇臂升降电动机，装于立柱顶部，用接触器KM2和KM3控制其正反转。由于电动机M2是间断性工作的，所以不设置过负荷保护。M3是液压夹紧电动机，用接触器KM4和KM5控制其正反转。由热继电器FR2作为过负荷及断相保护。该电动机的主要作用是拖动液压泵供给液压装置液压油，以实现摇臂、立柱以及主轴箱的松开和夹紧。

摇臂升降电动机M2和液压夹紧电动机M3共用断路器QF3中的电磁脱扣器作为短路保护。M4是冷却泵电动机，由断路器QF2直接控制，并实现短路、过负荷及断相保护。

电源配电盘在立柱前下部。冷却泵电动机M4装于靠近立柱的底座上，升降电动机M2装于立柱顶部，其余电气设备置于主轴箱或摇臂上。由于Z3040型摇臂钻床内、外立柱间未装设汇流环，故在使用时，请勿沿一个方向连续旋转摇臂，以免发生事故。

主电路电源电压为交流380V，由断路器QF1作为电源引入开关。

2. 控制电路

控制电路电源由控制变压器TC降压后供给110V电压，熔断器FU1作为短路保护。

（1）开车前的准备工作　为保证操作安全，该钻床设有"开门断电"功能。所以开车前应将立柱下部及摇臂后部的电气箱门盖关好，方能接通电源。合上QF3（5区）及总电源开关

QF1（2区），则电源指示灯 HL1（10区）亮，表示钻床的电气控制电路已进入带电状态。

（2）主轴电动机 M1 的控制　按下起动按钮 SB3（12区），接触器 KM1 吸合并自锁，使主轴电动机 M1 起动运行，同时指示灯 HL2（9区）亮。按下停止按钮 SB2（12区），接触器 KM1 释放，使主轴电动机 M1 停转，同时指示灯 HL2 熄灭。

（3）摇臂升降控制　按下上升按钮 SB4（15区）（或下降按钮 SB5），则时间继电器 KT1 线圈（14区）通电吸合，其瞬时闭合的常开触头（17区）闭合，接触器 KM4 线圈（17区）通电，液压夹紧电动机 M3 起动，正向旋转，供给液压油。液压油经分配阀体进入摇臂的"松开油腔"，推动活塞移动，活塞推动菱形块，将摇臂松开。同时活塞杆通过弹簧片压下位置开关 SQ2，使其常闭触头（17区）断开，常开触头（15区）闭合。前者切断了接触器 KM4 的线圈电路，KM4 主触头（6区）断开，液压夹紧电动机 M3 停止工作。后者使交流接触器 KM2（或 KM3）的线圈（15区或16区）通电，KM2（或 KM3）的主触头（5区）接通 M2 的电源，摇臂升降电动机 M2 起动旋转，带动摇臂上升（或下降）。若此时摇臂尚未松开，则位置开关 SQ2 的常开触头不能闭合，接触器 KM2（或 KM3）的线圈无电，摇臂就不能上升（或下降）。

当摇臂上升（或下降）到所需位置时，松开按钮 SB4（或 SB5），则接触器 KM2（或 KM3）和时间继电器 KT1 同时断电释放，M2 停止工作，随之摇臂停止上升（或下降）。

由于时间继电器 KT1 断电释放，经 1~3s 的延时后，其延时闭合的常闭触头（18区）闭合，使接触器 KM5（18区）吸合，液压夹紧电动机 M3 反向旋转，随后泵内液压油经分配阀进入摇臂的"夹紧油腔"使摇臂夹紧。在摇臂夹紧后，活塞杆推动弹簧片压下的位置开关 SQ3，其常闭触头（19区）断开，KM5 断电释放，M3 最终停止工作，完成了摇臂的松开—上升（或下降）—夹紧的整套动作。

开关 SQ1a（15区）和 SQ1b（16区）作为摇臂升降的超程限位保护。当摇臂上升到极限位置时，压下 SQ1a 使其断开，接触器 KM2 断电释放，M2 停止运行，摇臂停止上升；当摇臂下降到极限位置时，压下 SQ1b 使其断开，接触器 KM3 断电释放，M2 停止运行，摇臂停止下降。

摇臂的自动夹紧由位置开关 SQ3 控制。如果液压夹紧系统出现故障，不能自动夹紧摇臂，或者由于 SQ3 的调整不当，在摇臂夹紧后不能使 SQ3 的常闭触头断开，都会使液压夹紧电动机 M3 因长期过负荷运行而损坏。为此电路中设有热继电器 FR2，其整定值应根据电动机 M3 的额定电流进行整定。

摇臂升降电动机 M2 的正反转接触器 KM2 和 KM3 不允许同时获电工作，以防止电源相间短路。为避免因操作失误、主触头熔焊等原因而造成短路事故，在摇臂上升和下降的控制电路中采用了接触器联锁和复合按钮联锁，以确保电路安全工作。

（4）立柱和主轴箱的夹紧与松开控制　立柱和主轴箱的夹紧（或松开）既可以同时进行，也可以单独进行，由开关 SA1（22~24区）和复合按钮 SB6（或 SB7）（20或21区）进行控制。SA1 有 3 个位置，扳到中间位置时，立柱和主轴箱的夹紧（或松开）同时进行；扳到左侧位置时，立柱夹紧（或放松）；扳到右侧位置时，主轴箱夹紧（或放松）。复合按钮 SB6 是松开控制按钮，SB7 是夹紧控制按钮。

1）立柱和主轴箱同时松开、夹紧。将开关 SA1 扳到中间位置，然后按下 SB6，时间继电器 KT2、KT3 线圈（20、21 区）同时得电。KT2 延时断开的常开触头（22 区）瞬时闭合，电磁铁 YA1、YA2 得电吸合。而 KT3 延时闭合的常开触头（17 区）经 1~3s 延时闭合，使接触器 KM4 获电吸合，液压夹紧电动机 M3 正转，液压油进入立柱和主轴箱的松开油腔，使立柱和主轴箱同时松开。

松开 SB6，时间继电器 KT2 和 KT3 的线圈断电释放，KT3 延时闭合的常开触头（17 区）瞬时断开，接触器 KM4 断电释放，液压夹紧电动机 M3 停转。KT2 延时断开的常开触头（22 区）经 1~3s 后断开，电磁铁 YA1、YA2 线圈断电释放，立柱和主轴箱同时松开的操作结束。

立柱和主轴箱同时夹紧的工作原理与松开相似，只要按下 SB7，使接触器 KM5 得电吸合，液压夹紧电动机 M3 反转即可。

2）立柱和主轴箱单独松开、夹紧。如果希望单独控制主轴箱，可将开关 SA1 扳到右侧位置。按下 SB6（或 SB7），时间继电器 KT2 和 KT3 的线圈同时得电，这时只有电磁铁 YA2 单独通电吸合，从而实现主轴箱的单独松开（或夹紧）。

松开 SB6（或 SB7），时间继电器 KT2 和 KT3 的线圈断电释放，KT3 延时闭合的常开触头瞬时断开，接触器 KM4（或 KM5）的线圈断电释放，液压夹紧电动机 M3 停转。经 1~3s 的延时后 KT2 延时断开的常开触头（22 区）断开，电磁铁 YA2 的线圈断电释放，主轴箱松开（或夹紧）的操作结束。

同理，把开关 SA1 扳到左侧，则使立柱单独松开或夹紧。因为立柱和主轴箱的松开与夹紧是短时间的调整工作，所以采用点动控制。

（5）冷却泵电动机 M4 的控制 扳动断路器 QF2，就可以接通或切断电源，操纵冷却泵电动机 M4 的工作或停止。

3. 照明、指示电路

照明、指示电路的电源也由控制变压器 TC 降压后提供 24V、6V 的电压，由熔断器 FU3、FU2 作为短路保护，EL 是照明灯，HL1 是电源指示灯，HL2 是主轴指示灯。

Z3040 型摇臂钻床的电气设备明细见表 4-4。

表 4-4 Z3040 型摇臂钻床的电气设备明细

代号	名称	型号	规格	数量	用途
M1	主轴电动机	Y112M-4	4kW、1500r/min	1	驱动主轴及进给
M2	摇臂升降电动机	Y90L-4	1.5kW、1500r/min	1	驱动摇臂升降
M3	液压夹紧电动机	Y802-4	0.75kW、1500r/min	1	驱动液压系统
M4	冷却泵电动机	AOB-25	90W、2800r/min	1	驱动冷却泵
KM1	交流接触器	CJ0-20B	线圈电压 110V	1	控制主轴电动机
KM2~KM5	交流接触器	CJ0-10B	线圈电压 110V	4	控制 M2、M3 正反转
FU1、FU2	熔断器	BZ-001A	2A	3	短路保护
KT1、KT2	时间继电器	JJSK2-4	线圈电压 110V	2	
KT3	时间继电器	JJS142-2	线圈电压 110V	1	
FR1	热继电器	JR0-20/3D	6.8~11A	1	M1 过负荷保护
FR2	热继电器	JR0-20/3D	1.5~2.4A	1	M3 过负荷保护

(续)

代号	名称	型号	规格	数量	用途
QF1	低压断路器	DZ5-20/330FSH	10A	1	总电源开关
QF2	低压断路器	D25-20/330H	0.3~0.45A	1	M4 控制开关
QF3	低压断路器	DZ5-20/330H	6.5A	1	M2、M3 电源开关
YA1、YA2	交流电磁铁	MFJ1-3	线圈电压 110V	2	液压分配
TC	控制变压器	BK-150	380V/110V、24V、6V	1	电路供电
SB1	按钮	IAY3-11ZS/1	红色	1	总停止开关
SB2	按钮	IAY3-11		1	主轴电动机停止
SB3	按钮	IAY3-11D	绿色	1	主轴电动机起动
SB4	按钮	LAY3-11		1	摇臂上升
SB5	按钮	LAY3-11		1	摇臂下降
SB6	按钮	IAY3-11		1	松开控制
SB7	按钮	IAY3-11		1	夹紧控制
SQ1	组合开关	HZ4-22		1	摇臂升、降限位
SQ2、SQ3	位置开关	LX5-11		2	摇臂松、紧限位
SQ4	门控开关	JWM6-11		1	门控
SA1	万能转换开关	LW6-2/8071		1	液压分配开关
HL1	指示灯	XD1	6V、白色	1	电源指示
HL2	指示灯	XD1	6V	1	主轴指示
EL	照明灯	JC-25	40W、24V	1	钻床照明

4.4.4　Z3040 型摇臂钻床常见电气故障的分析与检修

在检修摇臂钻床时，应特别注意正确控制摇臂升降电动机的电源相序，若电源相序不对，操作时电动机旋转方向发生改变，则使 SQ1a（或 SQ1b）开关失去保护作用。

Z3040 型摇臂钻床电气控制的特殊环节是摇臂升降、立柱和主轴箱的夹紧与松开。其工作过程是由电气、机械以及液压系统的紧密配合实现的，因此在维修中不仅要注意电气部分能否正常工作，而且也要注意它与机械和液压部分的协调关系。

1. 各台电动机均不能起动

当发现该机床的所有电动机都不能正常起动时，一般可以断定故障发生在电气控制电路的公用部分。可按下面的步骤来检查：

1）在电气箱内检查从汇流环 YG 引入电气控制箱的三相电源是否正常，如发现三相电源有断相或其他故障现象，则应在立柱下端配电盘处，检查引入机床电源断路器 QF1 处的电源是否正常，并查看汇流环 YG 的接触点是否良好。

2）检查熔断器 FU1 的熔体是否熔断。

3）控制变压器 TC 的一、二次绕组的电压是否正常，如一次绕组的电压不正常，则应检查变压器的接线是否松动；如果一次绕组两端的电压正常，而二次绕组两端的电压不正常，则应检查变压器输出 110V 端绕组是否断路或短路。

如上述检查都正常，则可依次检查热继电器 FR1、FR2 的常闭触头；SB1、SB2 的常闭触头；线圈连接线的接触是否良好，有无断路故障等。

2. 主轴电动机 M1 的故障

（1）主轴电动机 M1 不能起动　若接触器 KM1 已获电吸合，但主轴电动机 M1 仍不能起动旋转。可检查接触器 KM1 的 3 对主触头接触是否正常，连接电动机的导线是否脱落或松动。若接触器 KM1 不动作，则首先检查熔断器 FU1 的熔体是否熔断，然后检查热继电器 FR1 是否动作，其常闭触头的接触是否良好，接触器 KM1 的线圈接线头是否松脱；有时供电电压过低，使接触器 KM1 不能吸合。

（2）主轴电动机 M1 不能停止　若按下 SB2 按钮时，主轴电动机 M1 仍不能停转，故障多半是由接触器 KM1 的主触头发生熔焊造成的，此时应立即断开低压断路器 QF1，才能使电动机 M1 停转，已熔焊的主触头需要更换和处理；同时必须找出发生触头熔焊的原因，彻底排除故障后才能重新起动电动机。

3. 摇臂升降运动的故障

Z3040 型摇臂钻床的升降运动是借助电气、机械传动的紧密配合来实现的。因此在检修时既要注意电气控制部分，又要注意机械部分的协调。

（1）摇臂升降电动机 M2 的某个方向不能起动　电动机 M2 只有一个方向能正常运转，这一故障一般是出在该故障方向的控制电路或供给电动机 M2 电源的接触器上。例如：电动机 M2 带动摇臂上升方向有故障时，接触器 KM2 不吸合，此时可依次检查 SQ1a 的常闭触头、SQ2 触头、接触器 KM3 的联锁触头以及接触器 KM2 的线圈和连接导线等是否有断路故障；若接触器 KM2 能动作吸合，则应检查其主触头的接触是否良好。

（2）摇臂不能升降　由摇臂升降过程可知，摇臂升降电动机 M2 旋转，带动摇臂升降，其条件是使摇臂从立柱上完全松开后，活塞杆压合位置开关 SQ2。因此发生故障时，应首先检查位置开关 SQ2 是否动作，如果 SQ2 不动作，常见故障是 SQ2 的安装位置移动或已损坏。这样，摇臂虽已松开，但活塞杆压不上 SQ2，摇臂就不能升降。有时，液压系统发生故障，使摇臂的松开程度不够，也会压不上 SQ2，使摇臂不能运动。由此可见，SQ2 的位置非常重要，排除故障时，应配合机械、液压调整好后紧固。

另外，电动机 M3 电源相序接反时，按上升按钮 SB4（或下降按钮 SB5），M3 反转，使摇臂夹紧，压不上 SQ2，摇臂也就不能升降。因此，在钻床大修或安装后，一定要检查电源相序。

（3）摇臂升降后，摇臂夹不紧　由摇臂夹紧的动作过程可知，夹紧动作的结束是由位置开关 SQ3 来完成的，如果 SQ3 动作过早，将导致 M3 尚未充分夹紧就停转。常见的故障原因是 SQ3 安装位置不合适、固定螺钉松动造成 SQ3 移位，使 SQ3 在摇臂夹紧动作未完成时就被压上，切断了 KM5 回路，使 M3 停转。

排除故障时，首先判断是液压系统的故障（如活塞杆阀芯卡死或油路堵塞造成的夹紧力不够），还是电气系统的故障。对电气方面的故障，应重新调整 SQ3 的动作距离，固定好螺钉即可。

（4）立柱、主轴箱不能夹紧或松开　立柱、主轴箱不能夹紧或松开的可能原因是油路堵塞、接触器 KM4 或 KM5 不能吸合。出现故障时，应检查按钮 SB6、SB7 的接线情况是否良好。若接触器 KM4 或 KM5 能吸合，M3 能运转，可排除电气方面的故障，则应请液压、机械修理人员检修油路，以确定是否是油路故障。

（5）摇臂上升或下降限位保护开关失灵　组合开关 SQ1 的失灵分两种情况：一是组合开关 SQ1 损坏，SQ1 触头不能因开关动作而闭合或接触不良使电路断开，使摇臂不能上升或下降；二是组合开关 SQ1 不能动作，触头熔焊，使电路始终处于接通状态，当摇臂上升或下降到极限位置后，摇臂升降电动机 M2 发生堵转，这时应立即松开 SB4 或 SB5。根据上述情况进行分析，找出故障原因，更换或修理失灵的组合开关 SQ1 即可。

（6）按下 SB6 立柱、主轴箱能夹紧，但释放后就松开

立柱、主轴箱的夹紧和松开机构都采用机械菱形块结构，所以这种故障多为机械原因造成的。可能是菱形块和承压块的角度方向装错，或者距离不合适，也可能因夹紧力调得太大或夹紧液压系统压力不够导致菱形块立不起来。此时，可找机修钳工配合检修。

4.5　应用技能训练

技能训练 1　CA6140 型车床电气控制电路的安装与调试

1. 考核方式

考核方式为技能操作。

2. 实训器件和耗材

1）常用电工工具、万用表。

2）控制板一块；导线，导线规格：电源电路、主电路采用 BVR 1.5mm^2 电线，控制电路采用 BVR1mm^2 电线，接地线采用 BVR 1.5mm^2 电线。

3. 实训步骤

1）根据如图 4-9 所示的 CA6140 型车床电气控制电路，配齐所用的电器元件，其安装位置参照图 4-10，并检验电器元件的质量。

2）在控制板上安装线槽和电器元件，并贴上文字符号。

3）按电路图进行控制板上线槽配线，并在导线端部套编码套管、压接冷压端头。

4）根据电路图检验控制板内部布线的正确性。

5）连接保护地线、电动机和电源线等控制板外部的导线。

6）自检。

7）检查无误后通电试验。

8）拆卸控制板外部的导线，整理工具，清扫工作台。

4. 考核时间

考核时间为 120min，应在规定时间内完成。

5. 评分标准

CA6140 型车床电气控制电路安装与调试的评分标准见表 4-5。

表 4-5 CA6140 型车床电气控制电路安装与调试的评分标准

考核项目	项目内容	配分	评分标准	扣分	得分
元器件安装	① 正确安装线槽 ② 正确固定元器件	20 分	① 不按接线图布置元器件，每只扣 2 分 ② 元器件安装不牢固，每只扣 3 分 ③ 元器件安装不整齐，每只扣 3 分 ④ 损坏元器件，每只扣 5 分 ⑤ 漏装固定螺钉，每只扣 2 分		
线路安装	① 按接线图施工 ② 合理、规范布线，横平竖直，无交叉 ③ 规范接线，无线头松动 ④ 正确编号、套线号管	50 分	① 不按接线图接线，扣 20 分 ② 布线不合理、不美观，每根扣 3 分 ③ 走线不横平竖直，每根扣 3 分 ④ 线头松动、反圈、压皮或露铜过长，每处扣 2 分 ⑤ 损伤导线绝缘或线芯，每根扣 5 分 ⑥ 错编、漏编线号管，每处扣 2 分 ⑦ 线号管方向不统一，每处扣 2 分		
通电试车	按照要求和步骤正确接线和调试；通电前电源线和电动机的接线顺序、完成试车后的拆线顺序均正确	30 分	① 主控电路配错熔体，每处扣 2 分 ② 热继电器的整定值未正确调整，扣 3 分 ③ 第 1 次试车不成功，扣 10 分 ④ 第 2 次试车不成功，扣 10 分 ⑤ 第 3 次试车不成功，此项不得分		
安全操作	遵守电工安全操作规程		① 漏接地线一处，扣 10 分 ② 发生安全事故，扣 10~30 分		
开始时间		结束时间		成绩	

技能训练 2 M7130 型平面磨床电气控制电路的故障检修

1. 考核方式

考核方式为技能操作。

2. 实训器件和设备

1）常用电工工具、万用表。

2）机床电气控制的实训装置。

3. 实训步骤

1）指导教师在机床电气实训装置上设定电气故障 2~3 处，学员根据如图 4-12 所示的 M7130 型平面磨床电气控制电路，分析故障现象，测量电路的故障。

2）学员使用万用表，通过电压法、电阻法测量判断，找出故障点。

3）学员自检，检查无误后通电试验。

4）整理工具，清扫工作台。

4. 考核时间

考核时间为 45 分钟，应在规定时间内完成。

5. 评分标准

M7130 型平面磨床电气控制电路故障检修的评分标准见表 4-6。

表 4-6　M7130 型平面磨床电气控制电路故障检修的评分标准

考核项目	项目内容	配分	评分标准	扣分	得分
电路检测	① 根据现象测量对应范围 ② 使用万用表、电笔等工具合理、规范测量和操作 ③ 规范接线，无线头松动 ④ 正确套线号管 ⑤ 正确排除故障点	80 分	① 思路不正确，每处故障扣 15 分 ② 测量方法不合理、操作不规范，每次扣 5 分 ③ 接线不规范，每处扣 3 分 ④ 线号管方向不统一，每处扣 2 分 ⑤ 故障点不正确，每处故障扣 20 分		
通电试车	按照要求和步骤正确接线和通电试验	20 分	① 第 1 次试车不成功，扣 10 分 ② 第 2 次试车不成功，扣 10 分		
安全操作	遵守电工安全操作规程		① 漏接接地线一处，扣 5 分 ② 发生安全事故，扣 10~20 分		
开始时间		结束时间		成绩	

4.6　技能大师高招绝活

4.6.1　CA6140 型车床电气控制电路分析和通电试验

技能大师高招绝活 1　CA6140 型车床电气控制电路分析和通电试验

4.6.2　CA6140 型车床电气故障的分析和检修

技能大师高招绝活 2　CA6140 型车床电气故障的分析和检修

4.6.3　Z3040 型摇臂钻床电气控制电路分析和通电试验

技能大师高招绝活 3　Z3040 型摇臂钻床电气控制电路分析和通电试验

4.6.4　Z3040 型摇臂钻床电气故障的分析和检修

技能大师高招绝活 4　Z3040 型摇臂钻床电气故障的分析和检修

复习思考题

1. 对于一般机械设备，进行故障检修时应遵循什么步骤？
2. 使用万用表"交流电压"挡检查和判断设备故障时，应注意哪些问题？
3. CA6140 型车床电气控制电路的主电路有哪些控制特点？
4. 试分析 CA6140 型车床开机后按下停止按钮不能停机的原因。
5. CA6140 型车床的电气控制箱开门断电功能是如何实现的？
6. 平面磨床中使用电磁吸盘固定工件有何优缺点？
7. M7130 型平面磨床电磁吸盘吸力不足会造成什么后果？吸力不足的原因有哪些？
8. M7130 型平面磨床的电气控制是由几台电动机完成拖动的？各电动机有什么作用？
9. M7130 型平面磨床电磁吸盘的电路保护是怎样完成的？
10. Z3040 型摇臂钻床的电力拖动方式和控制要求有哪些？
11. Z3040 型摇臂钻床的电气控制是由几台电动机完成拖动的？各电动机有什么作用？
12. Z3040 型摇臂钻床的主运动和进给运动形式是什么？
13. Z3040 型摇臂钻床的摇臂不能实现升降控制，试分析原因。

项目 5

自动控制器件和装置的应用

培训学习目标：

了解常用传感器的原理与应用；熟悉软起动器的原理与应用；熟悉交流变频器和光电编码器的原理与应用；熟悉直流充电桩、交流充电桩的结构、控制流程及参数设置方法。

5.1 常用传感器的原理与应用

传感器是能感受规定的被测量并按照一定规律转换成可用的输出信号的器件或装置。"可用的输出信号"通常是指便于处理和传输的信号。随着全球制造业自动化程度不断提高，工业传感器已成为提高生产能力和增强安全性能的关键因素。

用于工业控制领域的传感器种类繁多，一种被测量可以用多种传感器来测量，而具有同一工作原理的传感器通常又可测量多种被测量。传感器的名称通常是工作原理与被测量的综合，如光敏传感器、温度传感器和压力传感器等。

5.1.1 光敏传感器

光敏传感器在检测和控制中的应用非常广泛。由于光信号对光敏元件的作用原理不同，制成的光学测控系统也是多种多样的，常见光敏传感器的外形如图 5-1 所示。

1. 光敏传感器的分类

1）按电源不同，光敏传感器可分为交流型和直流型两种。其中常见光敏传感器的符号如图 5-2 所示。

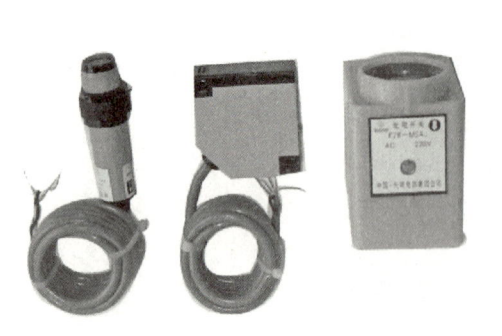

图 5-1 常见光敏传感器的外形

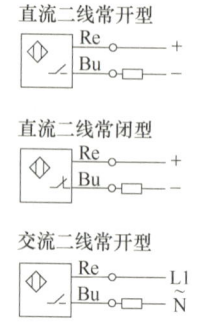

图 5-2 常见光敏传感器的符号

2）按光敏元件输出量性质不同，光敏传感器可分为两类，即模拟式光敏传感器和脉冲

（开关）式光敏传感器。这里重点介绍模拟式光敏传感器。

模拟式光敏传感器是将被测量转换成连续变化的光电流，它与被测量呈线性关系。模拟式光敏传感器按被测量（检测目标物体）可分为透射（吸收）式、漫反射式和遮光式（光束阻挡）3大类。

① 透射式光敏传感器是指被测物体放在光路中，光源发出的光能量穿过被测物体，部分被吸收后，透射光投射到光敏元件上。

② 漫反射式光敏传感器由发射器和接收器组成，由发射极发射出的红外线经被测物体的表面反射回接收器，转变成电信号并经过放大后去控制输出。

③ 遮光式光敏传感器是指当光源发出的光通量被被测物体遮挡了其中一部分，使投射到光敏元件上的光通量发生改变，其改变的程度与被测物体在光路中的位置有关。

2. 光敏传感器的组成及原理

光敏传感器采用光学元件，并按照光学定律和原理构成各种各样的波，光学元件包括各种反射镜和透镜。一般的光敏传感器检测的是光强弱的变化，使用的光源可以是光敏传感器本身的光源，也可以是外部环境的光源。由于光线的类型有很多种，因此不同的传感器使用的光线检测方法也是不同的。

光敏传感器主要由光源（发光二极管）、接收器（光电晶体管）、放大器（比较器）及信号转换器（施密特触发器）组成。当发光二极管发出光，光电晶体管对入射的光线进行分析，经过放大比较环节将光信号转换成了电信号输出。

与其他传感器相比，光敏传感器具有许多优点。它体积小，敏感范围很宽，有多种安装形式，因此应用范围非常广泛。

漫射—聚焦式传感器是效率较高的一种漫反射式光敏传感器。发光器透镜聚焦在传感器前面固定的一点上，接收器透镜也聚焦在同一点上。其敏感范围是固定的，这取决于聚焦点的位置。这种传感器能够检测在焦点位置上的物体，允许物体前后偏离焦点一定距离，这个距离称为"敏感窗口"。当物体在敏感窗口以外，在焦点之前或之后便检测不到。敏感窗口的大小取决于目标的反射性能和灵敏度的调节状况。由于射出的光能聚焦在一个点上，所以很容易地就能检测到窄小的物体或者反射性能差的物体，其工作原理如图5-3所示。

普通的漫反射式光敏传感器往往会把背景物体误认为是目标物体。具有背景光抑制功能的漫反射式光敏传感器可以有效地改善这种情况，抑制背景光的方法从技术上讲有两种：一种是机械方法，另一种是电子方法。

对于具有电子式背景光抑制功能的漫反射式光敏传感器，在传感器中使用一只位置敏感元件。发光器发出一束光线，光束反射回来，从目标物体反射回来的光线和从背景物体反射回来的光线到达位置敏感元件的两个不同位置。传感器对到达位置敏感元件这两点的光进行比较，并将这个信号与事先设定的数值进行比较，从而决定输出。其工作原理如图5-4所示。

3. 光敏传感器的应用

透射式光敏传感器可以应用在烟尘浊度监测方面。为了消除工业烟尘污染，首先要知道烟尘排放量，因此必须对烟尘源进行监测、自动显示和超标报警。

烟道里的烟尘浊度是通过光在烟道传输过程中变化的大小来检测的。如果烟尘浊度增加，光源发出的光被烟尘颗粒的吸收和折射增加，到达光检测器的光减少。因此，光检测器输出

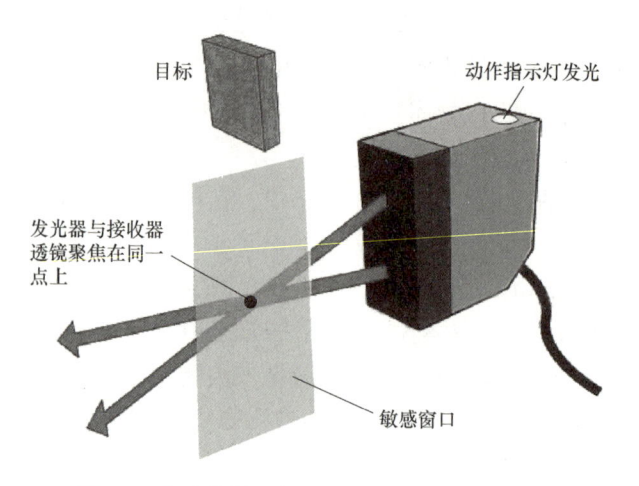

图 5-3　普通的漫反射式光敏传感器的工作原理

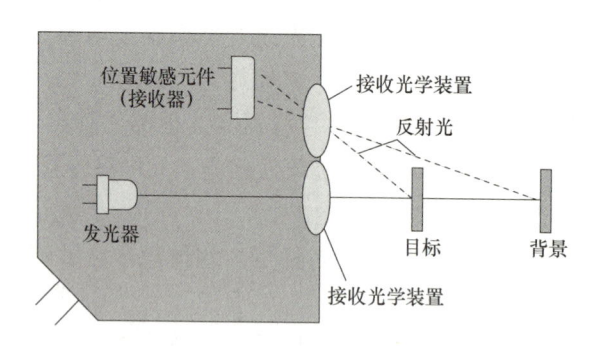

图 5-4　具有电子式背景光抑制功能的漫反射式光敏传感器的工作原理

信号的强弱便可反映烟尘浊度的变化。这里以 BYD3M-TDT 型透射式光敏传感器为例，其光源（发光器）与接收器不在一个机壳内，如图 5-5 所示。使用时，将发光器和接收器对准并固定好后才可以通入 12~24V 的直流电；接下来，在 ON 状态设定好发光器的中心位置，然后沿上下左右方向调节接收器和发光器的位置；最后，待检测目标稳定后固定好发光器和接收器。

图 5-6 为吸收式烟尘浊度监测系统的组成框图。为了检测出烟尘中对人体危害性最大的亚微米颗粒的浊度，以及避免水蒸气及二氧化碳对光源衰减的影响，故选用 400~700nm 波长的白炽平行光源。光检测器则采用光谱响应范围为 400~600nm 的光电管。为了提高检测灵敏度，采用具有高增益、高输入阻抗、低零漂及高共模抑制比的运算放大器，对浊度信号进行放大。刻度校正被用来调零与调满刻度，以保证测试准确性。显示器可显示浊度瞬时值。报警电路由多谐振荡器组成，当运算放大器输出的浊度信号超过规定值时，多谐振荡器工作，输出信号经放大后推动扬声器发出报警信号。

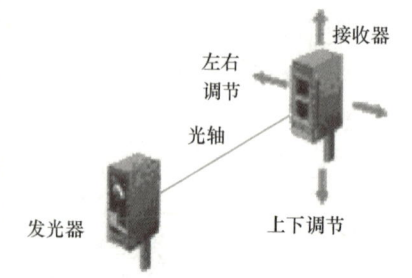

图 5-5　BYD3M-TDT 型透射式光敏传感器的工作示意图

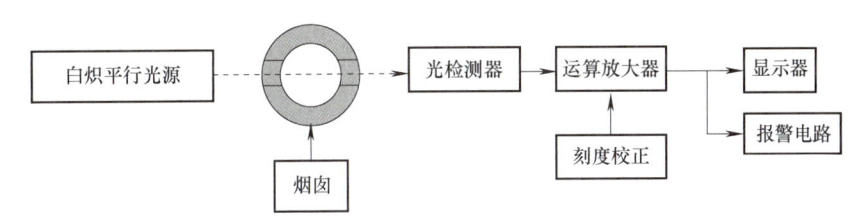

项目5 自动控制器件和装置的应用

图 5-6 吸收式烟尘浊度监测系统的组成框图

5.1.2 温度传感器

1. 温度传感器的分类

按传感器与被测对象的接触方式不同，温度传感器可分为两大类：一类是接触式温度传感器，一类是非接触式温度传感器。

（1）接触式温度传感器　测温元件与被测对象要有良好的接触，通过热传导及对流原理达到热平衡，这时的显示值即为被测对象的温度。这种测温方法精度比较高，并可测量物体内部的温度分布。但对于运动的、热容量比较小并且对感温元件有腐蚀作用的被测对象，采用这种方法将会产生很大的误差。

（2）非接触式温度传感器　测温元件与被测对象互不接触。采用的是辐射热交换原理。这种测温方法的主要特点是可测量运动状态的小目标及热容量小或变化迅速的对象，也可测量被测对象的温度分布，但缺点是受环境的影响比较大。

2. 常用温度传感器的原理及应用

目前，国际上新型温度传感器正从模拟式向数字式、由集成化向智能化及网络化的方向发展。温度传感器大致经历了以下3个发展阶段：

第一，传统的分立式温度传感器（含敏感元件），主要是能够进行非电量和电量之间的转换。

第二，模拟式集成温度传感器。

第三，智能化温度传感器。

（1）传统的分立式温度传感器——热电偶传感器　热电偶传感器是工业测量中应用非常广泛的一种温度传感器，它与被测对象直接接触，不受中间介质的影响，具有较高的精确度，测量范围广，可在 -50~1600℃进行连续测量，特殊的热电偶传感器如：铁-镍铬热电偶传感器最低可测到 -269℃，钨-铼热电偶传感器最高可测到 2800℃，如图 5-7 所示。

热电偶传感器由两种不同金属结合而成，它受热时会产生微小的电压，电压的大小取决于组成热电偶传感器的两种金属材料，如：铁-康铜（J型）、铜-康铜（T型）和铬-铝（K型）等。

热电偶传感器产生的电压很小，通常只有几mV。K型热电偶传感器的温度每变化1℃，电压变化只有大约 $40\mu V$，因此，只有当测量系统能测量出 $4\mu V$ 的电压变化时，热电偶传感器的测量精度才可以达

图 5-7 热电偶传感器

到0.1℃。

由于两种不同类型的金属结合在一起会产生电位差，所以热电偶传感器与测量系统的连接也会产生电压。一般把连接点放在隔热块上，使两个连接点处在同一温度下，从而降低测量误差。有时候也通过测量隔热块的温度，以补偿温度的影响，热电偶传感器测温原理如图5-8所示。

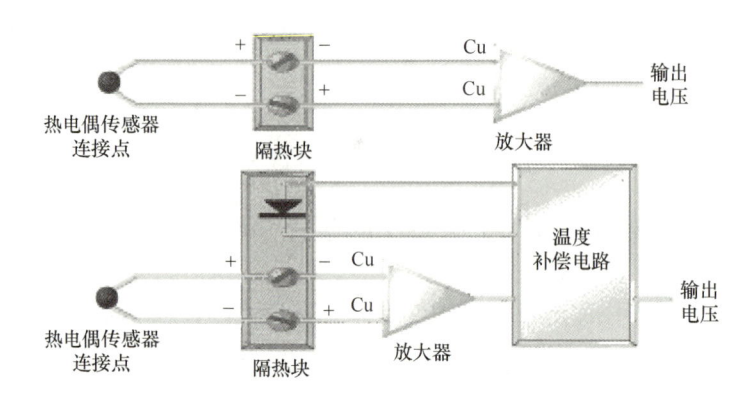

图5-8　热电偶传感器测温原理

（2）模拟式集成温度传感器　模拟式集成温度传感器是采用硅半导体集成工艺制成的，因此也称为硅传感器或单片集成温度传感器。模拟式集成温度传感器是在20世纪80年代问世的，它将温度传感器集成在一块芯片上，可以完成温度测量及模拟信号输出等功能。模拟式集成温度传感器的主要特点是功能单一（仅测量温度）、测温误差小、价格低、响应速度快、传输距离远、体积小和低功耗等，适合远距离测温，不需要进行非线性校准，而且外围电路也比较简单。

1）AD590温度传感器。AD590电流输出型温度传感器是典型的模拟式集成温度传感器，其两种不同的封装形式如图5-9所示，供电电压范围为3～30V，输出电流223～423μA，灵敏度为1μA/℃。当在电路中串接采样电阻R时，R两端的电压可作为输出电压。注意R的阻值不宜取值过大，以保证AD590温度传感器两端电压不低于3V。AD590温度传感器输出电流信号的传输距离可达到1km以上，它适用于多点温度测量和远距离温度测量的控制。

2）LM135/235/335系列温度传感器。LM135/235/335系列温度传感器是美国国家半导体公司（NS）生产的一种高精度、易校正的集成温度传感器，LM135温度传感器如图5-10所示，其工作特性类似于稳压二极管。该系列器件的灵敏度为10mV/K，具有小于1Ω的动态阻抗，工作电流范围为400μA～5mA，精度为1℃，LM135的温度范围为-55～150℃，LM235的温度范围为-40～125℃，LM335为-40～100℃。封装形式有TO-46、TO-92和SO-8。该系列温度传感器广泛应用于温度测量、温差测量以及温度补偿系统中。

（3）智能化温度传感器　智能化温度传感器又称为数字式温度传感器，是在20世纪90年代中期问世的。它是微电子技术、计算机技术和自动测试技术的结晶。目前，国际上已开发出多种智能化温度传感器系列产品。智能化温度传感器内部包含温度传感器、A-D转换器、信号处理器、存储器（或寄存器）和接口电路。有的产品还带多路选择器、中央控制器、随机存取存储器和只读存储器。智能化温度传感器能输出温度数据及相关的温度控制量，适配于各种单片机，并且可通过软件来实现测温功能。

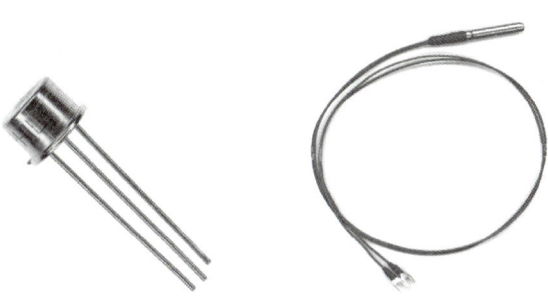

图 5-9 AD590 温度传感器两种不同的封装形式　　图 5-10　LM135 温度传感器

1）提高测温精度和分辨力。最早推出的智能化温度传感器，采用的是 8 位 A-D 转换器，其测温精度较低，分辨力只能达到 1℃。目前，国外已相继推出了多种高精度、高分辨力的智能化温度传感器，所采用的是 9~12 位 A-D 转换器，分辨力一般可达 0.0625~0.5℃。由美国 DALLAS 半导体公司研制的 DS1624 型高分辨力智能化温度传感器，能输出 13 位二进制数据，其分辨力高达 0.03125℃，测温精度为 ±0.2℃。为了提高多通道智能化温度传感器的转换速率，也有的芯片采用高速逐次逼近式 A-D 转换器。例如 AD7817 型 5 通道智能化温度传感器对本地传感器、每一路远程传感器的转换时间分别仅为 27μs、9μs。

2）增加测试功能。新型智能化温度传感器的测试功能也在不断增强。例如，DS1629 型单线智能化温度传感器增加了实时时钟（RTC），使其功能更加完善。DS1624 型高分辨力智能化温度传感器还增加了存储功能，利用芯片内部 256B 的 EEPROM，可存储用户的短信息。另外，智能化温度传感器正从单通道向多通道的方向发展，这就为研制和开发多路温度测控系统创造了良好条件。

3）具有多种工作模式可供选择。其主要包括单次转换模式和连续转换模式和待机模式，有的还增加了低温极限扩展模式，而且操作非常简便。对某些智能化温度传感器来说，主机（外部微处理器或单片机）还可以通过相应的寄存器来设定其 A-D 转换速率（典型产品为 MAX6654）、分辨力及最大转换时间（典型产品为 DS1624）。

5.1.3　压力传感器

压力传感器的种类繁多，如电阻应变片压力传感器、半导体应变片压力传感器、压阻式压力传感器、电感式压力传感器、电容式压力传感器和谐振式压力传感器等。它具有极低的价格和较高的精度以及较好的线性特性。

1. 电阻应变片压力传感器

电阻应变片是一种将被测件上的应力变化转换成一种电信号的敏感元件。电阻应变片应用最多的是金属电阻应变片和半导体应变片两种。金属电阻应变片又有丝状应变片和金属箔状应变片两种。通常是将应变片通过特殊的黏合剂紧密地黏合在产生力学应变的基体上，当基体受力发生应力变化时，电阻应变片也一起产生形变，使应变片的阻值发生改变，从而使施加在电阻上的电压发生变化。这种应变片在受力时产生的阻值变化通常较小，一般这种应变片都组成应变电桥，并通过后续的仪表放大器进行放大，再传输给处理电路（通常是 A-D

转换和 CPU）或执行机构。

图 5-11 为金属电阻应变片的内部结构，它由基体、金属电阻应变丝（或应变箔）、绝缘保护层和引出线等部分组成。根据不同的用途，电阻应变片的阻值可以由设计者设计，但电阻的取值范围应注意：阻值太小，所需的驱动电流太大，同时应变片的发热致使本身的温度过高，在不同的环境中使用时，会使应变片的阻值变化很大，输出零点漂移较为明显，因此调零电路过于复杂；而电阻太大，阻抗太高，抗外界的电磁干扰能力相对较差。一般均为几十欧至几十千欧。

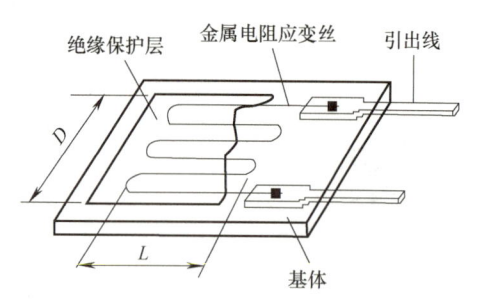

图 5-11 金属电阻应变片的内部结构

金属电阻应变片的工作原理是吸附在基体上的应变电阻随机械形变而产生阻值的变化，即电阻应变效应。金属导体的电阻值可用公式表示为

$$R=\frac{\rho L}{S} \tag{5-1}$$

式中　ρ——金属导体的电阻率（$\Omega \cdot cm^2/m$）；
　　　S——导体的横截面积（cm^2）；
　　　L——导体的长度（m）。

以金属丝应变电阻为例，当金属丝受到外力作用时，其长度和横截面积都会发生变化，从式（7-1）可看出，其电阻值也会发生改变。如金属丝受外力作用而伸长时，其长度增大，而横截面积减小，电阻值便会增大；当金属丝受外力作用而压缩时，长度减小而横截面积增大，电阻值则会减小。只要测量出施加在电阻上的电压变化，即可获得应变金属丝的应变情况。

2. 陶瓷压力传感器

陶瓷是一种公认的高弹性、抗腐蚀、抗磨损、抗冲击和振动的材料。陶瓷的热稳定特性及它的厚膜电阻可以使其工作温度范围达-40～135℃，而且具有测量的高精度、高稳定性。其电气绝缘程度大于 2kV，输出信号强，长期稳定性好。高性能、低价格的陶瓷压力传感器将是压力传感器的发展方向，在欧美等国家有全面替代其他类型传感器的趋势，在中国越来越多的用户使用陶瓷压力传感器替代扩散硅压力传感器。

对于陶瓷压力传感器（见图 5-12），压力直接作用在陶瓷膜片的前表面，使膜片产生微小的形变，厚膜电阻印制在陶瓷膜片的背面，连接成一个惠斯通电桥，根据压阻效应，这将使电桥产生一个与激励电压成正比、与压力成正比的线性电压信号，标准信号根据压力量程的不同标定为 2.0mV/V、3.0mV/V 和 3.3mV/V 等，可以和应变式传感器相兼容。该传感器具有很高的温度稳定性和时间稳定性，并自带温度补偿 0～70℃，并可以和绝大多数介质直接接触。

3. 压电传感器

压电传感器中的压电材料包括石英（二氧化硅）、酒石酸钾钠和磷酸二氢铵。其中石英是一种天然晶体，压电效应就是在这种晶体中发现的，在一定的温度范围之内，压电效应一直存在，但温度超过这个范围之后，压电效应则完全消失（这个温度就是"居里点"）。由于随着应力的变化电场变化微小，即压电系数比较低，所以石英逐渐被其他的压电晶体所替代。酒石酸钾钠具有很大的压电灵敏度和压电系数，但是它只能在室温和湿度比较低的环境下才能够应用。磷酸二氢铵属于人造晶体，能够承受高温和相当高的湿度，已经得到了广泛的应用。

目前，压电效应也可以应用在多晶体上，比如现在的压电陶瓷，包括钛酸钡压电陶瓷、锆钛酸铅压电陶瓷、铌酸盐压电陶瓷和铌镁酸铅压电陶瓷等。

压电传感器不能用于静态测量，因为经过外力作用后的电荷，只有在回路具有无限大的输入阻抗时才能保存。这种情况在实际使用中是不容易做到的，这就决定了压电传感器只能够测量动态应力。

图 5-12　陶瓷压力传感器

压电传感器主要应用在加速度、压力和力等的测量中。压电式加速度传感器是一种常用的加速度计。它具有结构简单、体积小、重量轻和使用寿命长等优点。它在飞机、汽车、船舶、桥梁和建筑的振动和冲击测量中已经得到了广泛的应用，特别是航空和宇航领域中更有它的特殊地位。压电传感器也可以用来进行发动机内部燃烧压力的测量与真空度的测量，还可以用于军事工业，例如用它来测量枪炮子弹在膛道中击发一瞬间膛压的变化和炮口的冲击波压力。另外，它既可以用来测量大的压力，也可以用来测量微小的压力。

5.2　软起动器的原理与应用

软起动器是一种集电动机软起动、软停车和轻载节能等多种保护功能于一体的新型电动机控制装置。由于电动机直接起动时的冲击电流很大，特别是大功率电动机直接起动会对电网及其他负荷造成干扰，甚至危害电网的安全运行，所以根据不同工况，曾采取过许多种减压起动方式，早期的措施有串联电抗或电阻、串联自耦变压器和星形—三角形联结转换等；从 20 世纪 70 年代开始出现了利用晶闸管调压技术制作的软起动器，后来又结合功率因数控制技术，并用单片机取代模拟控制电路，发展成为智能化软起动器，如图 5-13 所示。

5.2.1　软起动器的分类

软起动器按照起动的工作原理不同，可分为固态晶闸管软起动器、液阻软起动器、磁控软起动器和变频调速起动器。

各种软起动器性能指标的比较见表 5-1。

图 5-13　智能化软起动器

表 5-1　各种软起动器性能指标的比较

软起动方式	液阻软起动器	固态晶闸管软起动器	磁控软起动器	变频调速起动器
综合评价	一般	较好	较好	很好
实现软停止	难	容易	容易	非常容易

（续）

软起动方式	液阻软起动器	固态晶闸管软起动器	磁控软起动器	变频调速起动器
电动机保护	一般	完善	完善	最完善
高次谐波	小	大	大	较大
价格比	低	较高	低	最高
体积	大	小	较小	小
噪声	小	较小	大	较小
维护工作量	大	小	小	最小
环境要求	低	高	较低	高

5.2.2 软起动器的结构与原理

软起动器主要由串联于电源与被控制电动机之间的三相反并联晶闸管及其电子控制电路构成。软起动器实际上是一个晶闸管调压调速装置，通过改变晶闸管的导通角，就可以调节晶闸管的输出电压，其特点是使电动机的转矩与定子电压的二次方成正比。当采用软起动器起动电动机时，晶闸管的输出电压逐渐增加，电动机逐渐加速，直至晶闸管完全导通，从而使电动机在额定电压下工作，电动机软起动器的结构原理如图5-14所示。

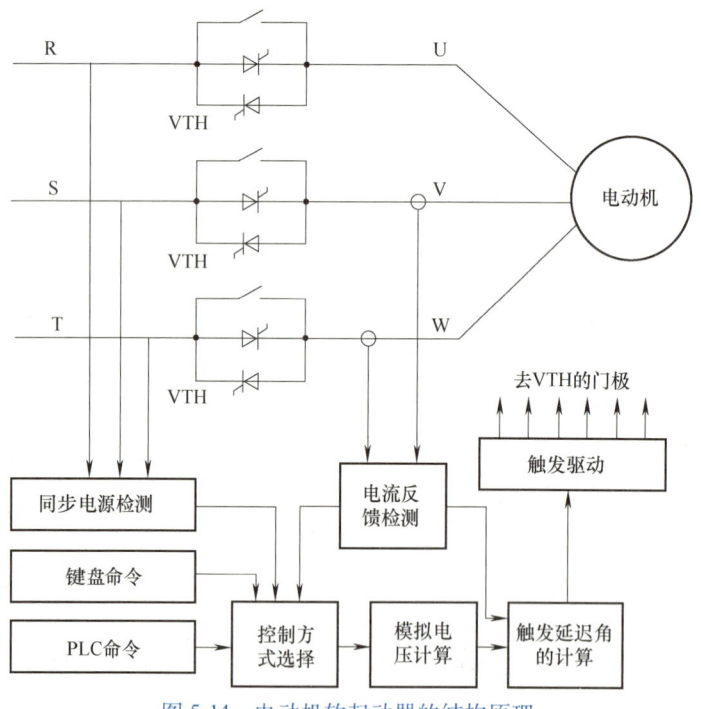

图5-14　电动机软起动器的结构原理

软起动器和变频器是两种完全不同用途的产品。变频器主要用于调速，不但改变输出电压而且同时改变输出频率；软起动器实际上是个调压器，当电动机起动时，其只改变输出电压并没有改变输出频率。

1. 电动机软起动器起动方式的选择

笼型异步电动机采用减压起动的条件有3个：一是电动机全压起动时，生产机械不能承受此时的冲击转矩；二是电动机全压起动时，其端电压不能满足要求；三是电动机全压起动时，影响其他负荷的正常运行。

笼型异步电动机传统的减压起动方式有Y-△起动、自耦减压起动和串联电抗器起动等。这些起动方式都属于有级减压起动，存在明显缺点，即起动过程中出现二次冲击电流，目前最先进最流行的起动方式是采用软起动器。

运用串接在电源与被控电动机之间的软起动器，控制其内部晶闸管的导通角，使电动机输入电压从零开始按照预设函数关系逐渐上升，直至起动结束后赋予电动机全电压，即为软起动。在软起动过程中，电动机起动转矩逐渐增加，转速也逐渐增加。

软起动器几种常用起动方式的比较如下：

（1）限流起动 即在起动过程中限制电动机的起动电流，它主要是用在轻载起动时降低起动电压降，由于在起动时难以知道起动电压降，不能充分利用电压降空间，所以损失起动转矩，对电动机不利。

（2）斜坡升压起动 即电压由小到大呈斜坡线性上升，它是将传统的减压起动从有级变成了无级，主要用在重载起动，它的缺点是初始起动转矩小，其转矩特性呈抛物线状上升，对拖动系统不利，且起动时间长有损于电动机。

（3）转矩控制起动 它是将电动机的起动转矩由小到大呈线性上升。它的优点是起动平滑，柔性好。它的目的是保护拖动系统，延长拖动系统的使用寿命；同时降低电动机起动时对电网的冲击，是最优的重载起动方式。它的缺点是起动时间较长。

（4）转矩加突跳变控制起动 它与转矩控制起动相仿，不同的是在起动的瞬间用突跳变转矩克服电动机静转矩，然后转矩平滑上升，缩短起动时间。但是，突跳变会给电网发送尖脉冲，干扰其他负荷。

图 5-15 为几种常用的软起动器的起动方式。

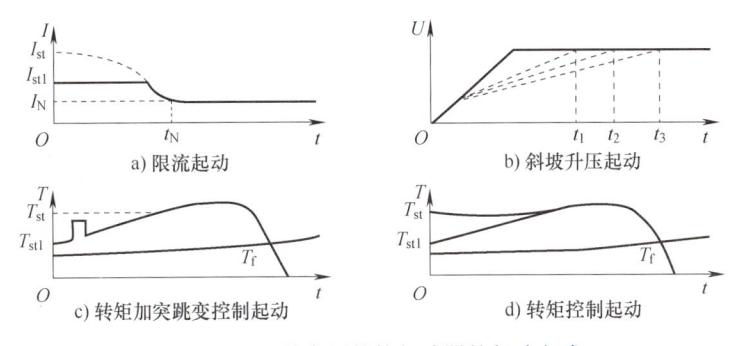

图 5-15 几种常用的软起动器的起动方式

2. 软起动器起动与传统减压起动的不同之处

（1）无冲击电流 软起动器在起动电动机时，通过逐渐增大晶闸管的导通角，使电动机起动电流从零线性上升至设定值。

（2）恒流起动 软起动器可以引入电流闭环控制，使电动机在起动过程中保持恒流，确保电动机平稳起动。

（3）无级调整起动电流 根据负荷情况及电网继电保护特性选择，可自由地无级调整至最佳的起动电流。

3. 软起动器的停车

软起动器的停车方式有 3 种：自由停车、软停车和制动停车。软起动器起动带来最大的停车好处就是软停车和制动停车。软停车消除了由于自由停车带来的拖动系统反惯性冲击；而制动停车则在一定场合下代替了反接制动停车。

软起动器的软停车与软起动过程相反，软停车时电压逐渐降低，转速逐渐下降到零，避免自由停车引起的转矩冲击。软起动与软停车时的电压曲线如图 5-16、图 5-17 所示。

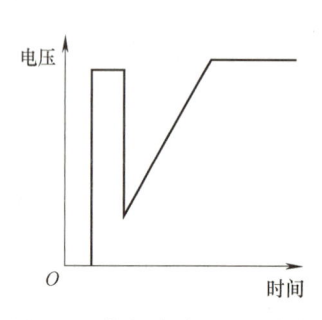

图 5-16　软起动时的电压曲线 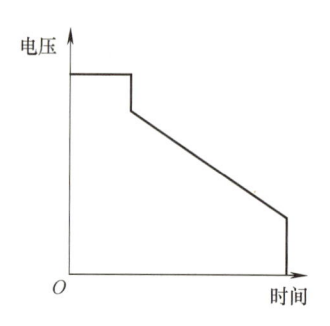　　图 5-17　软停车时的电压曲线

4. 基本参数的设定

ABB PSS 系列软起动器有 3 个旋转设定开关和一个 2 位拨动开关，对于各种不同的应用场合都能完成基本参数的设定。

（1）起动曲线——设定起动时电压提升的时间　采用斜坡升压起动时，由于这种起动方式最简单，不具备电流闭环控制，仅调整晶闸管的导通角，使之与时间成一定函数关系增加。其缺点是，由于不限流，所以在电动机起动过程中，有时会产生较大的冲击电流使晶闸管损坏，对电网影响较大，实际很少应用。起动时间可在 1~30s 内调整。

（2）停止曲线——设定停止时间电压下降的速度　电动机停机时，传统的控制方式都是通过瞬间停电完成的。但有许多应用场合，不允许电动机瞬间停机。例如：高层建筑内的水泵系统，如果瞬间停机，会产生巨大的"水锤"效应，使管道甚至水泵遭到破坏。为减少和防止发生"水锤"效应，需要电动机逐渐停机，即软停车，采用软起动器能满足这一要求。软起动器中的软停车功能是，晶闸管在得到停机指令后，从全导通逐渐地减小导通角，经过一定时间过渡到全关闭。停车的时间根据实际需要可在 0~30s 内调整。

（3）初始电压/限流功能

1）初始电压：30%~70%全电压范围内可调节 5 级。

2）限流功能：这种起动方式是在电动机起动的初始阶段起动电流逐渐增大，当电流达到预先所设定的值后保持恒定，直至起动完毕。起动过程中，电流上升变化的速率可以根据电动机负荷调整与设定。若电流上升速率大，则起动转矩大，起动时间短。

5.2.3　软起动器的应用举例

现利用软起动器对一台老式空压机进行改造，以符合现场工作的需要。

1. 空压机改造前的状况

已知空压机电动机的功率为 200kW，改造前采用自耦变压器减压起动方式，由时间继电器实现电动机电压的切换控制，起动过程不稳定，故障率较高。主接触器采用CJ10型交流接触器，触头经常烧坏，且对电网影响严重。因此，考虑采用软起动器实现电动机的平稳起动和运行。

2. 软起动器和其他电器的选型

根据空压机的实际情况，可以选择FTR-G型软起动器，此软起动器是基于最新的微处理器技术设计出来的，用于实现笼型异步电动机的软起动和软停止。它还附带了几种先进的电动机保护功能，具有多种集成的保护和报警功能，几乎可以检测到所有故障，并将其显示出来。根据需要，还要对熔断器、旁路接触器和热保护继电器进行适当的选型。

3. 软起动器的接线和控制

当电动机起动时，由电子电路控制晶闸管的导通角使电动机的端电压以设定的速度逐渐升高，一直上升到全电压为止，使电动机实现从无冲击起动到控制电动机软起动的过程。当电动机起动完成并达到额定电压时，使三相旁路接触器闭合，电动机直接投入电网运行。空压机起动时是空载，则在正常运行时，保持了所需的较低端电压，使电动机的功率因数升高，效率增大。在电动机停机时，也通过控制晶闸管的导通角，使电动机端电压慢慢降低至0，从而实现软停机。

5.3　交流变频器的原理与应用

变频器是利用电力半导体器件的通断作用将工频电源变换为另一频率的电源控制装置，如图5-18所示，它在工业和生活中都得到了广泛的应用，如数控机床、变频式空调器等。目前变频器的品牌较多，比较典型的如：德国的西门子公司，瑞士的ABB公司，日本的富士公司、安川公司、三菱公司，中国的台安公司、台达公司等。

5.3.1　变频器的分类

（1）按照变频原理分类　可分为交—交变频和交—直—交变频。

1）交—交变频：将交流电直接改变频率从而改变电压大小。

2）交—直—交变频：先将工频（50Hz）交流电源通过整流器转换成直流电源，然后再将直流电源转换成频率、电压均可控制的交流电源。

（2）按主电路分类　可分为电压型和电流型。

1）电压型：将电压源的直流变换为交流的变频器，直流回路的滤波用电容。

2）电流型：将电流源的直流变换为交流的变频器，其直流回路滤波用电感。

图5-18　变频器

5.3.2 变频器的结构与原理

1. 变频器的结构

变频器一般主要由整流、中间直流环节、逆变和控制电源等部分组成，如图 5-19 所示。

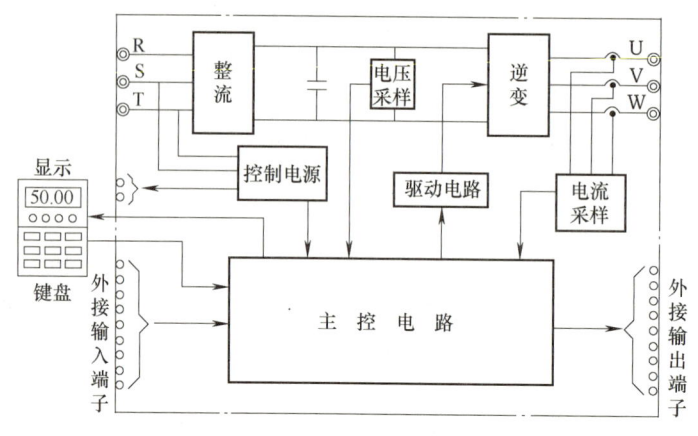

图 5-19 变频器的结构

其中，整流部分为三相桥式不可控整流器；中间直流环节为滤波、直流储能和缓冲无功功率器件；逆变部分为 IGBT（绝缘栅双极型晶体管）三相桥式逆变器，用来输出为 PWM（脉宽调制）波形；控制部分用来调整变频器的各个参数。

2. 变频器的原理

（1）电动机的工频起动和变频起动

1）工频起动。工频起动是指电动机直接接上工频电源的起动，也叫作直接起动。根据电动机同步转速公式 $n = 60f/p$，将工频为 50Hz、电压为 380V 的交流电源直接接入四极三相异步电动机，在接通电源的瞬间可得到高达 1500r/min 的同步转速。由于转速和电压都很高，所以电动机的瞬间起动电流也很高，可达到额定电流的 4~7 倍。

工频起动存在的问题是：当电动机的功率较大时，起动电流过大会对电网造成冲击，对生产机械的冲击也会很大，进而影响设备的使用寿命，如图 5-20 所示。

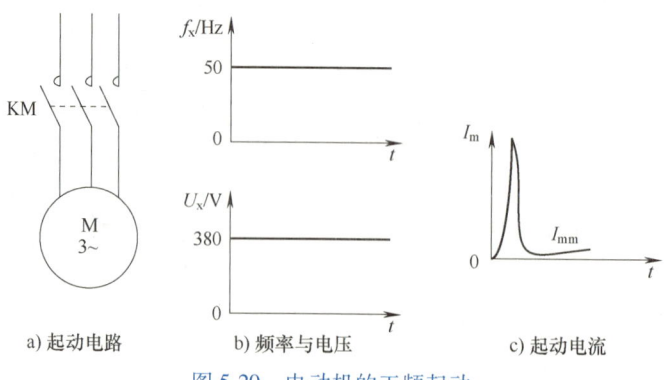

a) 起动电路　　b) 频率与电压　　c) 起动电流

图 5-20 电动机的工频起动

2）变频起动。采用变频调速的电路如图 5-21a 所示。起动过程的特点是：频率从最低

（通常是 0Hz）按预置的加速时间逐渐上升，如图 5-21b 的上图所示。假设在接通电源瞬间将起动频率降至 0.5Hz，则同步转速只有 15r/min，转子绕组与旋转磁场的相对速度只有工频起动时的 1%。

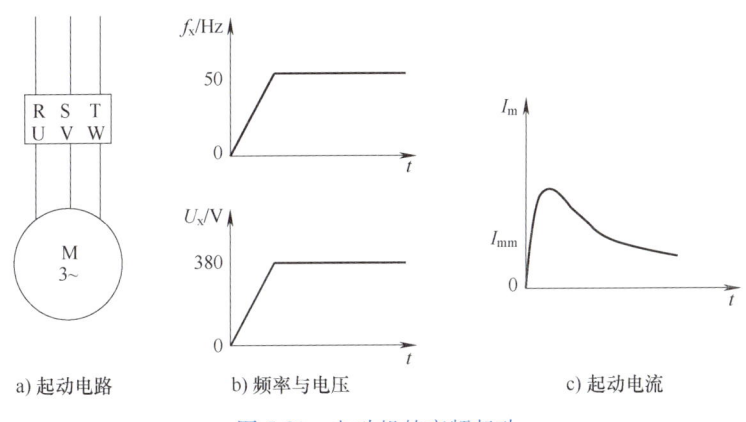

图 5-21　电动机的变频起动
a) 起动电路　　b) 频率与电压　　c) 起动电流

电动机输入电压也从最低电压开始逐渐上升，如图 5-21b 的下图所示。转子绕组与旋转磁场的相对速度很低，故起动瞬间的冲击电流很小。同时，通过逐渐增大频率减缓了电动机的起动过程。若在整个起动过程中使同步转速 n_0 与转子转速 n_m 之间的转速差 Δn 限制在一定范围内，则起动电流也将限制在一定范围内，如图 5-21c 所示。另一方面，变频起动也减小了电动机起动过程中的动态转矩，加速过程将能保持平稳，减小了对生产机械的冲击。

(2) 变频器的调速与节能　　三相异步电动机常用的调速方法有 3 种，其中通过改变电动机磁极对数 p 来改变转速的方法是有级差的，不能实现无级调速。改变转差率 s 的调速方法虽然能达到无级调速，但其主要应用在小功率电动机调速上，并存在故障率高，整体效率低的缺点，不适用于大功率电动机调速。而改变电源频率，电动机转速与电源频率成正比，改变电源频率即可改变电动机的转速 n，从而实现变频调速。变频器所运用的调速方法就是改变电源频率进行调速。

变频器的节能原理可分为：变频调速节能、提高功率因数节能和软起动节能。

1) 变频调速节能。当设备容量偏大时，工频运行设备将产生大量的浪费。而利用变频调速，可以使设备降速运行从而产生相当可观的节能效果。下面以风机、泵类负荷为例说明变频调速的节能原理。风机、泵类负荷主要用于控制流体的流量。在实际应用中，风机、水泵的容量往往偏大，并且流量需要根据工艺要求来调节。流量的调节方法有两种：一是控制阀门开度，此方法虽能减少部分输入功率，但却有相当部分能量损失在调节阀门上，节能效果较差；二是采用调速方式控制流量，可达到很好的节能效果。

2) 提高功率因数节能。在不需要调速的场合，变频器的节能效果主要体现在提高功率因数及降低线路功率损耗上。SPWM（正弦脉宽调制）型变频器主电路由 4 部分组成：整流器、中间平波环节、逆变器和能耗制动回路。整流器电网侧的功率因数分析如下：在三相桥式整流电路中交流侧输入电流波形为非正弦波，其中含有 5 次以上奇次谐波，SPWM 型变频器电网侧的功率因数接近 1，而普通电动机的自然功率因数一般为 0.76~0.85。采用变频器作为电动机的电源后，电动机功率因数提高到 0.95~0.98，电动机从电网吸收的无功功率减少，从而降低了线路中的有功及无功损耗,而这部分损耗是无法通过低压配电室的并联电容器来补偿的。

3) 软起动节能。电动机全压起动或采用Y-△、自耦变压器减压起动时,起动电流为4倍~6倍的额定电流。这样大的起动电流除增大电动机自身的铜损外,还会加大线路功率损耗,引起线路电压波动,对机械设备和电网造成冲击。

5.3.3 变频器的应用举例

利用台达变频器改造CA6140型车床的主拖动系统:根据企业要求,需要将CA6140型车床主轴拖动系统进行改造,使改造后的CA6140型车床主轴具有有级调速和无级调速两种调速方式。

1. 改造的基本要求

根据CA6140型车床的使用环境提出改造要求,基本要求如下:

1) 继续使用原车床主轴电动机。
2) 主轴电动机可在工频和变频两种状态下自由切换,且操作要快捷方便。
3) 利用变频器改造车床后,不改变车床的操作习惯。

2. 具体改造方案

改造过程中应首先考虑变频器的选型;然后确定具体的改造方案,包括主轴电动机电路和控制电路的设计;最后根据使用要求,确定主轴电动机转速等参数,并接线调试。

(1) 变频器的选型 原CA6140型车床主轴电动机为三相异步电动机,磁极数为4极,额定功率为7.5kW,额定电压为380V。根据使用要求,在满足基本性能的前提下选用台达VFD-S型变频器。它是一款多功能简易型变频器,具有响应速度快,精度高,输出转矩大以及定位控制等特点,广泛应用于机床、电梯和起重设备等各种场合。

(2) 电气控制电路的改造 根据CA6140型车床的主要特点和企业的基本要求来确定改造方案,为降低改造成本及缩短施工时间,不改变车床的机械部分,只对其电气控制电路进行改造。改造后,车床主轴转速将由主轴齿轮变速箱调速与变频器调速共同决定,这种调速方法将齿轮传动的有级调速与变频器无级调速相结合,扩大了主轴调速范围。图5-22为改造后的车床电气控制电路,在原车床基础上增加了VFD-S型变频器、按钮、交流接触器以及配套元器件。应注意的是,接触器KM_B与KM_Y必须互锁,以防止变频器输出端与交流三相380V电源相连,造成变频器损坏。

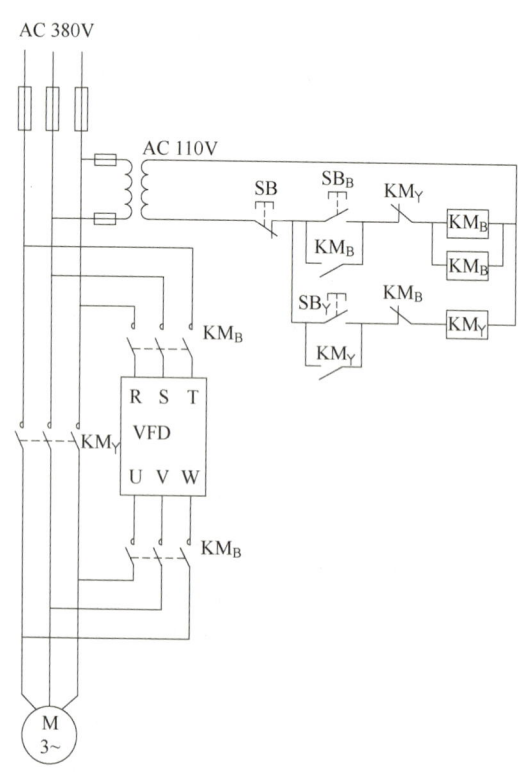

图5-22 改造后的车床电气控制电路

（3）变频器的外部接线及参数设定　根据改造要求设计变频器（VFD）外部接线，如图 5-23 所示。

由于变频器的各种参数均为出厂值，所以应根据实际需要对变频器的参数进行调整与设定。本次车床改造只要求改变电动机的转速，所以在此只对必要的参数进行修改，变频器的参数设定见表 5-2。电动机的起动和停止由 SB$_V$ 控制，运行频率由电位器 RP 给定，其频率调整范围设定为 0~50Hz。主轴的转速范围由调速手柄和电位器 RP 共同决定。

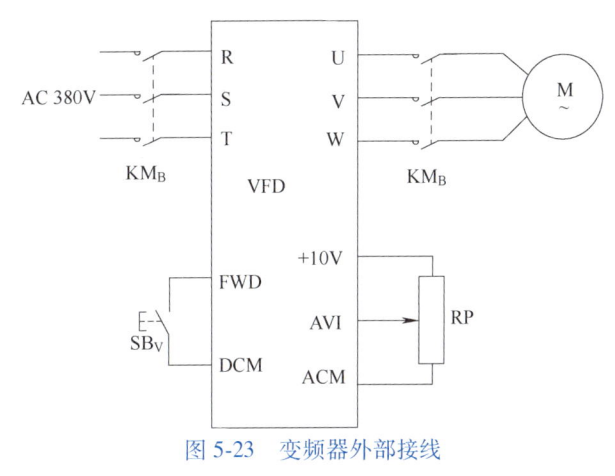

图 5-23　变频器外部接线

表 5-2　变频器的参数设定

参数	名称	出厂值	意义	调整值
00-10	控制方式	0	U/f 控制	2
00-20	频率指令来源	0	键盘输入	2
00-21	运转指令来源	0	RS485/键盘	1
01-02	第一输出电压	440	440V	380
05-00	电动机参数自动测量	0	无功能	1
05-05	电动机极数	4	4 极	4

5.4　光电编码器的原理与应用

光电编码器是一种旋转式位置传感器，在现代伺服控制系统中广泛应用于角位移或角速率的测量，它的转轴通常与被测轴相连接，并随被测轴一起转动，将被测轴的角位移或角速率转换成二进制编码或脉冲。

5.4.1　光电编码器的分类

光电编码器分为：增量式和绝对式两种。

（1）增量式光电编码器　它具有结构简单、体积小、价格低、精度高、响应速度快和性能稳定等优点，应用非常广泛。在高分辨率和大量程角位移/角速率测量系统中，增量式光电编码器更具优越性。

（2）绝对式光电编码器　它能直接给出对应于每个转角的数字信息，便于计算机处理，但其结构复杂、成本较高。

5.4.2　光电编码器的结构与原理

1. 增量式光电编码器

增量式光电编码器是指随转轴旋转的码盘给出一系列脉冲，然后根据旋转方向用计数器对这些脉冲进行加减计数,以此来表示转过的角位移量。增量式光电编码器的外形和内部结构如图5-24所示。

(1) 增量式光电编码器的结构 光电码盘采用玻璃材料制成,与转轴连接在一起,并在表面镀上一层不透光的金属铬,然后在边缘制成向心的透光狭缝。透光狭缝在码盘圆周等分为几百条甚至几千条。这样,整个码盘圆周就被等分成多个透光槽。增量式光电码盘也可用不锈钢薄板制成,然后在圆周边缘切割出均匀分布的透光槽。

(2) 增量式光电编码器的工作原理 如图5-25所示,它由主码盘、鉴向盘、光学系统(光源、透镜)和光电变换器组成。在圆形的主码盘周边刻有节距相等的辐射状透光狭缝,形成均匀分布的透光区和不透光

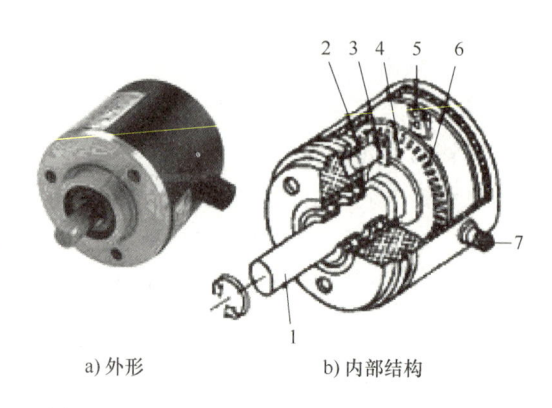

图5-24 增量式光电编码器的外形和内部结构
1—转轴 2—发光二极管 3—光拦板 4—零位标志槽
5—光敏元件 6—码盘 7—电源及信号连接座

区。鉴向盘与主码盘平行,并刻有A、B两组透光检测狭缝,它们彼此错开1/4节距,以使A、B两个光电变换器的输出信号在相位上相差90°。工作时,鉴向盘静止不动,主码盘随转轴一起转动,光源发出的光投射到主码盘与鉴向盘上。当主码盘上的不透光区正好与鉴向盘上的透光狭缝对齐时,光线全部被遮住,光电变换器输出电压为最小;当主码盘上的透光区与鉴向盘上的透光狭缝对齐时,光线全部通过,光电变换器输出的电压为最大。主码盘每转过一个刻线周期,光电变换器将输出一个近似的正弦波电压,而且光电变换器A、B的输出电压相位差为90°。光电编码器的光源最常用的是发光二极管。当光电码盘随工作轴一起转动时,光线透过主码盘和鉴向盘狭缝,形成忽明忽暗的光信号。光敏元件把此光信号转换成电脉冲信号,通过信号处理电路后,向控制系统输入脉冲信号,也可由数码管直接显示位移量。光电编码器测量的准确度与码盘圆周上的狭缝条纹数(n)有关,能分辨的角度为$360°/n$。例如:码盘边缘的透光槽数为1024个,则能分辨的最小角度为$360°/1024=0.352°$。为了判断码盘旋转的方向,必须在鉴向盘上设置两个狭缝,其距离是主码盘上的两个狭缝距离的$(m+1/4)$倍(m为正整数),并设置了两组对应的光敏元件,如图5-25所示的A、B。当检测对象旋转时,同轴安装的光电编码器便会输出A、B两路相位相差90°的数字脉冲信号。光电编码器的输出波形如图5-26所示。为了得到码盘转动的绝对位置,还必须设置一个基准点,如图5-24所示的零位标志槽。码盘每转一圈,零位标志槽对应的光敏元件产生一个脉冲,称为"一转脉冲",如图5-26所示。图5-27给出光电编码器正反转时A、B信号的波形及其时序关系。当光电编码器正转时,A信号的相位超前B信号90°,如图5-27a所示;反转时则B信号相位超前A信号90°,如图5-27b所示。A和B输出的脉冲个数与被测角位移变化量呈线性关系,因此,通过对脉冲个数计数就能计算出相应的角位移。根据信号A和B之间的这种关系就能正确地解调出被测机械的旋转方向和旋转角位移及角速率,这就是所谓的脉冲辨向和计数。脉冲的辨向和计数既可用软件实现,也可以用硬件实现。

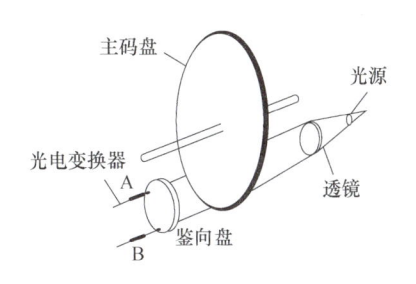

图 5-25　增量式光电编码器的工作原理

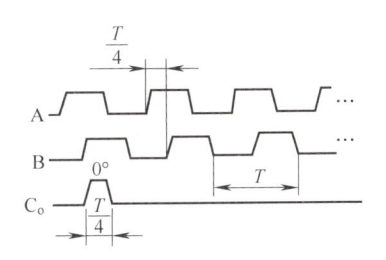

图 5-26　光电编码器的输出波形

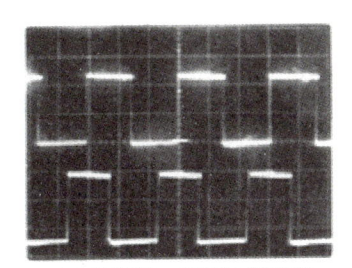

a) A超前于B，判断为正向旋转　　b) B超前于A，判断为反向旋转

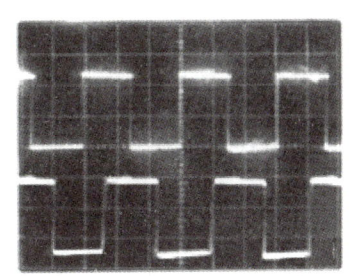

图 5-27　光电编码器的正转和反转波形

2. 绝对式光电编码器

绝对式光电编码器是把被测转角通过读取码盘上的图案信息直接转换成相应代码的检测元件。编码盘有光电式、电磁式和接触式三种。光电式码盘是目前应用较多的一种，它在透明材料的圆盘上精确地印制上二进制编码。图 5-28 为四位二进制码盘，码盘上各圈圆环分别代表一位二进制的数字码道，在同一个码道上印制黑白等间隔图案，形成一套编码。黑色不透光区和白色透光区分别代表二进制的"0"和"1"。在一个四位光电码盘上，有 4 圈数字码道，每一个码道表示二进制的一位，内侧是高位，外侧是低位，在 360°范围内可编码数为 2^4 = 16 个。工作时，码盘的一侧放置电源，另一侧放置光电接收装置，每个码道都对应有一个光电管以及放大、整形电路。码盘转到不同位置时，光敏元件即接收不同的光信号，并转换成相应的电信号，经放大、整形后，成为相应的数字信号。但由于受生产和安装精度的影响，当码盘回转在两码段交替过程中，会产生读数误差。例如：当码盘顺时针方向旋转，由位置"0111"变为"1000"时，这四位数要同时变化，可能将数码误读成 16 种代码中的任意一种，这就产生了很大的数值误差，这种误差称非单值性误差。为了消除非单值性误差，可采用下面的方法：

（1）循环码盘（又称为格雷码盘）　循环码习惯上又称为格雷码，它也是一种二进制编码，只有"0"和"1"两个数。图 5-29 为四位二进制循环码盘。这种编码的特点是任意相邻的两个代码间只有一位代码有变化，即"0"变为"1"或"1"变为"0"。因此，在两数变换过程中，所产生的读数误差最多不超过"1"，只可能读成相邻两个数中的一个数。所以，它是消除非单值性误差的一种有效方法。

图 5-28 四位二进制码盘　　图 5-29 四位二进制循环码盘

(2) 带判位光电装置的二进制循环码盘　这种码盘是在四位二进制循环码盘的最外圈再增加一圈信号位。图 5-30 就是带判位光电装置的二进制循环码盘。该码盘最外圈上信号的位置正好与状态交线错开，只有当信号位处的光敏元件有信号时才读数，这样就不会产生非单值性误差。

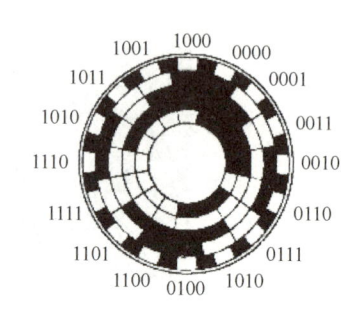

图 5-30　带判位光电装置的二进制循环码盘

5.4.3　光电编码器的应用举例

1. 角编码器测量轴转速

角编码器除了能直接测量角位移或间接测量直线位移外，还可以测量轴的转速。由于增量式角编码器的输出信号是脉冲形式，因此，可以通过测量脉冲频率或周期的方法来测量转速。角编码器可代替测速发电机的模拟测速，而成为数字测速装置。根据脉冲计数来测量转速的方法有以下 3 种：

(1) M 法测速　在规定时间内测量所产生的脉冲个数来获得被测速度的方法称为 M 法测速；在一定的时间间隔内（又称为闸门时间，如 0.1s、1s、10s 等），用角编码器所产生的脉冲数来确定速度的方法也称为 M 法测速。这种测速方法测量准确度较低。

(2) T 法测速　通过测量相邻两个脉冲的时间间隔来测量速度的方法称为 T 法测速。T 法测速的工作原理是：用一个已知频率 f（此频率一般都比较高）的时钟脉冲向一计数器发送脉冲，计数器的起停由码盘反馈的相邻两个脉冲来控制。若计数器读数为 m，则电动机的转速 $n = 60f/(Pm)$，P 为码盘一圈发出的脉冲个数，即码盘线数。T 法测速适合于测量较低的速度，这时能获得较高的分辨率。

(3) M/T 法测速　同时测量检测时间和在此时间内脉冲发生器发出的脉冲个数来测量速度的方法称为 M/T 法测速。M/T 法测速是将 M 法和 T 法两种测速方法结合在一起，并在一定的时间范围内同时对光电编码器输出的脉冲个数 m_1 和 m_2 进行计数。采用 M/T 法测速既具有 M 法测高速的优点，又具有 T 法测低速的优点，能够覆盖较宽的转速范围，且测量准确度也比较高，因此，这种测速方法在电动机的控制中有着十分广泛的应用。

2. 应用实例

由于绝对式光电编码器每个转角位置均有一个固定的编码输出，若编码器与转盘相连接，则转盘上每一工位安装的被加工工件均可以有一个编码相对应。转盘工位编码器的工作原理如图 5-31 所示。当转盘上某一工位转到加工点时，该工位对应的编码由编码器输出给控制系统。例如，要使处于工位 4 上的工件转到加工点等待钻孔加工，计算机就控制电动机通过带轮带动转盘逆时针旋转。与此同时，绝对式光电编码器（假设为 4 码道）输出的编码不断变化。设工位 1 的绝对二进制码为 0000，当输出从工位 3 的 0010，变为 0011 时，表示转盘已将工位 4 转到加工点，电动机停转后开始加工。

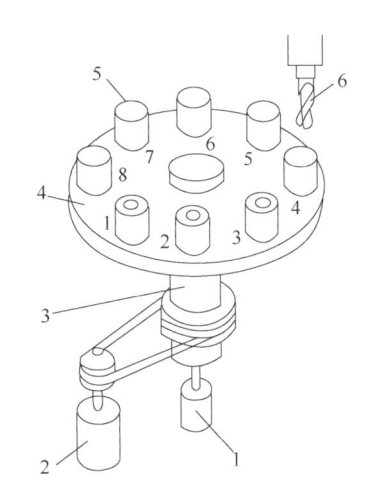

图 5-31　转盘工位编码器的工作原理
1—绝对式光电编码器　2—电动机　3—转轴
4—转盘　5—工件　6—刀具

5.5　充电桩的原理与应用

随着新能源汽车技术的快速发展，电动汽车及油电混动汽车也作为国家新能源战略的重要方向而得到了大力发展，充电桩作为两者的配套设施也逐渐推广使用。5.5 节内容将主要介绍充电桩的基本结构及应用。

5.5.1　充电桩的概述

充电桩的功能类似于加油站中的加油机，但相较于加油机来说充电桩的安置位置要更加灵活一些，可以安装在公共建筑、小区的停车场，也可以安装在加油站内，根据不同的电压等级为各种型号电动汽车的动力电池充电。

按充电方式可以将充电桩分为交流充电桩和直流充电桩，如图 5-32、图 5-33 所示。交流充电桩和直流充电桩在充电速度上是有明显区别的，直流充电桩采用三相四线制交流电网供电，其供电电压范围是 AC，380V，±15%，所以可以从电源端获得足够高的功率，其输出电压和电流调节范围也较大，能够实现快速充电，一般安装在高速公路旁的充电站。另外，采用直流充电桩可以直接为汽车的动力电池充电，而交流充电桩需要借助车载充电机来为汽车充电，且充电时间较直流充电桩长，一般安装在停车场内。

图 5-32　交流充电桩　　　　图 5-33　直流充电桩

5.5.2　直流充电桩的结构、控制流程及参数设置

1. 直流充电桩的结构

直流充电桩通过内部交直流转换模块将交流电转换为直流电，再直接给动力电池充电。直流充电桩主要由触摸屏、刷卡模块、主控制器、智能电表、断路器、熔断器、充电模块、主继电器、辅助电源和防雷模块等组成，如图 5-34 所示。

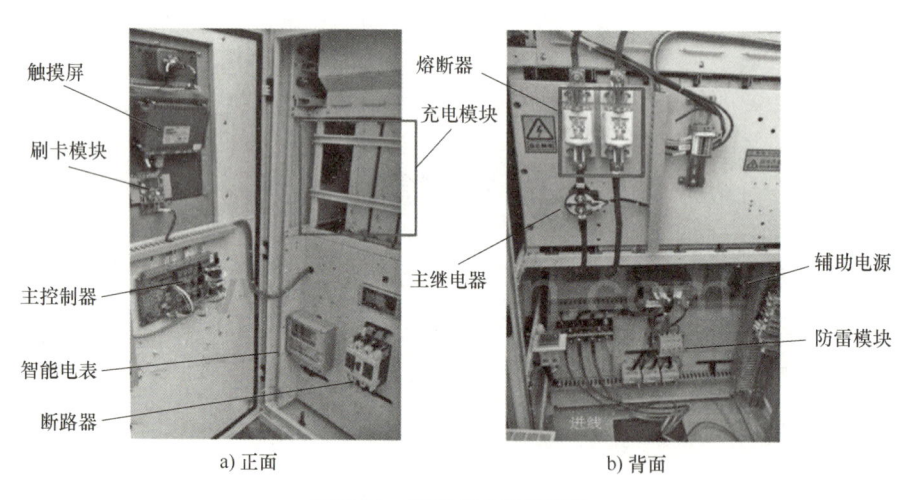

a) 正面　　　　b) 背面

图 5-34　直流充电桩的结构

2. 直流充电桩的控制流程

直流充电桩的充电控制流程主要分成以下几个阶段：

1) 低压辅助上电阶段：当充电枪和汽车快充插座连接完成并通电后，开启低压辅助电源。

2) 充电握手阶段：进行绝缘检测，之后确定电池和充电机的必要信息，主要包括充电机型号、车辆识别号和电池型号等。

3) 充电参数配置阶段：充电握手成功后，充电机和电动汽车动力电池管理系统（BMS）

进入充电参数配置阶段。此时，充电机向 BMS 发送充电机最大输出能力的报文，BMS 根据报文判断是否能够进行充电操作。

4）充电阶段：在充电阶段，BMS 和充电机会一直互相发送各自的充电状态。BMS 会向充电机发送充电需求，而充电机会根据 BMS 发送的充电需求来调整充电电压及电流，以保证充电过程能顺利进行。

5）充电结束阶段：充电结束阶段需要 BMS 和充电机同时确认。BMS 向充电机发送整个充电过程中的充电统计数据，充电机收到 BMS 的充电统计数据后，向 BMS 发送整个充电过程中的输出电量、累计充电时间等信息，最后停止低压辅助电源的输出。

3. 直流充电桩的连接及参数设置

直流充电桩的连接方式如图 5-35 所示，直流充电桩的接口布置如图 5-36 所示，其接口功能定义见表 5-3。

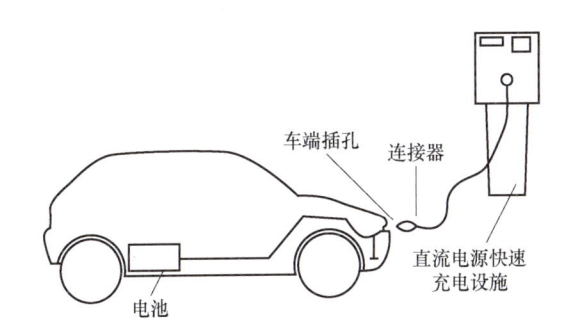

图 5-35 直流充电桩的连接方式

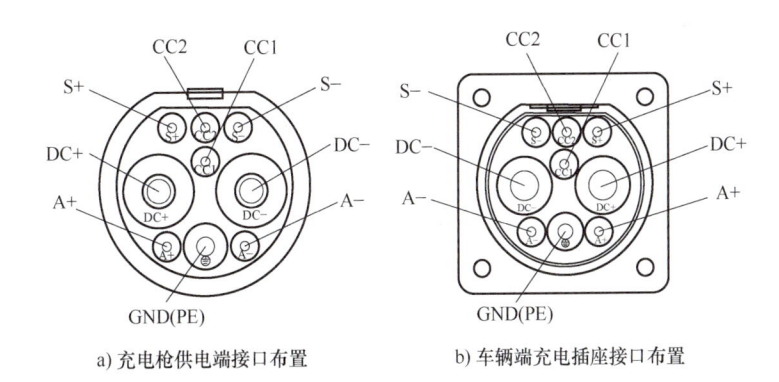

a) 充电枪供电端接口布置　　b) 车辆端充电插座接口布置

图 5-36 直流充电桩的接口布置

表 5-3 直流充电桩的接口功能定义

接口编号/标志	额定电压和额定电流	功能定义
1-(DC+)	750V、125A/250A	直流电源正极，连接直流电源正极与电池正极
2-(DC-)	750V、125A/250A	直流电源负极，连接直流电源负极与电池负极
3-(GND)	—	保护接地（PE），连接供电设备地线和车辆地线
4-(S+)	30V、20A	充电通信 CAN_H，连接充电机与电动汽车的通信线

(续)

接口编号/标志	额定电压和额定电流	功能定义
5-(S-)	30V、20A	充电通信 CAN_L,连接充电机与电动汽车的通信线
6-(CC1)	30V、20A	充电连接确认 1
7-(CC2)	30V、20A	充电连接确认 2
8-(A+)	30V、20A	低压辅助电源正极,连接充电器为电动汽车提供低压辅助电源
9-(A-)	30V、20A	低压辅助电源负极,连接充电器为电动汽车提供低压辅助电源

5.5.3 交流充电桩的结构、控制流程及参数设置

交流充电桩要配合车载充电机来使用,车载充电机是新能源汽车的随车部件,由于受到放置空间的限制,车载充电机体积较小,因此其功率比较小,导致充电时间比较长。

1. 交流充电桩的结构

交流充电桩与直流充电桩结构上的不同主要在于直流充电桩是将交流电转化为直流电,直接供给汽车的动力电池,而交流充电桩输出的是交流电,需要跟车上的车载充电机相接,由车载充电机将交流电转化为直流电,少了一个 A-D 转换模块使得交流充电桩在实际尺寸上可以做得更小一些,交流充电桩主要由触摸屏、充电枪插座、计费板、单相计量电表、辅助电源、交流接触器、进线开关、接线端子、进线电缆抱箍、防尘网、控制板、电流互感器和浪涌保护器等组成。双接口交流充电桩的内部结构如图 5-37 所示。

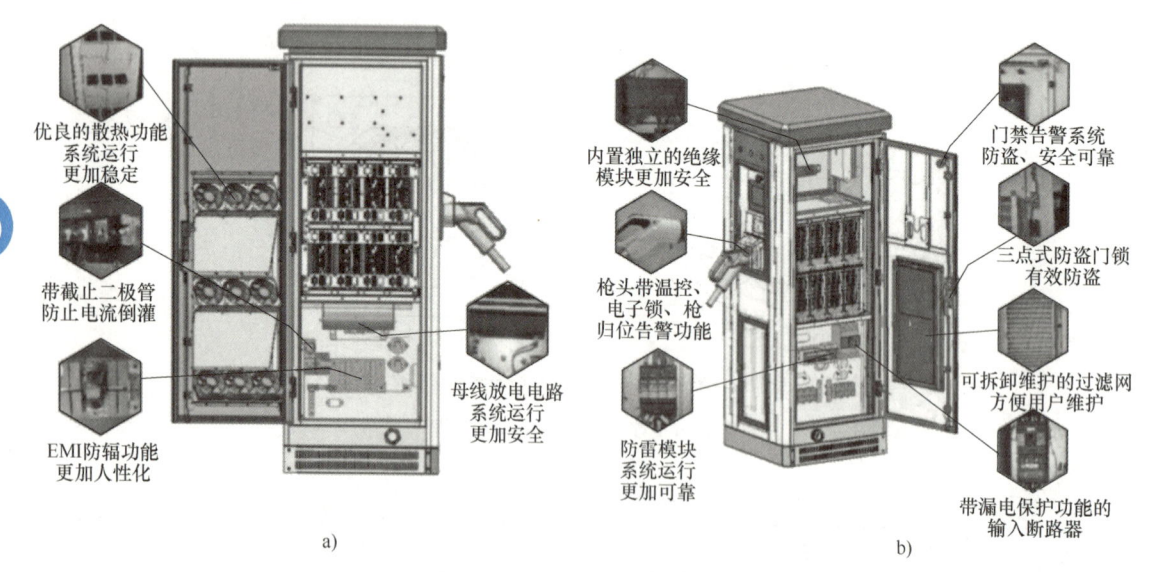

图 5-37 双接口交流充电桩的内部结构

2. 交流充电桩的连接及参数设置

交流充电桩的连接方式如图 5-38 所示,交流充电桩的接口布置如图 5-39 所示,其接口功能定义见表 5-4。

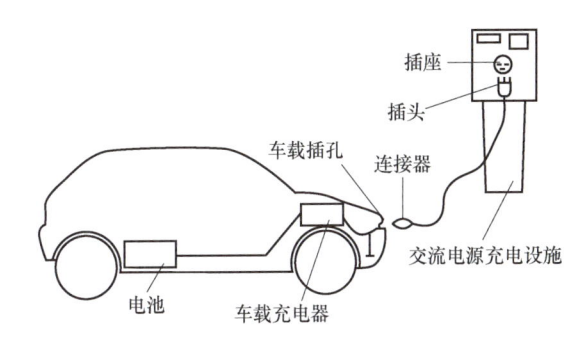

图 5-38 交流充电桩的连接方式

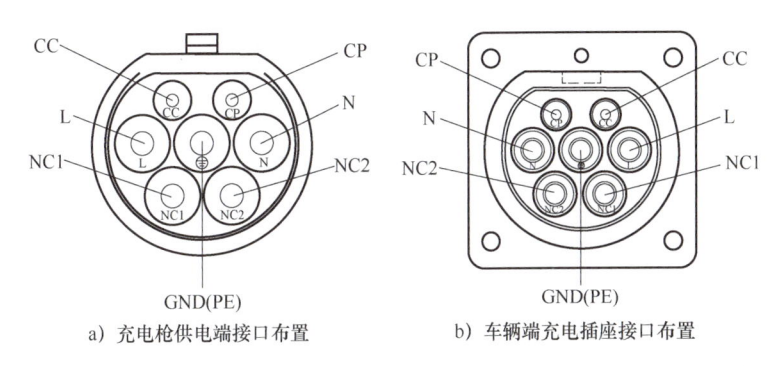

图 5-39 交流充电桩的接口布置

a) 充电枪供电端接口布置　　　b) 车辆端充电插座接口布置

表 5-4 交流充电桩的接口功能定义

接口编号/标志	额定电压和额定电流	功能定义
1-（L）	250V/440V、16A/32A	交流电源
2-（NC1）	—	备用插头
3-（NC2）	—	备用插头
4-（N）	250V/440V、16A/32A	中线
5-（GND）	—	保护接地（PE），连接供电设备地线和车辆地线
6-（CC）	30V、2A	充电连接确认
7-（CP）	30V、2A	控制确认

3. 交流充电桩的检测原理

交流充电桩的控制电路示意图如图 5-40 所示。当充电枪连接后，车辆控制装置通过检测点 3 的电阻值来判断是否正确连接，同时通过该电阻值来判断供电设备的额定供电容量；此后在各部件满足充电条件的情况下，闭合 S2，车辆控制装置通过检测点 3 的 PWM 波形（脉冲宽度调制波形）来判断充电设备的最大供电电流，同时车辆控制装置可通过该 PWM 波形进一步判断充电枪的连接状态。正常充电过程中，供电端通过检测点 1 和 4 的电压值、车辆控制端通过检测点 2 的占空比（脉冲信号的通电时间与通电周期之比）和检测点 3 的阻值，判断充电枪连接状态，当检测值出现异常时，断开相应的开关并停止充电。

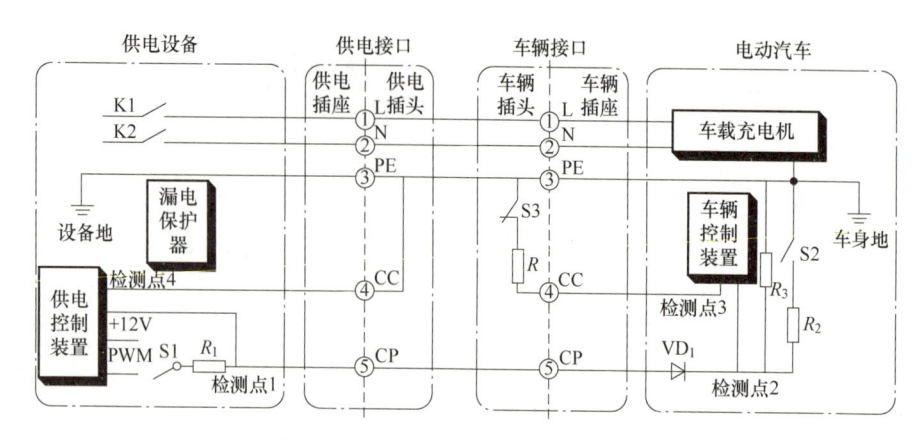

图 5-40 交流充电桩的控制电路示意图

复习思考题

1. 简述软起动器的结构和原理。
2. 电动机软起动有哪几种方式？
3. 软起动器与变频器的区别有哪些？
4. 变频器按照工作原理分为哪几类？
5. 按照光敏元件输出量性质不同，光敏传感器可分为哪两类？
6. 温度传感器按照传感器与被测介质的接触方式可分为哪几类？
7. 光电编码器如何分类？
8. 光电编码器测速的常用方法有哪些？
9. 直流充电桩由哪些结构组成？交流充电桩由哪些结构组成？
10. 直流充电桩的充电控制流程分为哪几个阶段？

项目 6

可编程序控制器技术及应用

培训学习目标：

熟悉可编程序控制器的硬件结构、系统配置及工作原理；掌握三菱系统可编程序控制器的指令系统；能够用可编程序控制器的语言进行电气控制系统工作过程的程序编写及安装调试。

6.1 可编程序控制器概述

1968 年美国通用汽车（GM）公司为满足汽车生产工艺快速更新换代的要求，提出了一种取代传统继电器控制系统的新型控制装置。1969 年，美国数字设备公司（DEC）研制出了世界上第一台基于集成电路和电子技术的控制装置，并在 GM 公司的汽车生产线上首次成功应用。由于这种控制装置采用分立电子元器件和小规模集成电路，指令系统简单，一般只具有简单的逻辑运算功能，因此人们把这种控制装置称为"可编程序逻辑控制器"（Programmable Logical Controller），简称 PLC。

20 世纪 80 年代至 90 年代末是可编程序逻辑控制器发展较快的时期，逐渐进入过程控制领域，其控制功能不断扩大，已经不仅限于简单的逻辑控制，因此美国电气制造商协会将"可编程序逻辑控制器"更名为"可编程序控制器"（Programmable Controller），简称 PC。为了与个人计算机（Personal Computer, PC）区别，现在仍然把可编程序控制器称为 PLC。

可编程序控制器主要经历了 3 个阶段：第 1 阶段的"可编程序逻辑控制器"只能进行逻辑开关量的控制、定时和计数；第 2 阶段的"可编程序控制器"可以进行模拟量控制、数据处理、PID 控制以及数据通信；第 3 阶段的"可编程计算机控制器"则实现了集计算机技术、通信技术和自动控制技术的一体化。

市场上使用较多的可编程序控制器品牌和系列有：德国西门子公司的 LOGO、S7-200、S7-1200、S7-1500 系列；日本三菱公司 FX_{2N}、FX_{3U} 系列；日本欧姆龙（OMRON）系列；瑞士 ABB 公司的 AC800F、AC800M 系列；美国通用电气（GE）公司的系列产品等。

6.1.1 PLC 的特点

PLC 的种类虽然多种多样，但是在现代工业自动化生产中它们有着许多共同的特点。

1. 抗干扰能力强，可靠性高

工业生产对电气控制系统的可靠性要求是非常高的。PLC 由于采用了现代大规模集成电路技术，它的工作可靠程度远高于使用机械触点的继电器。此外，为了保证 PLC 能够适应恶劣的工作环境，它在硬件和软件的设计与制造过程中均采取了一些抗干扰的措施。

1）PLC一般都采用光电耦合器来传递信号，有效抑制了外部电路与PLC内部之间的电磁干扰。

2）主机的输入、输出电路采用独立电源供电，避免了电源之间的干扰。

3）在PLC的电源和输入、输出电路中设置多种滤波电路，避免了高频信号的干扰。

4）PLC内部设有保护、故障检测和诊断电路，出现问题时可及时发出警报信息，保证其工作安全性。

5）在应用程序中，技术人员还可以编入外围器件的故障自诊断程序，使PLC以外的电路及设备也获得故障自诊断保护，提高了软件方面的可靠性。

6）PLC采用密封、防尘、抗震的外壳封装，可以适应恶劣的工作环境。

2. 功能完善，适应性强

目前的PLC已经标准化、系列化和模块化，不仅具有逻辑运算、定时、计数和顺序控制等功能，还具有A-D转换、D-A转换、算术运算及数据处理、通信联网和生产过程监控等功能；可以根据实际需要，方便灵活地组装成大小各异、功能不一的控制系统；可以控制一台单机、一条生产线，也可以控制一组机器、多条生产线；可以进行现场控制，也可以实现远程控制。

3. 编程语言易学易用

作为通用工业控制装置，PLC的编程语言简单易学，梯形图语言的图形符号、表达方式与继电器电路图相当接近，使不懂计算机原理和汇编语言的技术人员也容易掌握。

4. 调试、使用及维修方便

PLC用软件编程代替传统控制装置的硬件接线，大大减少了控制设备的外部接线，使控制系统设计及建造周期大大缩短。它的模块化结构，使得系统构成十分灵活。PLC的故障率很低，一旦发生故障可以依靠系统的自诊断能力和指示灯的状态迅速查明原因，排除故障。

5. 易于实现机电一体化

由于小型的PLC体积小，很容易装入机械内部，因此是实现机电一体化的理想控制设备。

6.1.2 PLC的分类及应用领域

1. 按结构形式分类

（1）整体式 整体式结构的PLC是将中央处理器、电源部件及输入、输出接口电路集中配置在一起，使其结构紧凑、体积小、质量轻、价格低、容易装配在控制设备的内部。小型的PLC常采用这种结构，一般还配有许多专用的特殊功能模块，如位置控制模块、数据输入模块等，使其功能得到扩展，适用于工业化生产中的单机控制。

（2）模块式 这种结构的PLC将各部分以单独的模块分开设置，如中央处理器模块、电源模块及输入、输出模块等。使用时，将各模块直接插入机架底板上的插座内即可。模块式PLC配置灵活、装配方便、维修简单、易于功能扩充，可根据控制要求配置不同的模块，构成不同的控制系统。一般大、中型PLC采用这种结构。

（3）分散式 分散式结构是将PLC的中央处理器、电源部件和存储器放置在控制室内，输入、输出接口模块分散在各工作站，由通信接口进行通信连接，中央处理器集中指挥。

2. 按输入、输出（I/O）点数分类

（1）小型机　I/O 点数在 256 点以下的 PLC 称为小型机。小型机一般只具有简单的逻辑运算、定时和计数等功能，其特点是体积小、价格低，适用于单机控制和开发机电一体化产品。

（2）中型机　I/O 点数在 256~2048 点之间的 PLC 称为中型机。它除了具备逻辑运算功能外，还可以控制模拟量的输入、输出，进行算术运算和数据处理等。中型机的功能强，配置灵活，适用于连续生产过程控制和模拟量控制，如温度、压力、流量、速度和位置等的控制。

（3）大型机　I/O 点数在 2048 点以上的称为大型机。大型机一般功能更加完善，可以模拟调节、监视、记录和联网通信，实现远程控制。其用于大规模过程控制中，可以构成分布式控制系统或整个工厂的自动化网络。

3. 按用途和应用场合分类

PLC 在国内外已广泛应用于钢铁、石油、化工、电力、机械制造、汽车、轻纺和交通运输等各个行业，根据使用情况大致可归纳为以下几类：

（1）开关量的逻辑控制　PLC 取代传统的继电器电路，实现逻辑控制、顺序控制，既可用于单台设备的控制，也可用于多机群控及自动化流水线，如注塑机、印刷机、订书机械、组合机床、磨床、包装生产线和电镀流水线等。

（2）模拟量控制　在工业生产过程当中，有许多连续变化的量，如温度、压力、流量、液位和速度等都是模拟量。为了使可编程序控制器处理模拟量，必须实现模拟量（Analog）和数字量（Digital）之间的转换，即 A-D 转换和 D-A 转换。

（3）运动控制　PLC 一般使用专用的运动控制模块实现圆周运动或直线运动的控制，如可驱动步进电动机或伺服电动机的单轴或多轴位置控制模块。PLC 运动控制功能广泛用于各种机械、机床、机器人和电梯等场合。

（4）过程控制　过程控制是指对温度、压力和流量等模拟量的闭环控制。PLC 支持编制各种控制算法程序，完成闭环控制。过程控制在冶金、化工、热处理和锅炉控制等场合有非常广泛的应用。

（5）数据处理　PLC 具有各种数学运算、数据传送、数据转换、排序、查表和位操作等功能，可以完成数据的采集、分析及处理。这些数据可以与存储器中的参考值比较，完成一定的控制操作，也可以利用通信功能传送到其他的智能装置或将它们打印制表。数据处理一般用于大型控制系统，如无人控制的柔性制造系统；也可用于过程控制系统，如造纸、冶金和食品工业中的一些大型控制系统。

（6）通信联网　通信，包括 PLC 之间的通信及与其他智能设备之间的通信。随着计算机控制和工厂自动化网络的发展，生产厂商非常重视联网通信功能，纷纷推出各自的网络系统，目前生产的 PLC 都具有通信接口，通信十分方便。

6.2　PLC 的系统组成及工作原理

6.2.1　PLC 系统组成

PLC 种类繁多，产品型号各有不同，但基本结构和工作原理基本相同。本节以小型机为例，结合图 6-1 介绍 PLC 的系统组成。

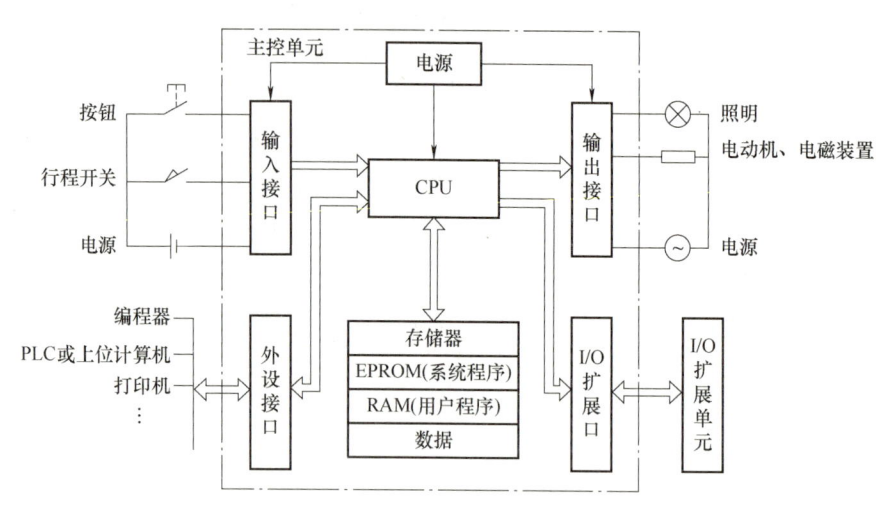

图 6-1　PLC 的系统组成

（1）中央处理器（CPU）　中央处理器是 PLC 的核心部件，起着运算和控制作用，一般由控制电路、运算器和寄存器组成。控制电路控制 CPU 工作，由它读取指令、解释指令及执行指令。运算器用于进行数字或逻辑运算，在控制器指挥下工作。寄存器参与运算，并存储运算的中间结果，它同样是在控制器指挥下工作的。CPU 速度和内存容量是 PLC 的重要参数，它们决定着 PLC 的工作速度、I/O 数量及软件容量等，同时决定了 PLC 的控制规模。

PLC 常用的 CPU 有通用微处理器、单片机和位片式微处理器。随着大规模集成电路的发展，采用单片机作为 CPU 的越来越多，利用单片机实现 PLC 功能的新方法对于旧设备自动化改造与利用、机床自动控制以及小型自控系统都有着一定的参考价值和广阔的应用前景。

（2）存储器　存储器是具有记忆功能的半导体电路。存储器包括系统程序存储器和用户程序存储器。系统程序是指控制和完成 PLC 各种功能的程序，这些程序是由 PLC 的制造厂家用微机的指令系统编写的，并固化到只读存储器（ROM）中。用户程序是使用者根据工程现场的生产过程和工艺要求编写的控制程序。用户程序由使用者通过编程器输入到 PLC 的读写存储器（RAM）中，允许修改，由用户启动运行。

常用的存储器类型有 CMOS-RAM、EPROM 和 EEPROM 等。

（3）输入接口电路　输入接口电路是输入设备与 CPU 之间的桥梁，用来接收和采集输入信号，并将接收和采集到的输入信号转换成 CPU 能够接收的信号。输入接口接收和采集的输入信号有两种类型，一类是按钮、选择开关、行程开关、接近开关、光电开关、数字拨码开关和继电器触点等送来的开关量输入信号；另一类是由电位器、测速发电机和各种变送器等送来的模拟量输入信号。

为了防止输入信号中夹带的杂散电磁波干扰 CPU 的正常工作，在输入接口中一般都设置光电耦合电路，以隔离 CPU 与输入信号之间的联系。由于信号的输入和输出是靠光信号耦合的，在电气上完全隔离，因此，强电产生的电磁干扰不能进入 PLC 的内部，大大提高了 PLC 的抗干扰能力。

（4）输出接口电路　输出接口电路是 CPU 与外部负荷之间的桥梁，它将 CPU 送出的弱电信号转换成强电信号，以驱动外部负荷，如接触器、继电器、电磁阀和指示灯等。PLC 的输出接口电路有继电器输出、晶体管输出和晶闸管输出 3 种输出方式。

1）PLC 的继电器输出接口电路。继电器输出对直流负荷和交流负荷都适用，负荷电流可达 2A。但其机械触点寿命短，转换频率低，响应速度慢，触点断开时会产生电弧，容易产生干扰。

2）PLC 的晶体管输出接口电路。晶体管输出是无触点输出，故使用寿命长，且可靠性高，响应速度快，可以高速通断，能满足一些直流负荷的特殊要求。但晶体管输出的电流较小，约为 0.5A。若外接负荷工作电流较大，需增加固态继电器驱动。

3）PLC 的晶闸管输出接口电路。晶闸管输出仅适用于交流负荷，由于晶闸管输出也是无触点输出，故使用寿命长，响应速度快，但输出电流较小，约为 0.3A。若外接负荷工作电流较大，需增加大功率晶闸管驱动。

（5）电源部件　电源用于为 PLC 各模块的集成电路提供工作电源，如中央处理器、存储器和 I/O 接口电路工作时用的直流电源。PLC 的电源部件有很好的稳压措施，有些还可以向外提供 24V 直流稳压电源。另外，为防止内部程序和数据因外部电源故障而丢失，PLC 还带有锂电池作为后备电源。

6.2.2　PLC 工作原理

1. PLC 的等效电路

PLC 控制系统的等效电路可分为用户输入设备、输入部分、内部控制电路、输出部分和用户输出设备 5 部分，等效电路如图 6-2 所示。

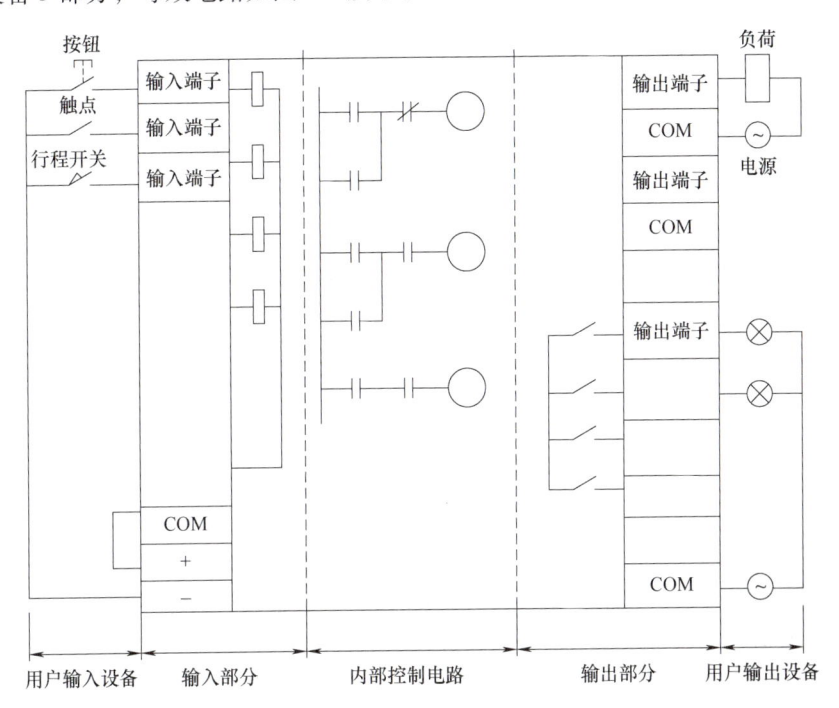

图 6-2　PLC 的等效电路

(1) 用户输入设备　用户输入设备包括常用的按钮、行程开关、限位开关、继电器触点和各类传感器等，其作用就是将各种外部控制信号送入 PLC 的输入部分。

(2) 输入部分　输入部分由 PLC 的输入端子和输入继电器组成。外部输入信号通过输入端子来驱动输入继电器的线圈。每个输入端子对应一个相同编号的输入继电器，当用户的输入设备处于接通状态时，对应编号的输入继电器的线圈"得电"（由于 PLC 的继电器为"软继电器"，因此这里的"电"指的是概念电流）。

输入部分的电源可以用 PLC 内部的直流电源，也可以用独立的交流电源。

(3) 内部控制电路　内部控制电路是由用户程序形成的用"软继电器"代替硬继电器的控制逻辑。它的作用是对输入、输出信号的状态进行运算、处理和判断，然后得到相应的输出。一般控制逻辑用梯形图表示，它在形式上类似于继电器控制原理图，6.2.3 节中会详细介绍。

(4) 输出部分　输出部分由 PLC 的输出继电器的外部动合触点和输出端子组成，其作用是驱动外部负荷。每个输出继电器除了内部控制电路提供的触点外，还为输出电路提供一个与输出端子相连的实际常开触点。驱动外部负荷的电源由外部交流电源提供。

(5) 用户输出设备　用户输出设备是用户根据控制需要使用的实际负荷，常用的如继电器的线圈、指示灯和电磁阀等。

2. 工作过程

PLC 一般采用循环扫描的工作方式。当 PLC 加电后，首先进行初始化处理，包括清除 I/O 及内部辅助继电器、复位所有定时器、检查 I/O 单元的连接等。开始运行之后，串行执行存储器中的程序，这个过程可以分为以下 3 个阶段。PLC 的工作过程示意图如图 6-3 所示。

图 6-3　PLC 的工作过程示意图

(1) 采样输入阶段　PLC 首先对各输入端的状态进行扫描，将扫描信号输入状态寄存器中。当有简易编程器、图形编程器和打印机等外部设备与控制器相连时，都将执行来自外部设备的命令。

(2) 程序执行阶段　在这个阶段，CPU 将指令逐条调出并执行，即按程序对所有的数据（输入和输出的状态）进行处理，包括逻辑、算术运算，再将结果送到输出状态寄存器。

(3) 输出刷新阶段　PLC 的 CPU 在每个扫描周期进行一次输入，来刷新上一次的输入状态。CPU 对各个输入端进行扫描，并将输入端的状态送到输入状态寄存器中；同时，把输出状态寄存器的状态通过输出部件转换成外部设备能接收的电压或电流信号，以驱动被控设备。这种对输入、输出状态的集中处理过程，称为批处理，这是 PLC 工作的重要特点。

如果 PLC 正处于程序执行阶段，输入信号的状态发生了变化，对应的输入状态寄存器的内容不会变化，则输出的信号就不会变化。必须到下一次采样输入时，输入状态寄存器的内容才会变化。

3. 扫描周期

PLC 完成一次从采样输入、程序执行到输出刷新整个工作过程所需要的时间，称为扫描周期。扫描周期的长短取决于系统的配置、I/O 通道数、程序中使用的指令及外围设备的连接等。

6.2.3 PLC 编程语言

PLC 是专为工业自动控制开发的装置，其主要使用对象是许多电气技术人员。考虑到他们的传统习惯和掌握能力，为利于推广普及，通常 PLC 不采用计算机的编程语言，而采用梯形图语言、助记符语言。除此之外，还可以使用逻辑功能图、布尔代数语言和流程图语言等。有些 PLC 还使用 BASIC、PASCAL、C 等高级语言。

1. 梯形图语言

梯形图是一种图形编程语言，它将 PLC 内部的各种编程元件和各种具有特定功能的命令用专用图形符号定义，并按控制要求将有关图形符号按一定规律连接起来，构成描述输入、输出之间控制关系的图形，这种图形称为梯形图。这些符号沿用继电器的触点（或称接点）、线圈以及串联、并联等术语和图形符号，同时也增加了一些特殊功能符号。梯形图语言比较形象、直观、易于接受，是目前应用最多的一种编程语言，如图 6-4 所示。

梯形图与继电器、接触器线路图在形式上相似，两种图形所表述的思想是一致的，但具体表述方式及基本内涵是有区别的。

在编写梯形图时需要注意以下问题：

（1）电气符号 电气控制电路图中的电气符号代表的是一个实际的物理器件，如继电器、接触器的线圈或触点等，图中的连线是"硬接线"，电路图两端有外接电源，连线中有真实的物理电流。而梯形图中的符号表示的并不是一个实际电路，而是一个控制程序。图中的继电器线圈以及触点实际是存储器中的一个位（bit），因此称为"软继电器"。当某编号位的状态为"1"或"ON"时，带动相应的触点动作，即常开触点闭合，常闭触点断开；当某编号位的状态为"0"或"OFF"时，表示该继电器线圈断电，其常开、常闭触点保持原状态，即常开触点恢复断开，常闭触点恢复闭合。梯形图两端没有实际电源，因此连线上并没有物理电流流过，所以我们在描述控制过程时说的"电"指的全部是"概念"电流。

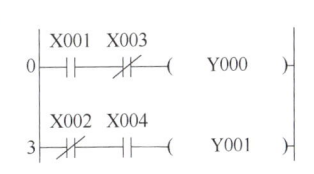

图 6-4 梯形图

（2）线圈 电气控制电路图中继电器线圈包括时间继电器线圈、中间继电器线圈及接触器线圈等。而梯形图中的继电器线圈是广义的，除了有输出继电器线圈、内部继电器线圈，还有定时器、计数器以及各种运算等，这些继电器我们统称为内部"软继电器"（各种内部软继电器将在 6.3 节中详细介绍），这些软继电器实际是根据具体的功能要求，由一些集成电路块组成。

（3）触点 电气控制电路图中继电器触点数量是有限的，长期使用有可能出现接触不良。梯形图中继电器的触点对应的是存储器的存储单元，在整个程序运行中是对某个信息的读取，可以重复使用。因此可认为 PLC 内部的"软继电器"有无数个常闭或常开触点供用户使用，没有使用寿命的限制，无需用复杂的程序结构来减少触点的使用次数。

（4）工作方式 电气控制电路图是并行工作方式，也就是按同时执行方式工作，一旦形成电流通路可能有多条支路同时动作。梯形图是串行工作方式，按梯形图先后顺序即自左至右、自上而下的顺序执行，并循环扫描，不存在几条并列支路电器同时动作。如果内部软继电器状态改变，其许多触点只有被扫描到的触点才会动作。这种串行工作方式可以在梯形图设计时减少许多有约束关系的联锁电路，使电路设计简化。

2. 指令语句表编程语言

指令语句表编程语言是 PLC 的命令语句表达式，它类似于计算机的汇编语言。每条语句由地址码、操作码（即指令）和操作数（器件编号或数据）组成，其中地址码可以省略不写。编程时，一般先根据控制要求设计梯形图语言，然后转换成助记符语言，通过编程器逐条输入到 PLC 的存储器中。不同品牌、不同型号的 PLC，其助记符语言也是不同的，但原理相近。

图 6-5 以三菱 FX2N 系列 PLC 为例，介绍一个电动机起停控制的编程语言，图 6-5a 为梯形图，图 6-5b 为与之对应的指令语句表。

3. 顺序功能图编程语言

顺序功能图编程语言是一种位于其他编程语言之上的图形语言，用来编制顺序控制程序。该语言提供了一种组织程序的图形方法，根据它可以方便地画出顺序控制梯形图程序，也可以在顺序功能图中嵌套别的语言进行编程。步、转移条件和动作是顺序功能图中的 3 种主要元件，如图 6-6 所示。

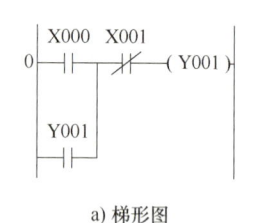

地址码	操作码	操作数
0	LD	X000
1	OR	Y001
2	ANI	X001
3	OUT	Y001

a) 梯形图　　　　b) 指令语句表

图 6-5　电动机起停控制的编程语言

图 6-6　顺序功能图

6.3　三菱 FX$_{2N}$ 系列 PLC 的基本指令

三菱公司是日本生产 PLC 的主要厂家之一，先后推出了 F、FX、Q 等系列 PLC，FX$_{2N}$ 系列 PLC 是一种整体式配置的微型 PLC，在 FX 系列中功能较强、应用最为广泛。6.3 节以 FX$_{2N}$ 系列 PLC 为例介绍其构成、内部软元件、编程指令及编程方法。其外形结构如图 6-7 所示。

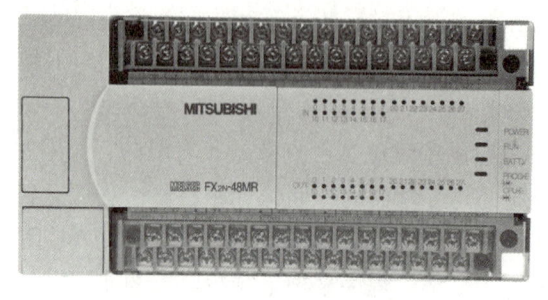

图 6-7　FX$_{2N}$ 系列 PLC 外形结构

6.3.1 FX$_{2N}$系列 PLC 的型号表示及构成

1. FX$_{2N}$系列 PLC 的型号

```
FX2N—□□□□—□
              │  ┬ 特殊品种的区别
              └─── 输出形式
                   单元类型
                   输入、输出总点数
```

1）输入、输出总点数：4~128 点。

2）单元类型：M—基本单元；E—输入、输出混合扩展单元；EX—输入专用扩展单元；EY—输出专用扩展单元。

3）输出形式：R—继电器输出；T—晶体管输出；S—双向晶闸管输出。

4）特殊品种的区别：D—DC（直流）电源，DC 输出；AI—AC（交流）电源，AC 输入（AC 100~120V）或 AC 输出模块；H—大电流输出扩展模块（1A/1 点）；V—立式端子排的扩展模块；C—接插口输入、输出方式；F—输入滤波时间常数为 1ms 的扩展模块；L—TTL 输入扩展模块；S—独立端子（无公共端）扩展模块。

若特殊品种默认，通常指 AC 电源、DC 输入、横式端子排，其中继电器输出：2A/1 点；晶体管输出：0.5A/1 点；晶闸管输出：0.3A/1 点。

例如：型号为 FX$_{2N}$-48MR-D 的 PLC 属于 FX$_{2N}$系列，有 48 个输入、输出点，为基本单元，继电器输出，使用 DC 24V 电源。

2. FX$_{2N}$系列 PLC 的基本构成

FX$_{2N}$系列 PLC 由基本单元、扩展单元、扩展模块和特殊适配器等组成。

1）基本单元：基本单元由 CPU、存储器、I/O 电路、电源等组成，已构成一个完整的控制系统，可单独使用。FX$_{2N}$系列 PLC 的基本单元型号见表 6-1。

表 6-1 FX$_{2N}$系列 PLC 的基本单元型号

型号			输入点数	输出点数	扩展模块可用点数
继电器输出	晶闸管输出	晶体管输出			
FX$_{2N}$-16MR	FX$_{2N}$-16MS	FX$_{2N}$-16MT	8	8	24~32
FX$_{2N}$-32MR	FX$_{2N}$-32MS	FX$_{2N}$-32MT	16	16	24~32
FX$_{2N}$-48MR	FX$_{2N}$-48MS	FX$_{2N}$-48MT	24	24	48~64
FX$_{2N}$-64MR	FX$_{2N}$-64MS	FX$_{2N}$-64MT	32	32	48~64
FX$_{2N}$-80MR	FX$_{2N}$-80MS	FX$_{2N}$-80MT	40	40	48~64
FX$_{2N}$-128MR	—	FX$_{2N}$-128MT	64	64	48~64

2）扩展单元：扩展单元与基本单元在外形上相似，但内部没有 CPU、存储器，所以不能单独使用，只能与基本单元连接在一起作为输入、输出点数的扩充。FX$_{2N}$系列 PLC 的扩展单元型号见表 6-2。

表 6-2　FX$_{2N}$系列 PLC 的扩展单元型号

型号			输入点数	输出点数	扩展模块可用点数
继电器输出	晶闸管输出	晶体管输出			
FX$_{2N}$-32ER	FX$_{2N}$-32ES	FX$_{2N}$-32ET	16	16	24~32
FX$_{2N}$-48ER	—	FX$_{2N}$-48ET	24	24	48~64

3）扩展模块：扩展模块以 8 为单位扩充输入、输出点数。也可只扩充输入点数或只扩充输出点数，从而改变输入、输出的点数比率。与扩展单元不同，扩展模块内部既没有 CPU、存储器，也没有电源，必须由基本单元或扩展单元供给。

4）特殊适配器：特殊适配器是 PLC 特殊功能单元与基本单元连接的桥梁。FX$_{2N}$系列 PLC 有许多专用的特殊功能单元，如模拟量 I/O 单元、高速计数单元、位置控制单元、数据输入输出单元等。有的特殊功能单元需要通过特殊适配器与基本单元连接。

3. FX$_{2N}$系列 PLC 的外部接线

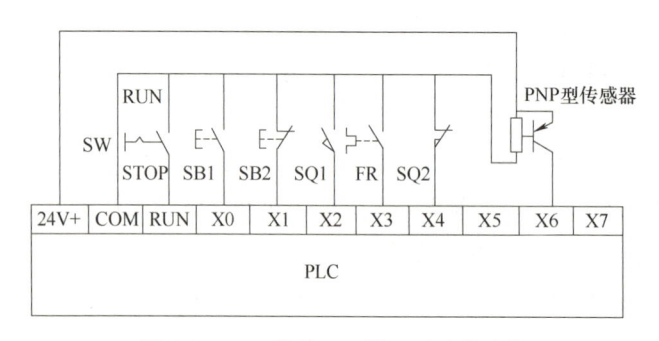

（1）输入回路的连接　FX$_{2N}$系列 PLC 输入回路的连接如图 6-8 所示。输入回路的连接是 COM（公共）端通过具体的输入设备（如按钮、行程开关、继电器触点和传感器等），连接到对应的输入点 X 上，通过输入点将外部信号传送到 PLC 内部。当某个输入设备的状态发生变化时，对应输入点 X 的状态就随之变化，PLC 可随时检测到这些外部信号的变化。

图 6-8　FX$_{2N}$系列 PLC 输入回路的连接

（2）输出回路的连接　输出回路就是 PLC 的负荷回路，FX$_{2N}$系列 PLC 输出回路的连接如图 6-9 所示。PLC 提供输出端子，通过输出端子将负荷和负荷电源连接成一个回路，负荷的状态就由输出端子对应的输出继电器进行控制，输出继电器的常开触点闭合，负荷即可得电。

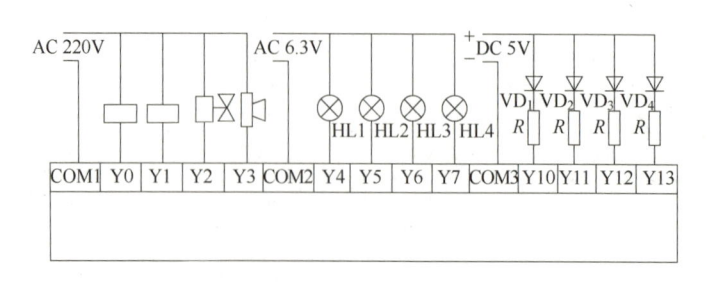

图 6-9　FX$_{2N}$系列 PLC 输出回路的连接

一般情况下，每一路输出应有两个输出端子。为了减少输出端子的个数，以减小 PLC 的体积，在 PLC 内部将每路输出中的一个输出端子采用 COM 端连接，即将几路输出的一端连接到一起，形成 COM 端。FX$_{2N}$系列 PLC 采用四路输出共用一个 COM 端，输出 COM 端的连接如图 6-10 所示。注意：在使用时，接在同一个 COM 端上的各路负荷必须使用同一个电源，否则将导致负荷不能正常工作。

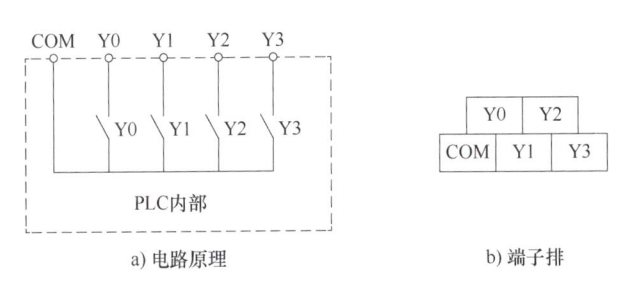

图 6-10 输出 COM 端的连接

6.3.2 FX$_{2N}$系列 PLC 内部编程元件

FX$_{2N}$系列 PLC 内部编程元件有输入继电器、输出继电器、辅助继电器、状态继电器、定时器、计数器、数据寄存器和变址寄存器等。在 FX$_{2N}$系列 PLC 中，输入继电器和输出继电器的地址编号采用八进制表示，其他元件均采用十进制编号表示。

1. 输入继电器（X）

输入继电器的功能是专门接收从外部敏感元件或开关发来的信号，其状态由外部控制现场的信号驱动，不受程序的控制。每一个输入继电器可提供无数对常开、常闭软触点，供编程时使用。输入继电器用 X 来表示，其编号采用八进制。FX$_{2N}$系列 PLC 输入继电器地址编号范围为 X000~X267，最多可达 184 点。

2. 输出继电器（Y）

输出继电器的功能是将输出信号传递给外部负荷，其动作由程序中的指令控制。每个输出继电器可提供一个线圈，同时还可提供无数对常开、常闭软触点供编程使用。FX$_{2N}$系列 PLC 输出继电器地址编号范围为 Y000~Y267，最多可达 184 点。

3. 辅助继电器（M）

PLC 内部有许多辅助继电器，其动作由程序中的指令控制。它不能接收外部信号，也不能输出信号，其作用相当于继电器控制线路中的中间继电器，经常用作状态暂存移位运算等。辅助继电器分为通用辅助继电器、掉电保持辅助继电器和特殊辅助继电器 3 大类，其编号采用十进制。

（1）通用辅助继电器 在 FX$_{2N}$系列 PLC 中通用辅助继电器的编号是 M0~M499，共 500 点，每个通用辅助继电器包括一个线圈和若干常开、常闭触点。PLC 在运行中若发生停电，通用辅助继电器将全部处于复位状态，通电后再运行时，除去 PLC 运行时就接通的以外，其他仍处于复位状态。

（2）掉电保持辅助继电器 在生产中，某些控制系统要求保持断电前的状态，掉电保持辅助继电器由于有 PLC 内部的锂电池作为后备电源，具有掉电保持功能，能够用于这种场合。掉电保持辅助继电器的编号是 M500~M1023，共 524 点，每个掉电保持辅助继电器包括一个线圈和若干常开、常闭触点。

(3) 特殊辅助继电器 FX_{2N} 系列 PLC 内部有 256 个特殊辅助继电器，其编号是 M8000~M8255。这些特殊辅助继电器各自都具有特定的功能，可以分成以下两大类。

1) 只能利用其触点的特殊辅助继电器。这一类特殊辅助继电器线圈的通、断由 PLC 的系统程序控制，该类常用特殊辅助继电器的功能如下：

M8000：在 PLC 运行期间始终保持接通。

M8001：在 PLC 运行期间始终保持断开。

M8002：在 PLC 开始运行的第一个扫描周期接通，此后就一直断开。

M8011：周期为 0.01s 的时钟脉冲（5ms 通，5ms 断）。

M8012：周期为 0.1s 的时钟脉冲（0.05s 通，0.05s 断）。

M8013：周期为 1s 的时钟脉冲（0.5s 通，0.5s 断）。

M8014：周期为 1min 的时钟脉冲（30s 通，30s 断）。

2) 可驱动线圈的特殊辅助继电器。这一类特殊辅助继电器在用户驱动线圈后，PLC 将做一些特定动作，该类常用特殊辅助继电器的功能如下：

M8030：使 BATTLED（锂电池欠电压指示灯）熄灭。

M8033：PLC 停止运行时输出保持。

M8034：禁止全部输出。

M8039：定时扫描。

4. 状态元件（S）

状态元件是编制步进顺控程序的重要元件。它与步进顺控指令 STL 组合使用。在 FX_{2N} 系列 PLC 中，共有 1000 个状态元件，其编号为 S0~S999，分为以下 5 种类型。

S0~S9：初始状态元件，共 10 点。

S10~S19：回零状态元件，共 10 点。

S20~S499：通用型状态元件，共 480 点。

S500~S899：掉电保持型状态元件，共 400 点。

S900~S999：外部故障诊断及报警状态元件，共 100 点。

各状态元件可提供无数对常开、常闭触点。不用步进顺控指令时，状态元件可作为辅助继电器在程序中使用。

5. 定时器（T）

定时器在 PLC 中的作用相当于继电器控制系统中的时间继电器，可用于定时操作。每个定时器都能提供无数对常开、常闭触点，供编程时使用。PLC 中的定时器是根据时钟脉冲累积计时的，时钟脉冲有 1ms、10ms 和 100ms 三挡，当所计时间到达设定值时定时器动作，其常开触点闭合，常闭触点断开。定时器可以用常数 K 作为设定值，也可以用数据寄存器 D 中的内容作为设定值。

根据定时器的工作方式不同，分为通用定时器和积算定时器。

(1) 通用定时器 FX_{2N} 系列 PLC 内部共有 246 个通用定时器，其中编号为 T0~T199 的 200 个定时器的计时单位为 100ms，其时间设定值范围为 0.1~3276.7s；编号为 T200~T245 的 46 个定时器的计时单位为 10ms，其时间设定值范围为 0.01~327.67s。

通用定时器线圈的控制线路只有一条,定时器工作与否都由该控制线路决定。当控制线路接通时,定时器线圈接通开始工作,根据设定的定时值计时。当定时时间到,定时器动作,其常开触点闭合,常闭触点断开。一旦控制电路断开或发生断电,定时器的线圈则断开,其所有触点全部复位。

如图6-11所示,当定时器线圈T200的驱动输入X000接通时,T200的当前值计数器对10ms的时钟脉冲进行累积计数,当前值与设定值K123相等时,定时器的输出接点动作,即输出触点是在驱动线圈后的1.23s(10×123ms=1.23s)时才动作,当T200触点吸合后,Y000就有输出。当驱动输入X000断开或发生停电时,定时器就复位,输出触点也复位。

(2)积算定时器 FX_{2N}系列PLC内部共有10个积算定时器,其中编号为T246~T249的4个定时器的计时单位为1ms,其时间设定值范围为0.001~32.767s;编号为T250~T255的6个定时器的计时单位为100ms,其时间设定值范围为0.1~3276.7s。

积算定时器线圈的控制电路有两条,一条为计时控制电路,另一条为复位控制电路。当复位控制电路断开,计时控制线路接通时,定时器开始计时,当定时时间到,定时器动作,其常开触点闭合、常闭触点断开。当复位控制电路接通时,不论计时控制电路是处于接通状态还是处于断开状态,定时器计时当前值清零,定时器不会工作。若在计时中途其计数控制电路常开触点断开或PLC断电,计数当前值可保持不变。当其计数控制电路常开触点再次接通或PLC恢复供电时,计数从当前值开始继续进行。

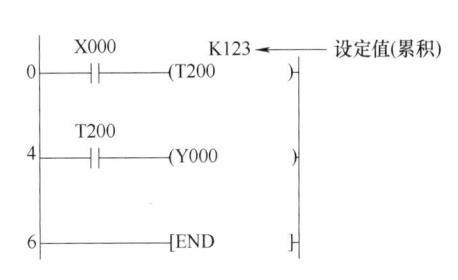

图6-11 通用定时器的应用

如图6-12所示,定时器线圈T250的驱动输入X001接通时,T250的当前值计数器对100ms的时钟脉冲进行累积计数,当该值与设定值K345相等时,定时器的输出触点动作。在计数过程中,即使输入X001断开或系统停电时,当前值继续保持,X001接通或复电时,计数继续进行,其累积时间为34.5s(100ms×345=34.5s)时触点动作。当复位输入X002接通,定时器就复位,输出触点也复位。

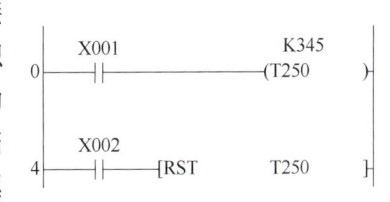

图6-12 积算定时器的应用

6. 计数器(C)

FX_{2N}系列PLC中有235个内部计数器和21个高速计数器,内部计数器是在执行扫描操作时对内部器件(如X、Y、M、S、T和C)的信号进行计数的计数器,其接通时间和断开时间应比PLC的扫描时间稍长。

根据内部计数器的工作方式,内部计数器可分为16位加计数器和32位双向计数器。

(1)16位加计数器 FX_{2N}系列PLC内部有200个16位加计数器,其中C0~C99为100个普通计数器,C100~C199为100个掉电保持计数器,计数设定值范围均为1~32767。计数值的设定可直接用常数K或间接用数据寄存器D中的内容设定。

16位加计数器线圈的控制电路有两条,一条为计数控制电路,另一条为复位控制电路。如图6-13所示,X001是计数输入,每当X001接通一次,计数器当前值加1,当前值加到K3时,计数器C0触点动作。

(2) 32 位双向计数器 双向计数器就是既可设置为加计数又可设置为减计数的计数器，双向计数器也称可逆计数器。FX$_{2N}$ 系列 PLC 内部有 35 个 32 位双向计数器，其中 C200~C219 为 20 个普通计数器，C220~C234 为 15 个掉电保持计数器，计数设定值范围均为 −2147483648~+2147483647。与 16 位加计数器的计数设定值不同，双向计数器的计数设定值允许为负数。

因为双向计数器有加计数和减计数两种工作方式，因此，除了有计数控制线路和复位控制线路以外，还必须有

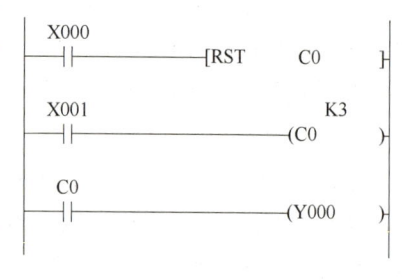

图 6-13 16 位加计数器的应用

可逆控制线路。双向计数器的工作方式由特殊辅助继电器 M8200~M8234 来控制，特殊辅助继电器与计数器一一对应，例如：特殊辅助继电器 M8200 控制计数器 C200，当特殊辅助继电器 M8200 接通时 C200 为减计数器；当特殊辅助继电器 M8200 断开时 C200 为加计数器。计数值的设定可直接用常数 K 或间接用数据寄存器 D 中的内容设定。间接设定时，要用编号连在一起的两个数据寄存器。

计数器的设定值若为正数，则当计数当前值等于设定值时，计数器动作，其常开触点闭合，常闭触点断开；若计数器的设定值为负数，则只有当计数当前值从小于设定值变到等于设定值时，计数器才动作，如图 6-14 所示。

使用掉电保持计数器时，计数器的计数当前值和触点均保持断电时的状态。

(3) 高速计数器 高速计数器 C235~C255 共用 PLC 的 8 个高速计数器输入端 X0~X7。这 21 个计数器均为 32 位双向计数器。其具体用法参见相关使用资料。

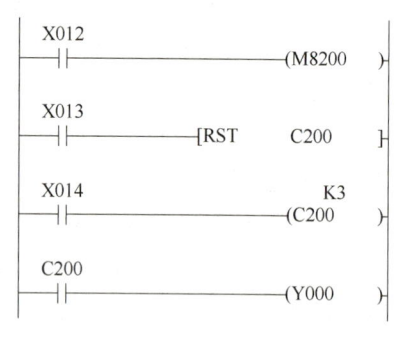

图 6-14 32 位双向计数器的应用

7. 数据寄存器（D）

PLC 在进行数据输入输出处理、模拟量控制、位置量控制时，需要许多数据寄存器存储数据和参数。每一个数据寄存器都是 16 位，最高位为符号位。可以用两个数据寄存器合并起来存放 32 位数据，最高位也是符号位。

数据寄存器可分为以下几种类型：

(1) 通用数据寄存器 FX$_{2N}$ 系列 PLC 内部有 200 个通用数据寄存器，编号为 D0~D199，这种数据寄存器的特点是，只要不写入其他数据，已写入的数据不会发生变化。当 PLC 停止工作时，数据全部清零。但是，当特殊辅助继电器 M8033 置 1 时，即使 PLC 停止工作，数据仍可保存。

(2) 掉电保持数据寄存器 FX$_{2N}$ 系列 PLC 内部有 7800 个掉电保持数据寄存器，编号为 D200~D7999，这种数据寄存器的特点是：不论电源接通与否，PLC 运行与否，只要不写入其他数据，已写入的数据不会丢失，也不会发生变化。

(3) 特殊数据寄存器 FX$_{2N}$ 系列 PLC 内部有 256 个特殊数据寄存器，编号为 D8000~D8255，这些数据寄存器用来监控 PLC 中各种元件的运行方式。其中的内容在 PLC 接通电源时由系统 ROM 写入初始值，用户只能读取它的数据，从而了解 PLC 的故障原因，但不能改写

它的内容。

（4）文件数据寄存器　FX$_{2N}$系列 PLC 内部有 7000 个文件数据寄存器，编号为 D1000～D7999。文件数据寄存器实际上是一类专用数据寄存器，用于存储大量的数据，例如：采集数据、统计计算数据和多组控制数据等。

文件数据寄存器占用户程序存储器（RAM、EPROM 及 EEPROM）内的一个存储区，以 500 点为一个单位，在参数设置时，最多可设置 2000 点，用编程器可进行写入操作。

8. 变址寄存器（V/Z）

变址寄存器通常用于修改元件的地址编号。V 和 Z 都是 16 位的寄存器，可进行数据的读写。当进行 32 位操作时，可将 V 和 Z 合并使用，规定 Z 为低位。

9. 常数（K/H）

在 FX$_{2N}$系列 PLC 中，常数 K 和 H 也被视为编程元件，它在存储器中占有一定的空间。十进制常数用 K 表示，如 18 表示为 K18；十六进制常数用 H 表示，如 18 表示为 H12。

10. 指针（P/I）

分支指令用指针 P0～P62、P64～P127 共 127 点。指针作为标号，用来指定条件跳转、子程序调用等分支指令的跳转目标。

中断用指针 I0□□～I8□□，共 9 点。其中，I0～I5 用于输入中断，I6～I8 用于定时器中断。中断指针的格式如下：

1）输入中断　I　□　0　□
　　　　　　　　　①　　　②

① 输入号为 0～5，每个输入只能用一次。

② 0：下降沿中断；1：上升沿中断。

2）定时器中断　I　□　□□
　　　　　　　　　　①　　②

① 定时器中断号 6～8，每个定时器只能用一次。

② 10～99ms。

例如：I001 表示输入 X0 由断开到闭合时，执行标号为 I001 后面的中断程序；I750 表示每隔 50ms 就执行标号为 I750 后面的中断程序。

6.3.3　FX$_{2N}$系列 PLC 的基本指令

针对 FX$_{2N}$系列，每条指令及其应用实例以梯形图和语句表两种编程语言对照说明。

1. LD、LDI、OUT 指令

指令见表 6-3。

表 6-3　LD、LDI、OUT 指令

符号（名称）	功能	操作元件
LD（取）	常开触点逻辑运算起始	X、Y、M、S、T、C
LDI（取反）	常闭触点逻辑运算起始	X、Y、M、S、T、C
OUT（输出）	线圈驱动	Y、M、S、T、C

(1) 程序举例如图 6-15 所示,当 X000 接通时,Y000 接通;当 X001 断开时,Y001 接通。

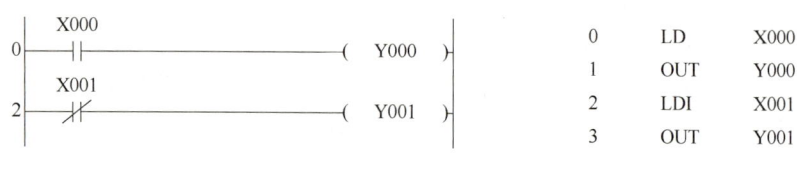

```
0  ├─X000─┤├─────────(Y000)
2  ├─X001─┤/├────────(Y001)
```

0	LD	X000
1	OUT	Y000
2	LDI	X001
3	OUT	Y001

图 6-15　程序举例

(2) 指令使用说明

1) LD 和 LDI 指令用于将常开和常闭触点接到左母线上。

2) LD 和 LDI 指令在电路块分支起点处也使用。

3) OUT 指令是对输出继电器、辅助继电器、状态继电器、定时器和计数器的线圈驱动指令,不能用于驱动输入继电器,因为输入继电器的状态是由输入信号决定的。

4) OUT 指令可作多次并联使用,如图 6-16 所示。

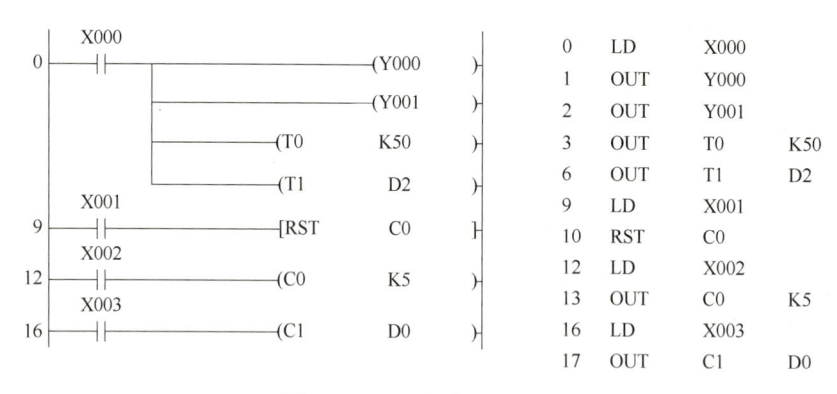

0	LD	X000	
1	OUT	Y000	
2	OUT	Y001	
3	OUT	T0	K50
6	OUT	T1	D2
9	LD	X001	
10	RST	C0	
12	LD	X002	
13	OUT	C0	K5
16	LD	X003	
17	OUT	C1	D0

图 6-16　OUT 指令并联使用

2. AND、ANI 指令

指令见表 6-4。

表 6-4　AND、ANI 指令

符号(名称)	功能	操作元件
AND(与)	常开触点串联	X、Y、M、S、T、C
ANI(与非)	常闭触点串联	X、Y、M、S、T、C

(1) 程序举例　如图 6-17 所示,当 X000 接通,X002 接通时 Y000 接通;X001 断开,X003 接通时 Y002 接通;常开 X004 接通,X005 断开时 Y003 接通;X006 断开,X007 断开,同时达到 2.5s 时间,T1 接通,Y004 接通。

(2) 指令说明

1) AND、ANI 指令可进行 1 个触点的串联。串联触点的数量不受限制,可以连续使用。

2) OUT 指令之后,通过触点对其他线圈使用 OUT 指令,称之为纵接输出。这种纵接输

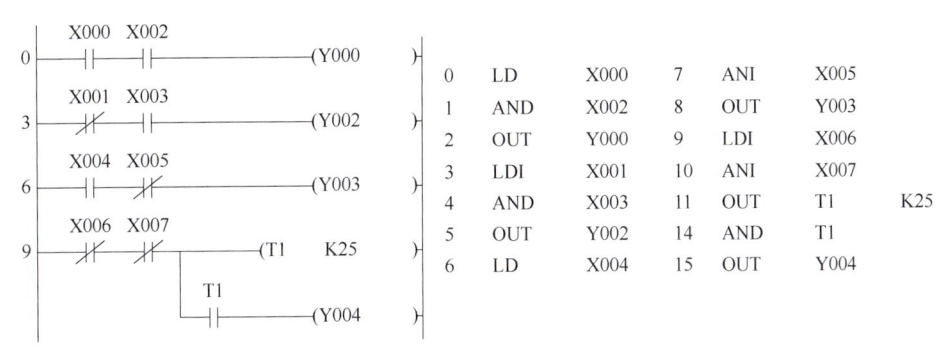

项目6 可编程序控制器技术及应用

0	LD	X000	7	ANI	X005	
1	AND	X002	8	OUT	Y003	
2	OUT	Y000	9	LDI	X006	
3	LDI	X001	10	ANI	X007	
4	AND	X003	11	OUT	T1	K25
5	OUT	Y002	14	AND	T1	
6	LD	X004	15	OUT	Y004	

图 6-17　程序举例

出如果顺序不错，可重复使用；如果顺序颠倒，就必须要用指令 MPS/MRD/MPP。

3. OR、ORI 指令

指令见表 6-5。

表 6-5　OR、ORI 指令

符号（名称）	功能	操作元件
OR（或）	常开触点并联	X、Y、M、S、T、C
ORI（或非）	常闭触点并联	X、Y、M、S、T、C

（1）程序举例　如图 6-18 所示，当 X000 或 X003 接通时 Y001 接通；当 X002 断开或 X004 接通时 Y003 接通；当 X004 接通或 X001 断开时 Y000 接通；当 X003 或 X002 断开时 Y006 接通。

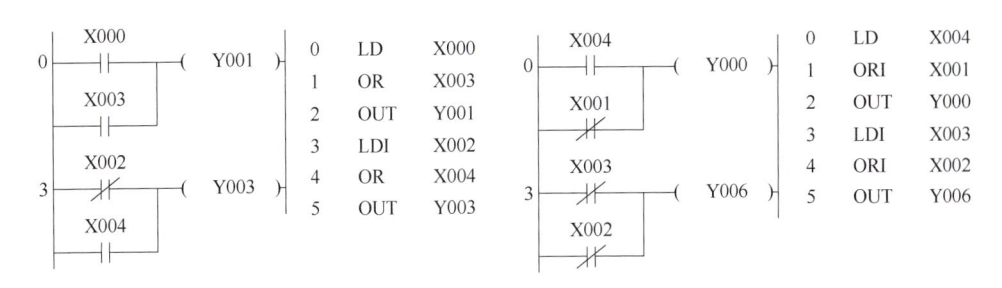

0	LD	X000
1	OR	X003
2	OUT	Y001
3	LDI	X002
4	OR	X004
5	OUT	Y003

0	LD	X004
1	ORI	X001
2	OUT	Y000
3	LDI	X003
4	ORI	X002
5	OUT	Y006

图 6-18　程序举例

（2）指令说明

1）OR、ORI 指令用作 1 个触点的并联指令。

2）OR、ORI 指令可以连续使用，并且不受使用次数的限制。

3）OR、ORI 指令是从该指令的步开始，与前面的 LD、LDI 指令步进行并联。

当继电器的常开触点或常闭触点与其他继电器的触点组成的混联电路块并联时，也可以用这两个指令。

4. 串联电路块并联指令 ORB、并联电路块串联指令 ANB

指令见表 6-6。

表 6-6 ORB、ANB 指令

符号（名称）	功能	操作元件
ORB（块或）	电路块并联	无
ANB（块与）	电路块串联	无

（1）程序举例如图 6-19 所示，X000 与 X001、X002 与 X003、X004 与 X005 任一电路块接通，Y001 接通；X000 或 X001 接通，X002 与 X003 接通（或 X004 接通），Y000 都可以接通。

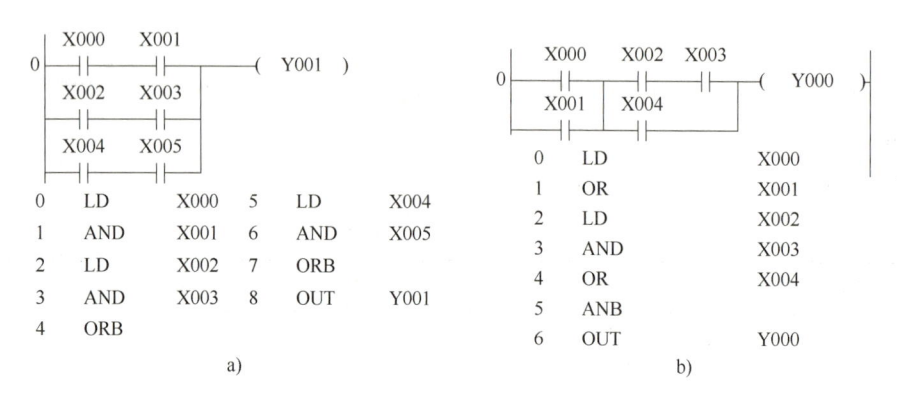

```
0  LD    X000      5  LD    X004
1  AND   X001      6  AND   X005
2  LD    X002      7  ORB
3  AND   X003      8  OUT   Y001
4  ORB
```
a)

```
0  LD    X000
1  OR    X001
2  LD    X002
3  AND   X003
4  OR    X004
5  ANB
6  OUT   Y000
```
b)

图 6-19 程序举例

（2）指令说明

1）ORB、ANB 指令无操作软元件，它们只描述电路的串并联关系。

2）将串联电路并联时，分支开始用 LD、LDI 指令，分支结束用 ORB 指令。

3）有多个串联电路时，若对每个电路块使用 ORB 指令，则串联电路没有限制，如图 6-19 程序举例。

4）若多个并联电路块按顺序和前面的电路串联时，则 ANB 指令的使用次数没有限制。

5）使用 ORB、ANB 指令编程时，也可以采取 ORB、ANB 指令连续使用的方法，如图 6-20 所示。但只能连续使用不超过 8 次，建议不使用此法。

```
0  LDI   X000      7  AND   X007
1  AND   X001      8  ORB
2  LD    X002      9  ORB
3  ANI   X003     10  ORB
4  LD    X004     11  OUT   Y006
5  AND   X005
6  LD    X006
```

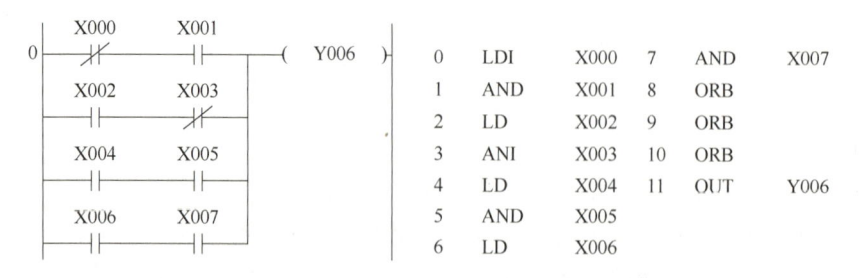

图 6-20 ORB 指令连续使用

5. 分支多重输出 MPS、MRD、MPP 指令

MPS 指令：将逻辑运算结果存入栈存储器，使用一次 MPS 指令就将此刻的运算结果送入堆栈的第一段，而将原来的第一层存储的数据移到堆栈的下一段。

MRD 指令：只用来读出堆栈最上段的数据，此时堆栈内的数据不移动。

MPP 指令：取出栈存储器结果并清除，各数据向上一段移动，最上段的数据被读出，同时这个数据就从堆栈中清除。

FX 系列 PLC 有 11 个栈存储器，用来存放运算中间结果的存储区域称为堆栈存储器，如图 6-21 所示。

（1）程序举例如图 6-22 所示，当公共条件 X000 闭合时，X001 闭合则 Y000 接通；X002 接通则 Y001 接通；Y002 接通；X003 接通则 Y003 接通。

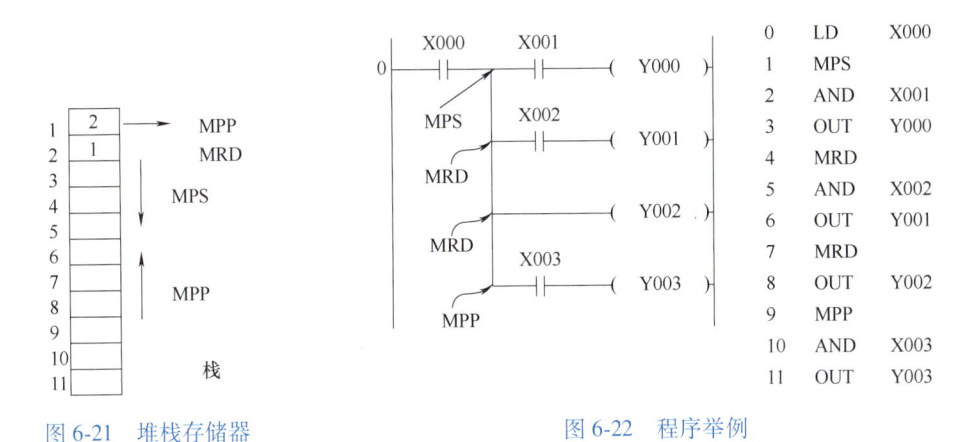

0	LD	X000
1	MPS	
2	AND	X001
3	OUT	Y000
4	MRD	
5	AND	X002
6	OUT	Y001
7	MRD	
8	OUT	Y002
9	MPP	
10	AND	X003
11	OUT	Y003

图 6-21 堆栈存储器　　图 6-22 程序举例

（2）指令说明

1）MPS、MRD、MPP 指令无操作软元件。

2）MPS、MPP 指令可以重复使用，但是连续使用不能超过 11 次，且两者必须成对使用缺一不可，MRD 指令有时可以不用。

3）MRD 指令可多次使用，但在打印等方面有 24 行限制。

4）最终输出电路以 MPP 指令代替 MRD 指令，读出存储并复位清零。

5）指令使用可以有多层堆栈。

图 6-23 为一层堆栈举例。

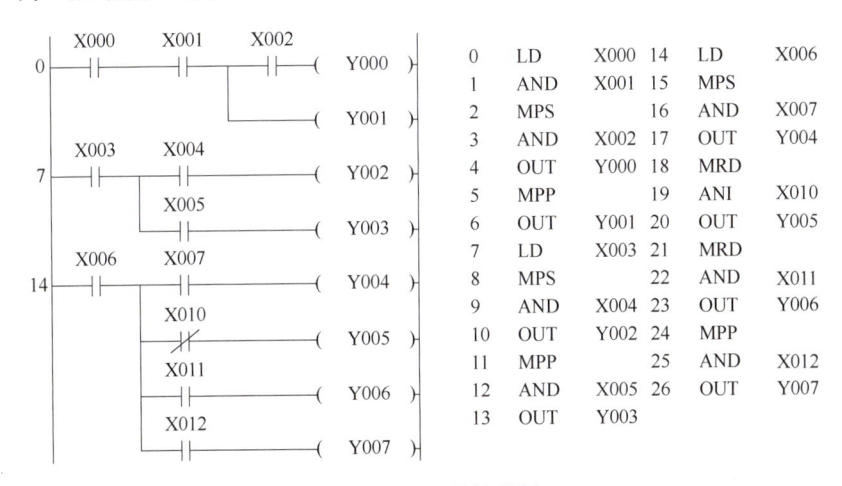

0	LD	X000	14	LD	X006
1	AND	X001	15	MPS	
2	MPS		16	AND	X007
3	AND	X002	17	OUT	Y004
4	OUT	Y000	18	MRD	
5	MPP		19	ANI	X010
6	OUT	Y001	20	OUT	Y005
7	LD	X003	21	MRD	
8	MPS		22	AND	X011
9	AND	X004	23	OUT	Y006
10	OUT	Y002	24	MPP	
11	MPP		25	AND	X012
12	AND	X005	26	OUT	Y007
13	OUT	Y003			

图 6-23 一层堆栈举例

图 6-24 为两层堆栈举例。

```
0  LD   X000    9  MPP
1  MPS          10 AND  X004
2  AND  X001    11 MPS
3  MPS          12 AND  X005
4  AND  X002    13 OUT  Y002
5  OUT  Y000    14 MPP
6  MPP          15 AND  X006
7  AND  X003    16 OUT  Y003
8  OUT  Y001
```

图 6-24　两层堆栈举例

图 6-25 为四层堆栈举例。

```
0  LD   X000    9  OUT  Y000
1  MPS          10 MPP
2  AND  X001    11 OUT  Y001
3  MPS          12 MPP
4  ANI  X002    13 OUT  Y002
5  MPS          14 MPP
6  AND  X003    15 OUT  Y003
7  MPS          16 MPP
8  AND  X004    17 OUT  Y004
```

图 6-25　四层堆栈举例

6. 主控指令 MC、MCR

在程序中常常会有这样的情况，多个线圈受一个或多个触点控制，要是在每个线圈的控制电路中都要串入同样的触点，将占用多个存储单元，应用主控指令就可以解决这一问题，如图 6-26 所示。当 X000 接通时，执行主控指令 MC 到 MCR 的程序。

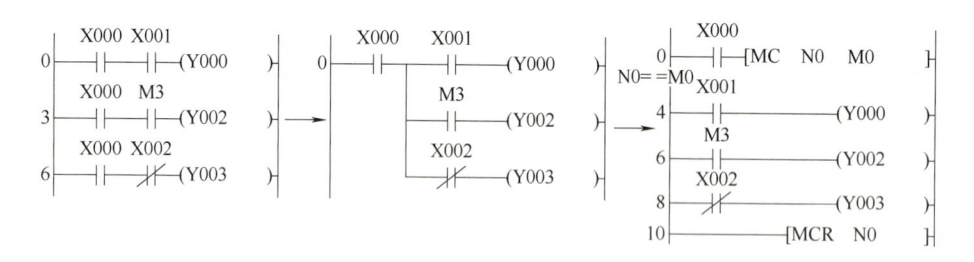

图 6-26　主控指令举例

指令说明：

1）MC 指令的操作软元件 N、M。

2）如果 X0 输入为断开状态，从 MC 到 MCR 之间的程序，则根据不同情况形成不同的形式。

保持当前状态：积算定时器（T63）、计数器和 SET/RST 指令驱动的软元件。

断开状态：非积算定时器、用 OUT 指令驱动的软元件。

3）主控指令（MC）后，母线（LD、LDI）临时移到主控触点后，MCR 为其将临时母线返回原母线的位置的指令。

4）MC 指令的操作元件可以是继电器 Y 或辅助继电器 M（特殊辅助继电器除外）。

5）MC/MCR 指令可以嵌套使用，即 MC 指令内可以再使用 MC 指令，但是必须使嵌套级编号从 N0 到 N7 按顺序增加，顺序不能颠倒；而主控返回则嵌套级标号必须从大到小，即按 N7 到 N0 的顺序返回，不能颠倒，最后一定是 MCR N0 指令；

有嵌套举例一：主控指令 2 级嵌套如图 6-27 所示。

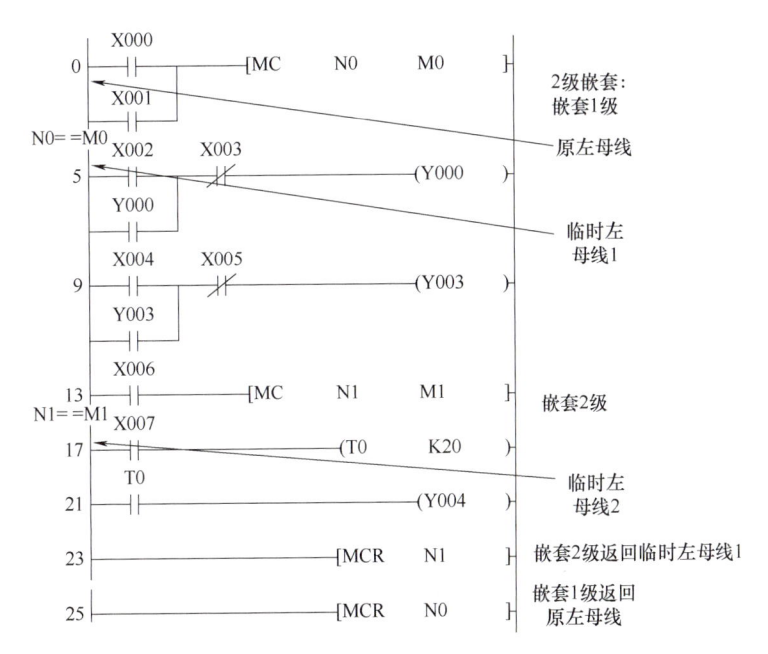

图 6-27　主控指令 2 级嵌套

有嵌套举例二：主控指令多级嵌套如图 6-28 所示。

7. 置 1 指令 SET、复 0 指令 RST

SET 指令称为置 1 指令，功能为驱动线圈输出，使动作保持，具有自锁功能。RST 指令称为复 0 指令，功能为清除保持的动作，以及寄存器的清零。

（1）程序举例如图 6-29 所示，当 X000 接通时，Y000 接通并保持接通；当 X001 接通时，Y000 清除保持，断开。

（2）指令说明

1）用 SET 指令使软元件接通后，必须要用 RST 指令才能使其断开。

2）对积算定时器 T、计数器 C、数据寄存器 D、变址寄存器 V 和 Z 的内容清零时，也可使用 RST 指令。

8. 脉冲输出指令 PLS、PLF

PLS 指令：上升沿微分脉冲指令，当检测到逻辑关系的结果为上升沿信号时，驱动的操作软元件产生一个脉冲宽度为一个扫描周期的脉冲信号。

PLF 指令：下降沿微分脉冲指令，当检测到逻辑关系的结果为下降沿信号时，驱动的操作软元件产生一个脉冲宽度为一个扫描周期的脉冲信号。

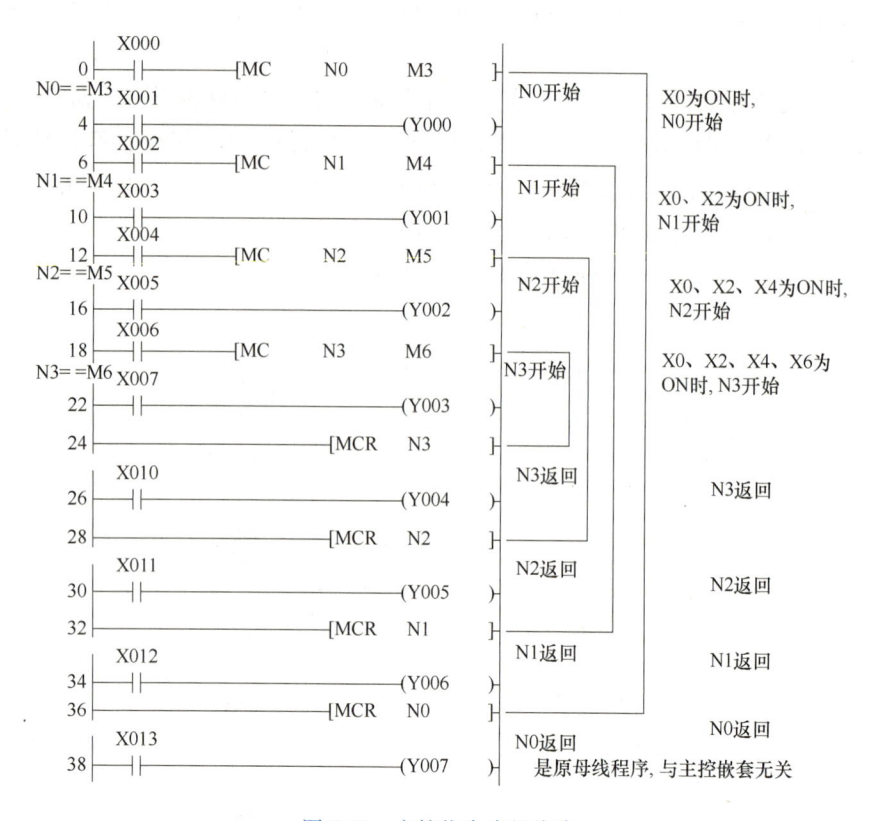

图 6-28 主控指令多级嵌套

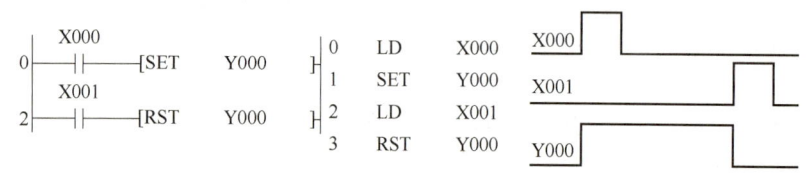

图 6-29 程序举例

（1）程序举例如图 6-30 所示，当检测到 X000 的上升沿时，PLS 的操作软元件 M0 产生一个扫描周期的脉冲，Y000 接通一个扫描周期；当检测到 X001 的下降沿时，PLF 的操作软元件 M1 产生一个扫描周期的脉冲，Y001 接通一个扫描周期。

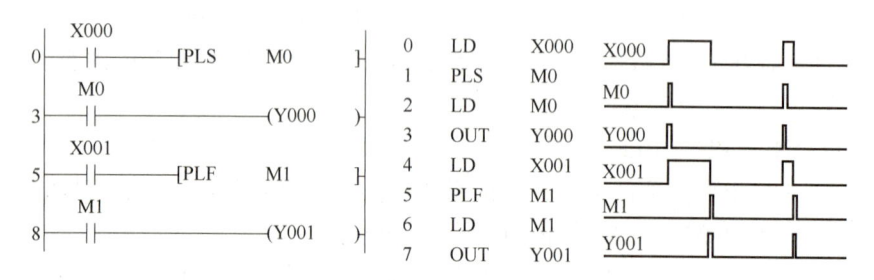

图 6-30 程序举例

（2）指令说明

1）PLS 指令驱动的软元件只在逻辑输入结果由 OFF 到 ON 时动作一个扫描周期。

2）PLF 指令驱动的软元件只在逻辑输入结果由 ON 到 OFF 时动作一个扫描周期。

3）特殊辅助继电器不能作为 PLS、PLF 的操作软元件。

9. INV 取反指令

INV 指令是将即将执行 INV 指令之前的运算结果反转的指令，无操作软元件。

（1）程序举例　如图 6-31 所示，X000 接通，Y000 断开；X000 断开，Y000 接通。

```
       X000
 0 ──┤ ├──/──( Y000 )       0  LD   X000
                            1  INV
                            2  OUT  Y000
```

图 6-31　程序举例

（2）指令说明

1）编写 INV 取反指令需要前面有输入量，INV 指令不能直接与母线相连接，也不能如 OR、ORI、ORP、ORF 单独并联使用。

2）INV 指令只对其前的逻辑关系取反。

10. 空操作指令 NOP、结束指令 END

NOP 指令称为空操作指令，无操作元件。END 指令称为结束指令，无操作元件；其功能是输出处理和返回到 0 步程序。END 以后的其余程序步不再执行，而是直接进行输出处理。在调试期间，在各程序段插入 END 指令，可依次调试各程序段程序的动作功能，确认后再删除各 END 指令。

11. LDP、LDF、ANDP、ANDF、ORP 和 ORF 指令

LDP：上升沿检测运算开始（检测到信号的上升沿时闭合一个扫描周期）。

LDF：下降沿检测运算开始（检测到信号的下降沿时闭合一个扫描周期）。

ANDP：上升沿检测串联（检测到位软元件上升沿信号时闭合一个扫描周期）。

ANDF：下降沿检测串联（检测到位软元件下降沿信号时闭合一个扫描周期）。

ORP：脉冲上升沿检测并联（检测到位软元件上升沿信号时闭合一个扫描周期）。

ORF：脉冲下降沿检测并联（检测到位软元件下降沿信号时闭合一个扫描周期）。

上述 6 个指令的操作软元件都为 X、Y、M、S、T 和 C。

程序举例：图 6-32 中，X000 或 X001 由 OFF 到 ON 时，M1 仅闭合一个扫描周期；X002 由 OFF 到 ON 时，M2 仅闭合一个扫描周期。

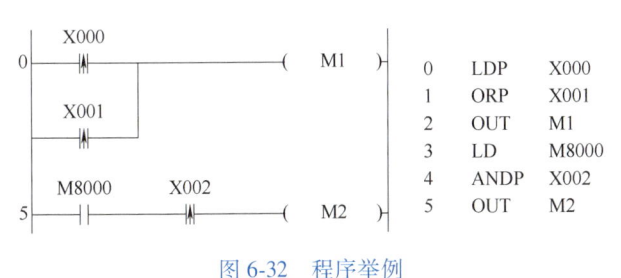

```
       X000
 0 ──┤↑├─────────────( M1 )        0  LDP   X000
       X001                         1  ORP   X001
    ──┤↑├──                         2  OUT   M1
                                    3  LD    M8000
       M8000    X002                4  ANDP  X002
 5 ──┤ ├──────┤↑├────( M2 )         5  OUT   M2
```

图 6-32　程序举例

6.3.4　PLC 的应用举例

1. 三相异步电动机的正反转控制电路

（1）控制要求　三相异步电动机正反转控制的主电路如图 6-33 所示。电动机可以实现正反转控制，并可以在正反转之间直接切换，具有停车和相应的保护及联锁功能。

（2）PLC 控制的输入/输出配置及接线　PLC I/O 接线图如图 6-34 所示，电动机在正反转切换时，由于接触器动作的滞后，可能会造成相间短路，所以在输出回路利用接触器的常闭触点采取了互锁措施。

图 6-33　三相异步电动机正反转控制的主电路

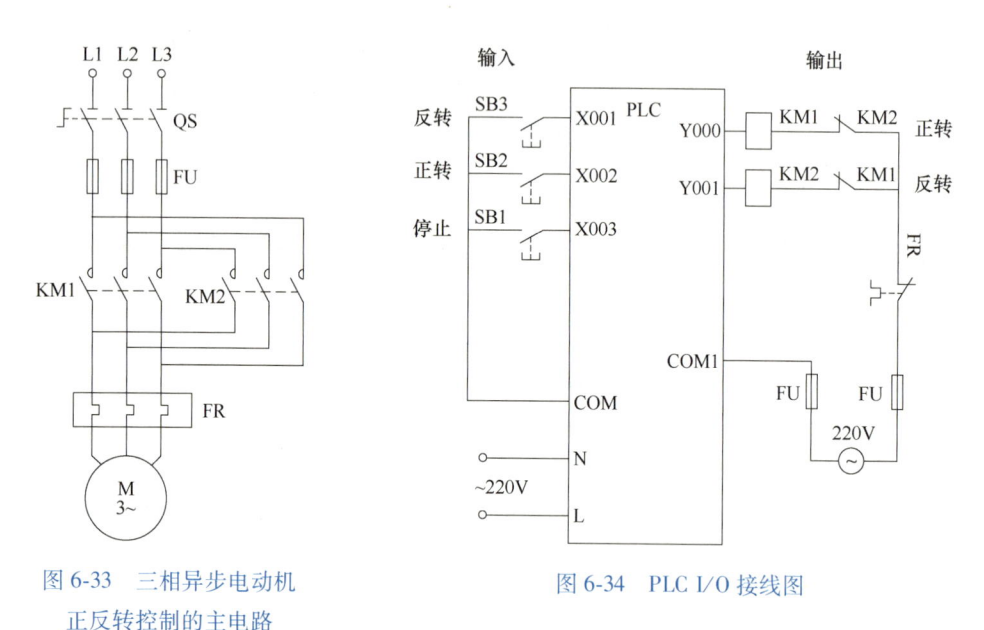

图 6-34　PLC I/O 接线图

（3）PLC 程序设计　正反转电路梯形图程序如图 6-35 所示，类似继电接触控制，图中利用 PLC 输入继电器 X002 和 X001 的常闭触点，实现双重互锁，以防止反转换接时的相间短路。

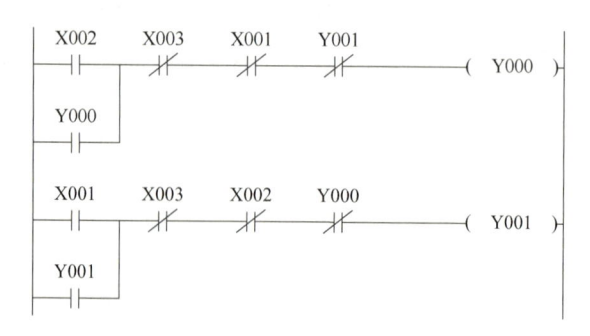

图 6-35　正反转电路梯形图程序

2. 三相异步电动机的丫-△减压起动控制

（1）控制要求　当电动机起动时，将定子绕组接成丫联结，实现减压起动；经过 3s 延时起动完毕，将定子绕组换接成△联结全压运行，其主电路如图 6-36 所示。

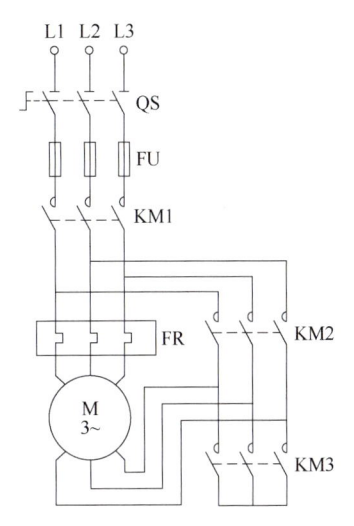

项目 6　可编程序控制器技术及应用

图 6-36　三相异步电动机的Y-△减压起动主电路

（2）I/O 分配及外部接线　综合分析控制要求后，进行输入、输出口的分配见表 6-7。PLC 外部接线图如图 6-37 所示。

表 6-7　I/O 分配表

输入			输出		
控制功能	电器元件代号	PLC 的 I/O 点	控制功能	电器元件代号	PLC 的 I/O 点
起动按钮	SB1	X001	电源接触器	KM1	Y000
停止按钮	SB2	X002	Y联结接触器	KM2	Y001
热继电器触点	FR	X000	△联结接触器	KM3	Y002

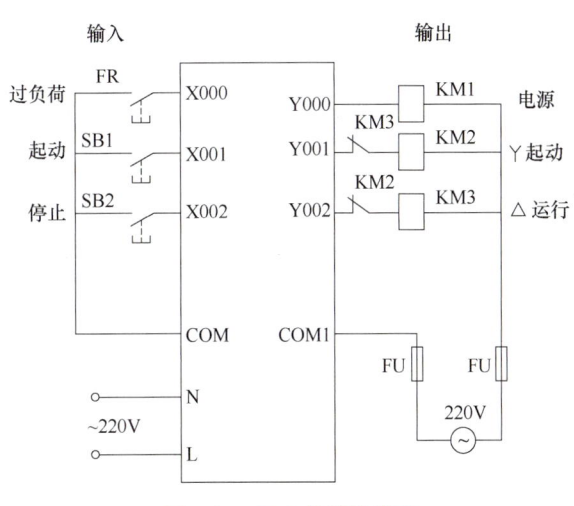

图 6-37　PLC 外部接线图

（3）PLC 梯形图程序设计　根据控制要求及 I/O 分配，设计Y-△减压起动控制程序如

147

图 6-38 所示。

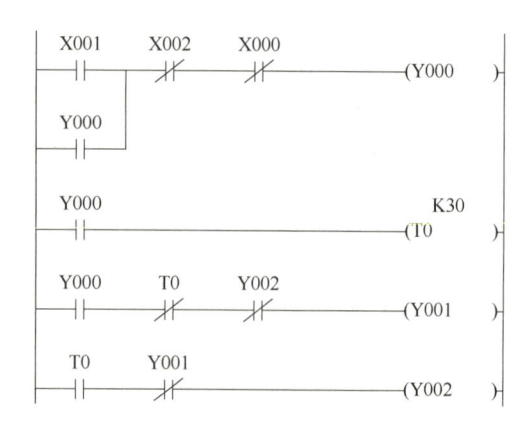

```
X001   X002   X000
 ├┤   ─┤├─  ─┤├─              ─( Y000 )
 │
Y000
 ├┤

Y000                            K30
 ├┤                           ─( T0  )

Y000   T0   Y002
 ├┤   ─┤├─  ─┤├─              ─( Y001 )

T0    Y001
 ├┤   ─┤├─                    ─( Y002 )
```

图 6-38 Y-△ 减压起动控制程序

为了防止 Y-△ 转换时发生短路事故，在梯形图程序中需要有联锁触点，并且在硬件接线中接触器 KM2 和 KM3 也要有联锁保护，如图 6-37 所示。

6.4 PLC 程序设计方法

6.4.1 PLC 控制系统设计方法

1. PLC 控制系统设计的步骤

PLC 控制系统的设计内容及步骤流程图如图 6-39 所示。

（1）熟悉控制对象的工艺条件，确定控制范围　首先应对被控对象进行深入的调查和分析，熟悉工艺流程和设备性能。根据生产中提出的问题，确定系统所要完成的任务。明确控制任务和设计要求，划分控制过程的各个阶段及各阶段之间的转换条件。

确定输入/输出信号与 PLC 之间的关系，即哪些是输入信号，哪些是输出信号，这些信号与输入/输出接口的匹配情况如何，输入/输出信号的数量各是多少等。

（2）选择合适的 PLC 机型　PLC 的选型要满足控制系统的控制需要，根据输入/输出的形式和点数、控制方式与速度及用户程序的容量选用合适的机型。

选择能满足控制要求的 PLC 型号是应用设计中至关重要的一步。在设计时，首先要尽可能考虑选用与正在使用的 PLC 同品牌、同型号的 PLC，以便于学习和掌握。其次是功能模块和配件的通用性，可减少编程器的投资。除此之外，还要根据控制要求的复杂程度、控制精度，估算用户程序的容量（程序步数）。

控制对象不同会对 PLC 提出不同的控制要求。如用 PLC 替代继电器完成设备或生产过程控制、时序控制时，只需 PLC 具备基本的逻辑控制功能即可。而对于需要模拟量控制的系统，则应选择配有模拟量输入/输出模块的 PLC，并且其内部还应具有数字运算功能。有些系统需要进行远程控制，则应配置具有远程 I/O 控制的模块。还有一些特殊功能，如温度控制、位置控制和 PID 控制等。如果选择了合适的 PLC 及相应的智能控制模块，将使系统设计变得非常简单。

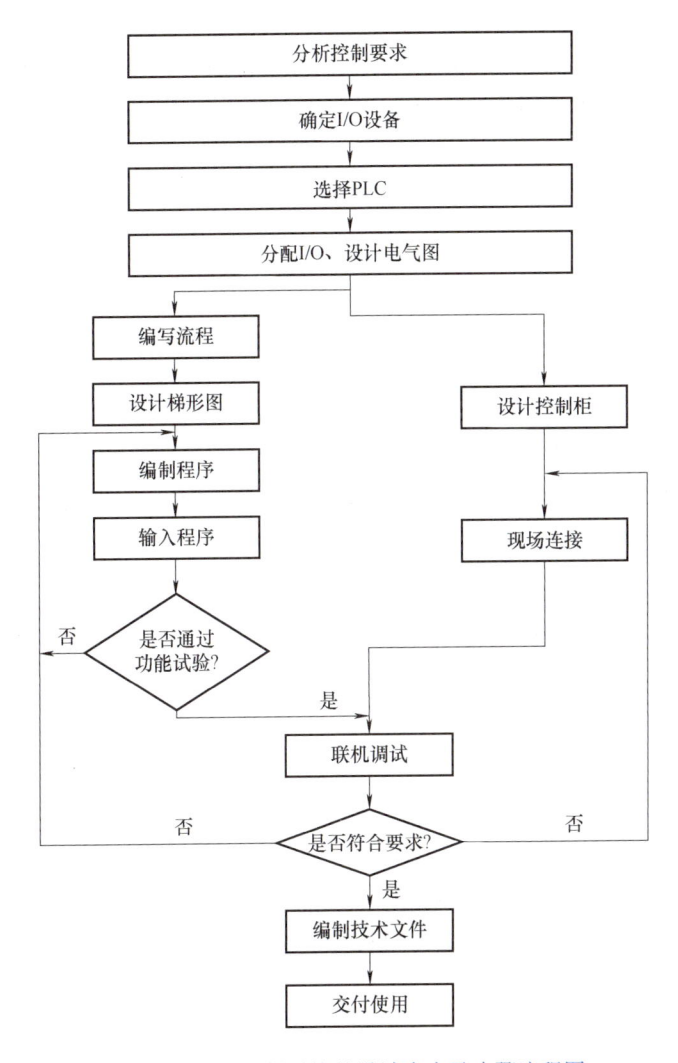

图 6-39　PLC 控制系统的设计内容及步骤流程图

（3）输入/输出设备的选择及输入/输出点的分配　根据选择 PLC 的型号及给定元件地址范围（如输入/输出继电器、内部辅助继电器、定时器和计数器等），对每个使用的相关输入/输出信号及内部器件分配各自专用的地址，并绘制所用元件的地址分配表。

（4）编写程序　编写程序是整个程序设计工作的核心部分。首先，根据受控对象的控制要求及各控制阶段的转换条件，绘制出控制流程图。由控制流程图绘制 PLC 的用户程序梯形图，梯形图是最普遍的编程语言，经验法是经常采用的方法，平时应多注意积累经验，在设计时可以借鉴其他相似的程序。

（5）调试程序　程序调试一般分为两个阶段。第一阶段为模拟调试，即将设计好的程序输入 PLC 后，不接输入元件和负荷，而是直接输入与负荷工作相似的模拟信号，根据相应指示灯的显示，观察模拟负荷的响应情况，并分段调试程序，逐步修改，直至符合控制系统的要求。第二阶段为现场调试，就是将控制系统与受控负荷相连，经局部调试后进行系统统调，进一步完善系统设计。

2. 梯形图的设计原则与技巧

1）梯形图都是从左母线开始，线圈画在最右边且不能与左母线直接相连。触点不能放在线圈的右边，右母线一般可省略不画，梯形图画法 1 如图 6-40 所示。

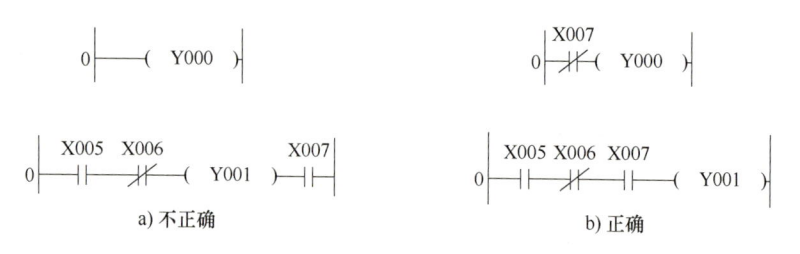

图 6-40　梯形图画法 1

2）在同一段程序中，相同编号的线圈只能出现一次，但同一编号的触点可以重复多次使用，梯形图画法 2 如图 6-41 所示。

图 6-41　梯形图画法 2

3）几个串联支路相并联时，应将触点多的支路放在梯形图的上方；几个并联支路相串联时应将触点多的支路放在梯形图的左面。这样编写出的程序简洁明了，语句较少，梯形图画法 3 如图 6-42 所示。

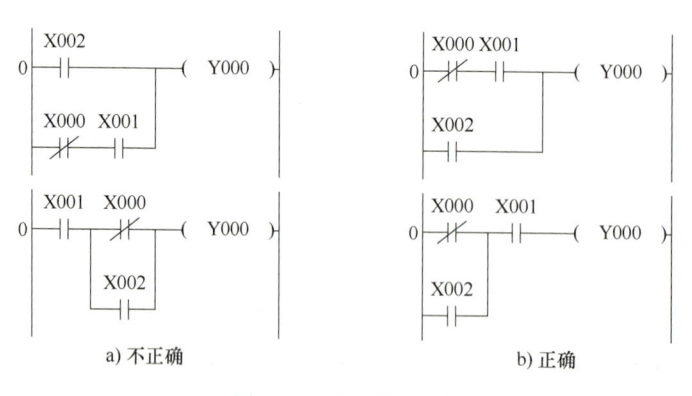

图 6-42　梯形图画法 3

4）桥式电路不能直接编程。即触点应画在水平线上，不能画在垂直线上；不包含触点的分支应画在垂直分支上，梯形图画法 4 如图 6-43 所示。

5）如果电路结构比较复杂，可重复使用一些触点画出它的等效电路，以便于编程及看清电路的控制关系，梯形图画法 5 如图 6-44 所示。

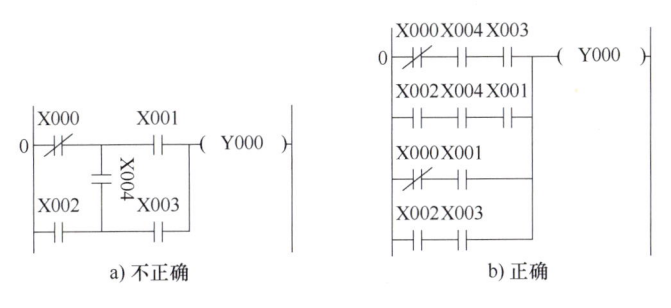

图 6-43 梯形图画法 4

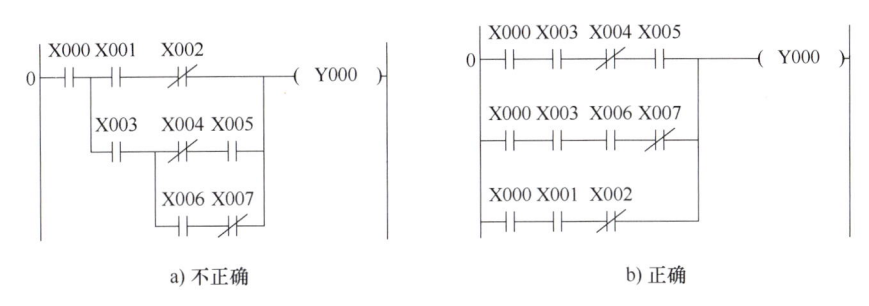

图 6-44 梯形图画法 5

6.4.2 梯形图程序设计方法

在掌握 PLC 的指令以及操作方法的同时，还要掌握正确的程序设计方法，才能有效地利用 PLC，使它在工业控制中发挥巨大作用。一般用户程序的设计可分为经验设计法、逻辑设计法和顺序功能流程图设计法等。6.4.2 节主要以 FX_{2N} 系列 PLC 来介绍如何利用经验设计法和顺序功能流程图设计法进行程序设计。

1. 经验设计法

经验设计法沿用了继电器控制电路来设计梯形图。它是在基本控制单元和典型控制环节基础上，根据被控对象对控制系统的具体要求，依靠经验直接设计控制系统，不断修改和完善梯形图。有时需要多次反复调整和修改梯形图，并通过增加中间编程元件，最后才能达到一个较为满意的结果。这种方法没有普遍的规律可循，具有很大的随意性，最后的结果也不唯一。由于依赖经验设计，因此要求设计者具有丰富的经验，要能熟悉掌握控制系统的大量实例和典型环节。

（1）经验设计法的步骤

1）在准确了解控制要求后，合理地为控制系统中的事件分配输入、输出口。选择必要的机内器件，如定时器、计数器和辅助继电器等。

2）对于一些控制要求较简单的输出，可直接写出他们的工作条件，以起—保—停电路模式完成相关的梯形图支路。工作条件稍复杂的可借助辅助继电器。

3）对于控制较复杂的要求，为了能用起—保—停电路模式绘出各输出口的梯形图，要正确分析控制要求，并确定组成总的控制要求的关键点。

4）将关键点用梯形图表达出来。

5）在完成关键点梯形图的基础上，针对系统最终的输出进行梯形图的绘制。使用关键点综合出最终输出的控制要求。

6）审查以上草绘图纸，在此基础上补充遗漏的功能，更正错误，进行最后的完善。

经验设计法并无一定的章法可循，在设计经验多起来后就会得心应手。

（2）基本环节应用

1）自锁控制电路。图6-45为实现Y000的自锁控制功能的4种梯形图程序。其中X000为起动信号，X001为停止信号。图6-45a、b是利用Y000的常开触点实现自锁保持，而图6-45c、d是利用SET、RST指令实现自锁保持。图6-45a、c是复位优先，图6-45b、d是置位优先。在实际电路中，起动信号和停止信号也可以由多个触点串、并联构成。

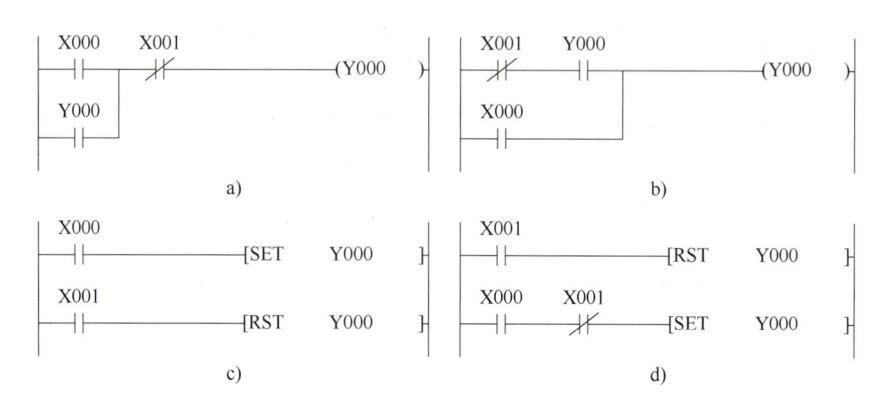

图6-45　实现Y000的自锁控制功能的4种梯形图程序

2）互锁控制电路。图6-46为3个输出的互锁控制梯形图，要求3个线圈不能两两同时得电。其中X000、X001和X002是起动按钮，X003是停止按钮。将Y000、Y001和Y002的常闭触点分别串联到其他两个线圈的控制电路中实现互锁保护，保证每次只能有一个接通。

3）顺序起动逆序停止控制电路。图6-47为顺序起动逆序停止控制梯形图，要求Y001必须在Y000接通后才能起动，Y000必须在Y001停止后才能停止。

图6-46　3个输出的互锁控制梯形图

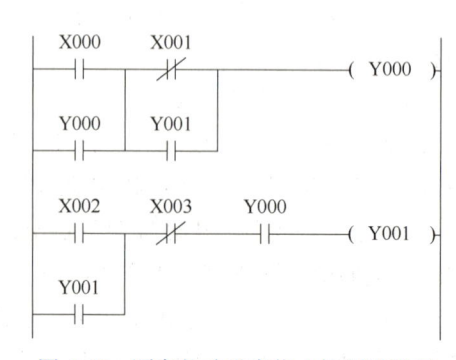

图6-47　顺序起动逆序停止控制梯形图

4) 延时控制电路。图 6-48 为通、断电皆延时的控制程序，当 X000 常开触点接通后，T0 开始延时，2s 后 T0 常开触点闭合，Y000 得电并保持；当 X000 断开后其常闭触点闭合，定时器 T1 开始延时，3s 后 T1 为 ON，Y000 复位。

2. 顺序功能流程图设计法

采用顺序功能流程图的描述，控制系统被分为若干个子系统，从功能入手，用"功能图"表达一个顺序控制过程。图中用方框表示整个控制过程中的"状态"，或称"功能"或称"步"，用线段表示方框间的关系及方框间状态转换的条件，使系统的操作具有明确的含义，便于设计人员和操作人员设计思想的沟通，便于程序的分工设计和检查调试。如图 6-49 所示，方框中的数字代表顺序步，每一步对应一个任务，每个顺序步的步进条件以及每个顺序执行的功能可以写在方框右边。SFC 作为一种步进顺控语言，为顺序控制类程序的编制提供了很大的方便。用这种语言可以对一个控制过程进行分解，用多个相对独立的程序段代替一个长的梯形图程序，还能使用户看到在某个给定时间中机器处于什么状态。

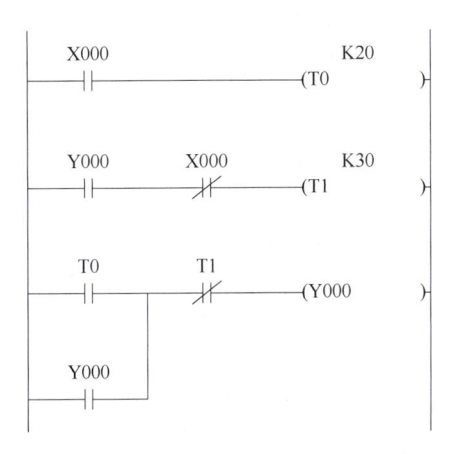

图 6-48 通、断电皆延时的控制程序

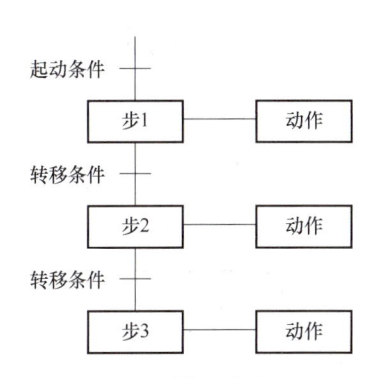

图 6-49 顺序功能流程图

PLC 状态转移编程的方法主要有 3 种。第一种是借助于 PLC 本身的步进顺控指令及大量专用的状态元件来实现状态编程；第 2 种是借助于 PLC 辅助继电器实现状态编程；第 3 种是借助于 PLC 的移位寄存器来实现。可见顺序功能流程图编程的方法都是借助于一定的"过渡性"软元件来实现的。

例如，图 6-50 为运料小车的工作过程示意图。设运料小车的初始位置是停在左边，限位开关 X001 为 ON 状态。按下起动按钮 X000 后小车向右运行，到达 X002 位置时停下卸料，3s 卸料时间到小车左行，到达 X001 位置后停止装料，2s 后装料结束小车右行，到达 X003 位置后停止卸料，3s 后卸料时间到小车返回初始位置 X001 处停止。

按照顺序功能流程图小车的工作周期可以分成一个初始步和 7 个运动步，运料小车运行流程图如图 6-51 所示。

（1）利用 PLC 的步进顺控指令及状态元件来实现状态编程　运料小车的顺序功能流程图如图 6-52 所示。PLC 上电进入 RUN 状态，初始化脉冲 M8002 的常开触点保持闭合一个扫描周期，初始步 S0 置为活动步，然后每满足一个转移条件后，其 S20～S26 活动步依次后移。步进顺控梯形图程序如图 6-53 所示。

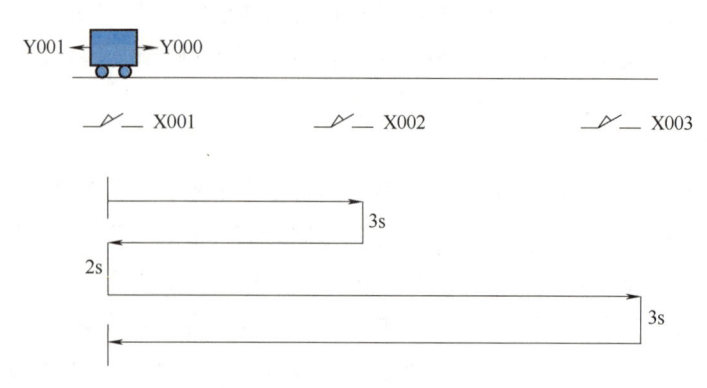

图 6-50 运料小车的工作过程示意图

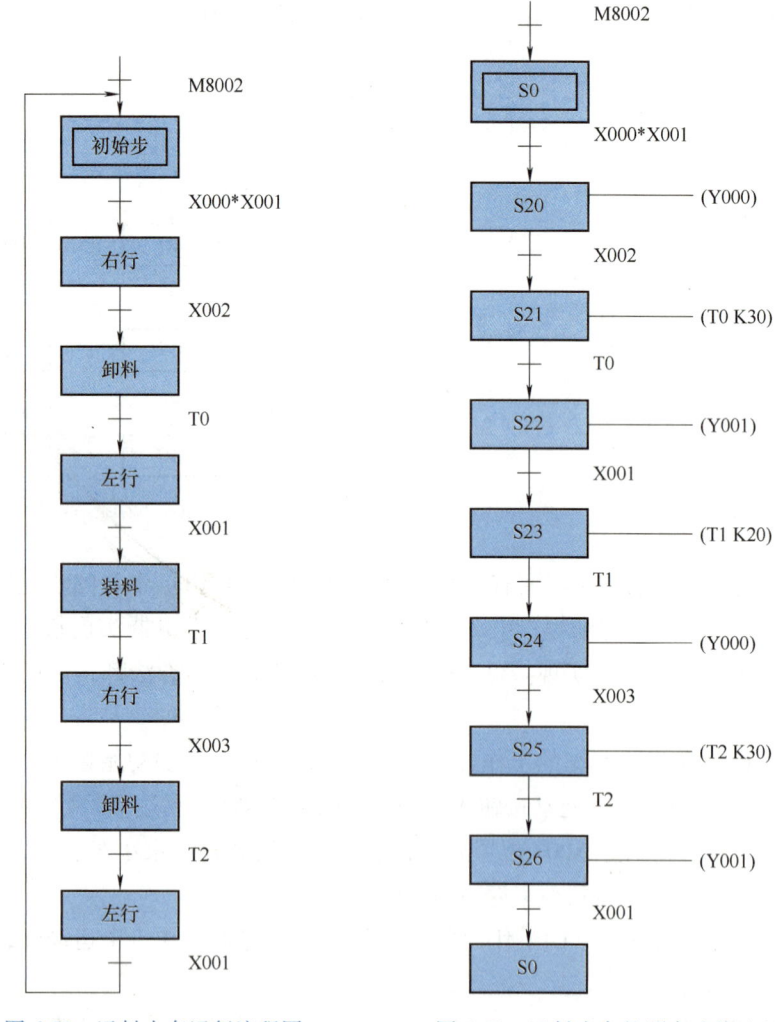

图 6-51 运料小车运行流程图

图 6-52 运料小车的顺序功能流程图

（2）借助于 PLC 的辅助继电器实现状态编程　辅助继电器实现顺序功能流程图如图 6-54 所示。其实现顺序功能的梯形图如图 6-55 所示。

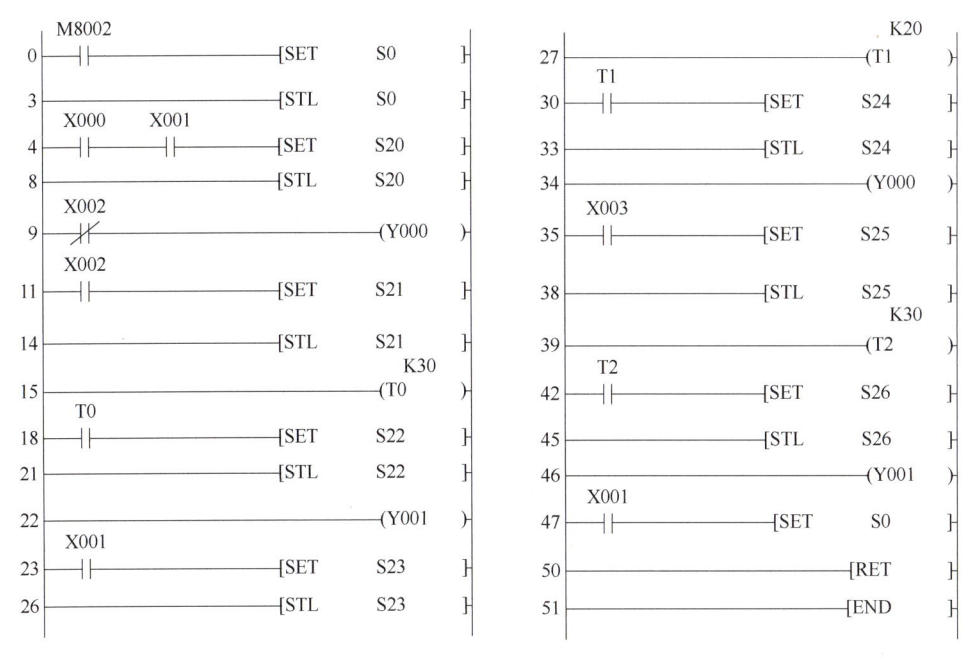

项目6 可编程序控制器技术及应用

```
       M8002
 0     ─┤├─────────────────────[SET    S0  ]
 3                              [STL    S0  ]
       X000   X001
 4     ─┤├────┤├────────────────[SET    S20 ]
 8                              [STL    S20 ]
       X002
 9     ─┤/├────────────────────────(Y000)
       X002
11     ─┤├─────────────────────[SET    S21 ]
14                              [STL    S21 ]
                                         K30
15     ───────────────────────────(T0)
       T0
18     ─┤├─────────────────────[SET    S22 ]
21                              [STL    S22 ]
22     ───────────────────────────(Y001)
       X001
23     ─┤├─────────────────────[SET    S23 ]
26                              [STL    S23 ]

                                         K20
27     ───────────────────────────(T1)
       T1
30     ─┤├─────────────────────[SET    S24 ]
33                              [STL    S24 ]
34     ───────────────────────────(Y000)
       X003
35     ─┤├─────────────────────[SET    S25 ]
38                              [STL    S25 ]
                                         K30
39     ───────────────────────────(T2)
       T2
42     ─┤├─────────────────────[SET    S26 ]
45                              [STL    S26 ]
46     ───────────────────────────(Y001)
       X001
47     ─┤├─────────────────────[SET    S0  ]
50                              [RET        ]
51                              [END        ]
```

图 6-53 步进顺控梯形图程序

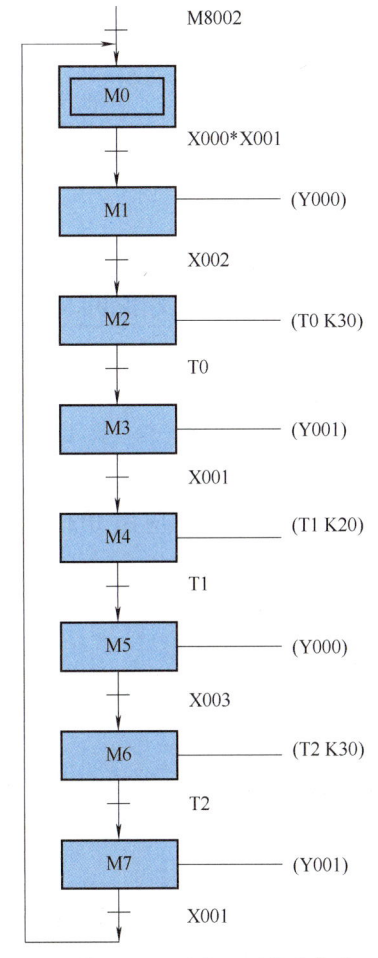

```
         │ M8002
         ▼
       ┌─────┐
       │ M0  │
       └──┬──┘
          │  X000*X001
       ┌──┴──┐
       │ M1  │──── (Y000)
       └──┬──┘
          │  X002
       ┌──┴──┐
       │ M2  │──── (T0 K30)
       └──┬──┘
          │  T0
       ┌──┴──┐
       │ M3  │──── (Y001)
       └──┬──┘
          │  X001
       ┌──┴──┐
       │ M4  │──── (T1 K20)
       └──┬──┘
          │  T1
       ┌──┴──┐
       │ M5  │──── (Y000)
       └──┬──┘
          │  X003
       ┌──┴──┐
       │ M6  │──── (T2 K30)
       └──┬──┘
          │  T2
       ┌──┴──┐
       │ M7  │──── (Y001)
       └──┬──┘
          │  X001
```

图 6-54 辅助继电器实现顺序功能流程图

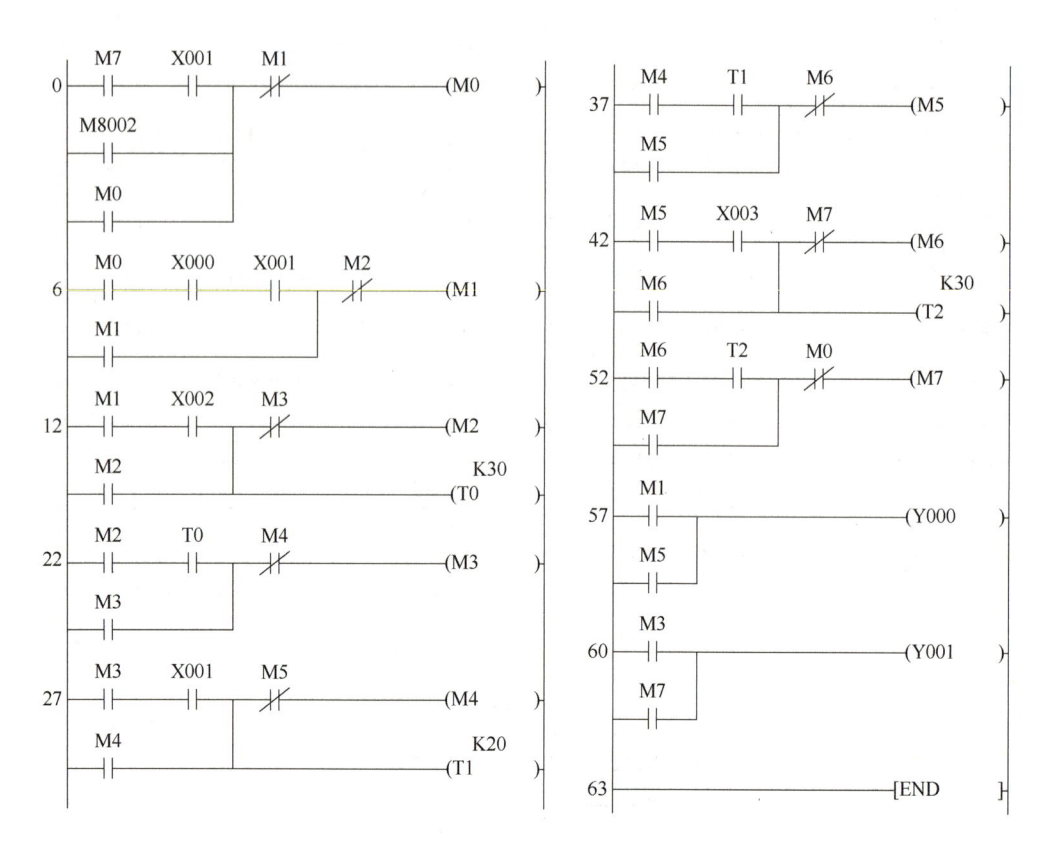

图 6-55　辅助继电器实现顺序功能的梯形图

6.5　应用技能训练

技能训练　用 PLC 实现对自动送料装车的控制

1. 训练目的

1）通过建立自动送料装车控制系统，掌控应用 PLC 技术设计传动控制系统的思路和方法。

2）掌握 PLC 编程的技巧和程序调试的方法。

3）训练解决工程实际控制问题的能力。

2. 训练要求

自动送料装车控制系统如图 6-56 所示。

（1）初始状态　红灯 LH1 灭，绿灯 LH2 亮，表明允许汽车开进装料。料斗出料口 K2 关闭，电动机 M1、M2 和 M3 皆为 OFF。

（2）装车控制

1）进料：如料斗中料不满（S1 为 OFF），5s 后进料阀 K1 开启进料；当满料（S1 为 ON）时，中止进料。

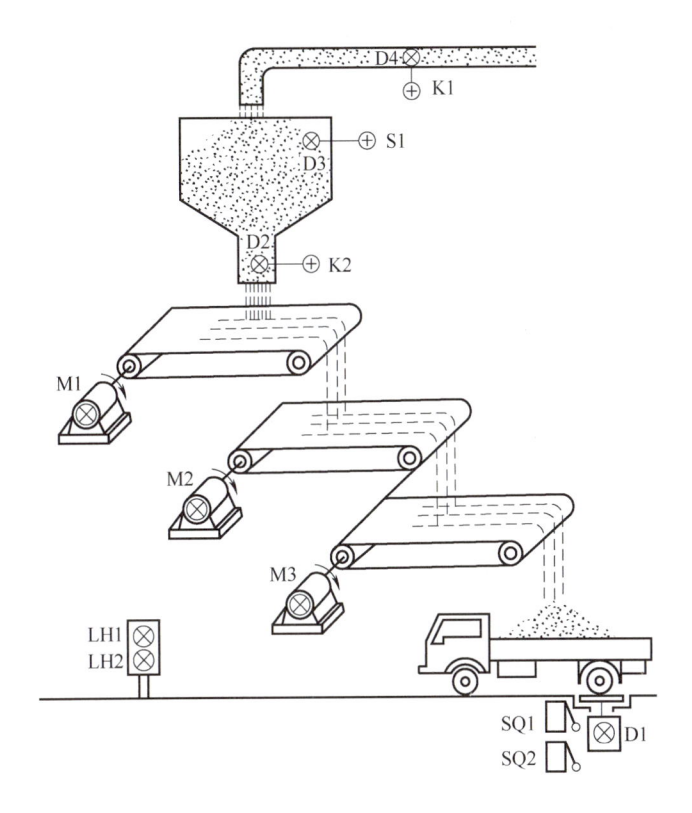

图 6-56 自动送料装车控制系统

2）装车：当汽车开进到装车位置（SQ1 为 ON）时，红灯 LH1 亮，绿灯 LH2 灭；同时起动 M3，经 2s 后起动 M2，再经 2s 后起动 M1，再经 2s 后打开料斗（K2 为 ON）出料。

当车装满（SQ1 为 OFF）时，料斗 K2 关闭，2s 后 M1 停止，M2 在 M1 停止 2s 后停止，M3 在 M2 停止 2s 后停止，同时红灯 LH1 灭，绿灯 LH2 亮，表明汽车可以开走。

（3）停机控制　按下停止按钮 SB2，整个系统中止运行。

3. 训练内容

（1）系统配置

1）FX2N-32MR PLC 一台。

2）自动送料装车控制系统模拟实训板一块。

根据自动送料装车控制的要求，I/O 配置及其接线如图 6-57 所示。考虑到车在位指示信号和红灯信号的同步性。故用一个输出点 Y2 驱动红灯 LH1 和车在位信号 D1。电动机 M1~M3 通过接触器 KM1~KM3 控制。注意：可以在实训板上用信号灯模拟电动机的运行。

（2）程序设计

1）用基本逻辑指令编程。自动送料装车控制系统进料阀 K1 受料位传感器 S1 的控制，S1 无监测信号，表明料不满，经 5s 后进料；S1 有监测信号，表明料已满，中止进料。送料系统的起动，可以通过台秤下面的限位开关 SQ1 实现。当汽车开进装车位置时，在其自重作用下，接通 SQ1，送料系统起动；当车装到吨位时，限位开关 SQ2 断开，停止送料。

该自动送料装车控制系统的指令程序如下：

0	LD X0	16	OUT Y0	31	SET Y5	48	RST Y4
1	OR M0	17	LDI M3	32	OUT T2	49	OUT T5
2	ANI X1	18	OUT Y3		K20		K20
3	OUT M0	19	LDI Y3	35	LD T2	52	LD T5
4	LD M0	20	OUT Y2	36	SET Y4	53	RST Y5
5	MC N0	21	LD X3	37	OUT T3	54	OUT T6
	M1	22	OR M3		K20		K20
8	LD X2	23	ANI X4	40	LD T3	57	LD T6
9	OUT M2	24	OUT M3	41	SET Y1	58	RST Y6
10	OUT Y7	25	LD M3	42	LDI M3	59	MCR N0
11	LDI M2	26	SET Y6	43	RST Y1	61	END
12	OUT T0	27	OUT T1	44	OUT T4		
	K50		K20		K20		
15	LD T0	30	LD T1	47	LD T4		

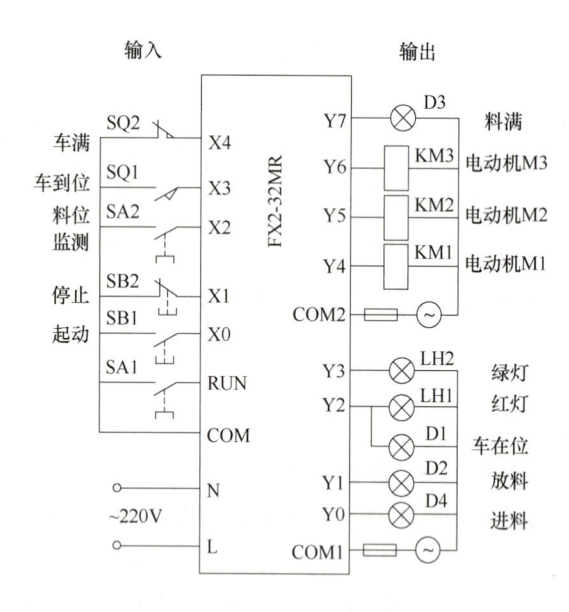

图 6-57 PLC I/O 配置及接线

2）用基本逻辑指令设计自动送料装车控制系统梯形图，如图 6-58 所示。

3）将指令程序（或自动设计梯形图和编写程序）写入 PLC 的 RAM 中，并按图 6-57 连接好 I/O 设备，运行并调试程序，使程序运行结果与控制要求一致。

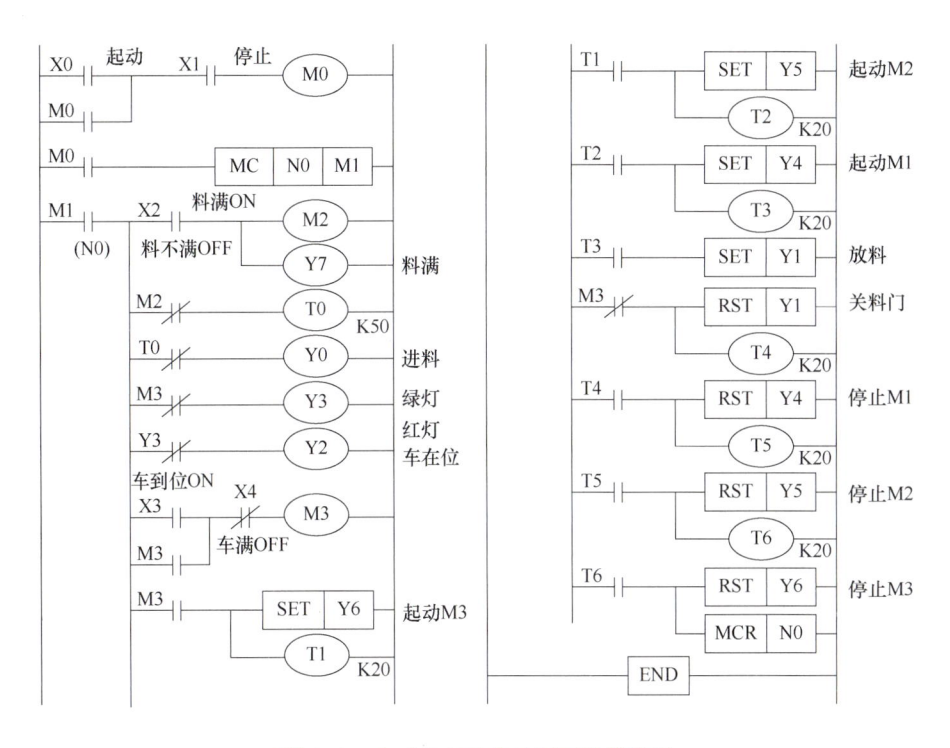

图 6-58 自动送料装车控制系统梯形图

6.6 技能大师高招绝活

6.6.1 PLC 控制交通信号灯

技能大师高招绝活 1　PLC 控制交通信号灯

6.6.2 PLC 控制三相异步电动机正反转

技能大师高招绝活 2　PLC 控制三相异步电动机正反转

6.6.3　PLC 控制三相异步电动机Y-△减压起动

技能大师高招绝活 3　PLC 控制三相异步电动机Y-△减压起动

复习思考题

1. 简述 PLC 的特点。
2. 简述 PLC 的系统组成及工作原理。
3. 根据功能划分，PLC 有哪几种？
4. 画出下列指令的梯形图。

0	LD	X000
1	OUT	Y000
2	LDI	X001
3	OUT	M100
4	OUT	T0
		K19
7	LD	T0
8	OUT	Y001

5. 根据图 6-59 梯形图，写出相应的指令程序。

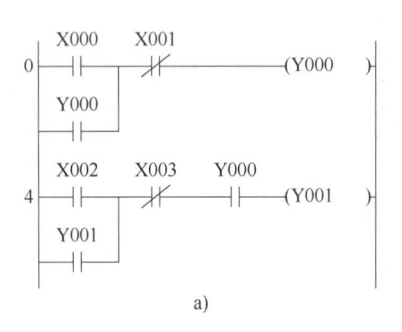

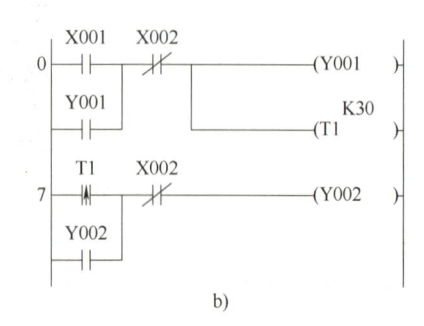

图 6-59

6. PLC 控制系统的设计内容有哪些？

7. 设计一个十字路口的交通信号灯控制。南北和东西方向按时间方式控制，信号灯控制时序图如图 6-60 所示。

8. 编写一段输出控制程序，假设有 8 个指示灯，从左到右以 0.5s 速度依次点亮，到达最右端后，再从左到右依次点亮，如此循环显示。

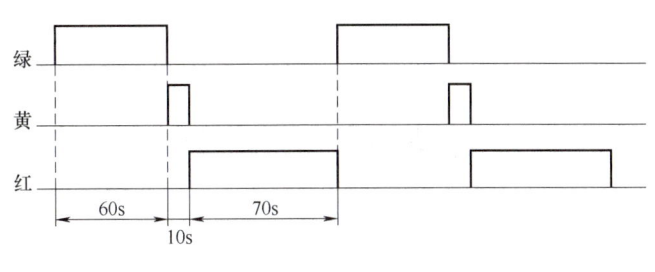

图 6-60

9. 现有 3 条运输传送带，每条传送带都由一台电动机拖动。按下起动按钮以后，3 号运输传送带开始运行。5s 以后，2 号运输传送带自动起动，再过 5s 以后，1 号运输传送带自动起动。停机的顺序与起动的顺序正好相反，间隔时间仍为 5s。试设计出该系统的 PLC 接线图以及相应的梯形图程序。

10. 某自动生产线上，使用有轨小车来运转工序之间的物件，小车的驱动采用电动机拖动，其行驶示意图如图 6-61 所示。电动机正转，小车前进；电动机反转，小车后退。

图 6-61

控制过程为：
1) 小车从原位 A 出发驶向 1#位，抵达后，立即返回原位。
2) 接着直向 2#位驶去，到达后立即返回原位。
3) 第 3 次出发直驶向 3#位，到达后返回原位。
4) 必要时，小车按上述要求出发 3 次，运行一个周期后能停下来。
5) 根据需要，小车能重复上述过程，不停地运行下去，直到按下停止按钮为止。

要求：按 PLC 控制系统设计的步骤进行完整的设计。

模拟试卷样例

一、判断题（对画√；错画×；每题1分，共20分）

1. 交流接触器在线圈电压小于 U_N 的85%时也能正常工作。（　）
2. 使用示波器时，应将被测信号接入 Y 轴输入端钮。（　）
3. 闭环控制系统采用负反馈控制，是为了提高系统的机械特性硬度，扩大调速范围。（　）
4. 接线图主要用于接线、线路检查和维修，不能用来分析电路的工作原理。（　）
5. 克服零点漂移最有效的措施是采用交流负反馈电路。（　）
6. 硅稳压二极管稳压电路只适应于负荷较小的场合，且输出电压不能任意调节。（　）
7. 与门的逻辑功能可概括为有0出0，有1出1。（　）
8. 开环系统对于负荷变化引起的转速变化不能自我调节，但对其外界扰动是能自我调节的。（　）
9. 画电路图、接线图和布置图时，同一电器的各元件都要按其实际位置画在一起。（　）
10. 在单相半波可控整流电路中，调节触发信号加到门极上的时间，改变触发延迟角的大小，无法控制输出直流电压的大小。（　）
11. 提高电桥电源电压可以提高灵敏度，因此电桥电源电压越高越好。（　）
12. 当PLC的"BATTERY"（电池）指示灯闪烁时，表示该PLC的内部电池的电量低，必须在一周内予以更换，否则用户程序会丢失。（　）
13. 为了保证PCL交流电梯安全运行，安全触点采用常开触点输入到PLC的输入接口。（　）
14. 若扰动产生在系统内部，叫作内扰动；若扰动来自系统外部，则叫作外扰动。扰动都对系统的输出量产生影响。（　）
15. 负荷伏安特性曲线的形状仅与负荷自身特性有关，而与实际加在该负荷上电压的大小无关。（　）
16. PLC是以并行方式进行工作的。（　）
17. 质量管理是企业经营管理的一个重要内容，是企业的生命线。（　）
18. 通常增量型光电编码器用作电动机的速度检测，其信号送至交流变频器，构成速度调节的闭环控制。其中旋转编码器起的作用为速度正反馈。（　）
19. 磁性开关不能作为外部输入元件与PLC控制器的输入端子相连。（　）
20. 一般PLC本身输出的24V直流电源可以为诸如光电编码器、磁性开关等小容量的输入开关提供电源。（　）

二、选择题（将正确答案的序号填入括号内；每题1分，共80分）

1. 互感器线圈的极性一般根据（　　）来判定。
   A. 右手定则　　　B. 左手定则　　　C. 楞次定律　　　D. 同名端

2. 下列多级放大电路中，低频特性较好的是（　　）。
   A. 直接耦合　　　B. 阻容耦合　　　C. 变压器耦合　　　D. A和B

3. 根据电磁感应定律 $e = -N \times (\Delta \Phi / \Delta t)$ 求出的感应电动势，是在 Δt 这段时间内的（　　）。
   A. 平均值　　　B. 瞬时值　　　C. 有效值　　　D. 最大值

4. 在线圈中的电流变化率一定的情况下，自感系数大，说明线圈的（　　）大。
   A. 磁通　　　B. 磁通的变化　　　C. 电阻　　　D. 自感电动势

5. 若一直线电流的方向由北向南，在它的上方放一个可以自由转动的小磁针，则小磁针的N极偏向（　　）。
   A. 东方　　　B. 西方　　　C. 南方　　　D. 北方

6. 电感为0.1H的线圈，当其中电流在0.5s内从10A变化到6A时，线圈上所产生电动势的绝对值为（　　）。
   A. 4V　　　B. 0.4V　　　C. 0.8V　　　D. 8V

7. 在多级放大电路的级间耦合中，低频电压放大电路主要采用（　　）耦合方式。
   A. 阻容　　　B. 直接　　　C. 变压器　　　D. 电感

8. 一般要求模拟放大电路的输入电阻（　　）。
   A. 大些好，输出电阻小些好　　　B. 小些好，输出电阻大些好
   C. 和输出电阻都大些好　　　D. 和输出电阻都小些好

9. 电子设备防外界磁场的影响一般采用（　　）材料制作磁屏蔽罩。
   A. 顺磁　　　B. 反磁　　　C. 铁磁　　　D. 绝缘

10. 测量1Ω以下的电阻，如果要求精度高，应选用（　　）。
    A. 万用表 $R \times 1\Omega$ 档　　　B. 毫伏表及电流表
    C. 惠斯通电桥　　　D. 开尔文电桥

11. 以下列材料分别组成相同规格的4个磁路，磁阻最大的材料是（　　）。
    A. 铁　　　B. 镍　　　C. 黄铜　　　D. 钴

12. 示波器面板上的"辉度"是调节（　　）的电位器旋钮。
    A. 控制栅极负电压　　　B. 控制栅极正电压
    C. 阴极负电压　　　D. 阴极正电压

13. 用双踪示波器观察频率较低的信号时，"触发方式"开关放在"（　　）"位置较为有利。
    A. 高频　　　B. 自动　　　C. 常态　　　D. 随意

14. 变压器的短路试验是在（　　）的条件下进行。
    A. 低压侧短路　　　B. 高压侧短路　　　C. 低压侧开路　　　D. 高压侧开路

15. 三相异步电动机温升过高或冒烟，造成故障的可能原因是（　　）。

A. 三相异步电动机断相运行　　　B. 转子不平衡

C. 定子、绕组相擦　　　　　　　D. 绕组受潮

16. 已知某台电动机电磁功率为 9kW，转速为 $n=900\text{r/min}$，则其电磁转矩为（　　）N·m。

A. 10　　　　B. 30　　　　C. 100　　　　D. $300/\pi$

17. 电子设备的输入电路与输出电路尽量不要靠近，以免发生（　　）。

A. 短路　　　B. 击穿　　　C. 自激振荡　　　D. 人身事故

18. 短时工作制的停歇时间不足以使导线、电缆冷却到环境温度时，导线、电缆的允许电流按（　　）确定。

A. 反复短时工作制　　　　　　　B. 长期工作制

C. 短时工作制　　　　　　　　　D. 反复长时工作制

19. 电位是（　　），随参考点的改变而改变；电压是绝对量，不随参考点的改变而改变。

A. 衡量　　　B. 变量　　　C. 相对量　　　D. 绝对量

20. 小容量晶闸管调速电路要求调速平滑，抗干扰能力强，（　　）。

A. 可靠性高　　B. 稳定性好　　C. 设计合理　　D. 适用性好

21. 小容量晶闸管调速器主回路采用单相桥式半控整流电路，直接由（　　）交流电源供电。

A. 24V　　　B. 36V　　　C. 220V　　　D. 380V

22. 由于双向晶闸管需要（　　）触发电路，因此使电路大为简化。

A. 一个　　　B. 两个　　　C. 3个　　　D. 4个

23. 职业道德对企业起到（　　）的作用。

A. 增强员工独立意识　　　　　　B. 模糊企业上级与员工关系

C. 使员工规规矩矩做事情　　　　D. 增强企业凝聚力

24. 一般情况是在直流负荷的输出端并联一个（　　）二极管。

A. 整流　　　B. 稳压　　　C. 续流　　　D. 普通

25. 在单相桥式全控整流电路中，当控制角 α 增大时，平均输出电压 U_d（　　）。

A. 增大　　　B. 下降　　　C. 不变　　　D. 无明显变化

26. 为了保证测量精度，选择测量仪表时的标准为（　　）。

A. 准确度等级越高越好

B. 准确度等级越低越好

C. 不必考虑准确度等级

D. 根据实际工作环境及测量要求选择一定准确度等级的测量仪表

27. 使用示波器同时观测两个频率较低的信号时，显示方式开关应置于（　　）位置。

A. 交替　　　B. 叠加　　　C. 断续　　　D. 相减

28. 函数信号发生器除了可以产生正弦波信号，还可以产生（　　）信号。

A. 调频波　　B. 三角波　　C. 任意波形　　D. 调幅波

29. 三相异步电动机机械负荷加重时，其定子电流将（　　）。

A. 减小　　　B. 增大　　　C. 不变　　　D. 不一定

30. 在单结晶体管触发电路中，调小电位器的阻值，会使晶闸管的导通角（　　）。
A. 为零　　　　B. 减小　　　　C. 增大　　　　D. 不改变

31. Z3040型摇臂钻床主轴箱与摇臂之间、内外立柱之间的夹紧和放松（　　）。
A. 必须同时进行　　　　　　B. 只能单独进行
C. 既可以同时进行，也可以单独进行　　D. 系统自动进行，不能人为干涉

32. 三相异步电动机采用Y-△减压起动时，其起动电流是全压起动时电流的（　　）。
A. 1/3　　　　　　　　　　B. $1/\sqrt{3}$
C. $1/\sqrt{2}$　　　　　　　　D. 不能确定

33. 电气测绘时，首先需要进行的工作是（　　）。
A. 直接请操作者协助，尝试操作机床
B. 调查了解机床的结构和运动形式
C. 查寻线路绘制接线图，导出电路图
D. 拆除所有接线

34. 世界上第一台PLC是由（　　）公司研制成功的。
A. 日本三菱公司　　　　　　B. 德国西门子公司
C. 美国GE公司　　　　　　　D. 美国DEC公司

35. 关于PLC的功能，下列观点正确的是（　　）。
A. PLC具有强大的多种集成功能和实时特性
B. PLC采用循环扫描工作方式
C. PLC的抗干扰能力强，在工业控制中广泛采用
D. 以上全正确

36. 二进制数1011110等于十进制数（　　）。
A. 92　　　　B. 93　　　　C. 94　　　　D. 95

37. PLC的（　　）程序要永久保存在PLC之中，用户不能改变。
A. 用户　　　　B. 系统　　　　C. 软件　　　　D. 仿真

38. END指令是（　　）。
A. 主程序结束指令　　　　　B. 子程序结束指令
C. 中断程序结束指令　　　　D. 以上都不是

39. 在控制电路中，若两个动合触点并联，则它们是（　　）关系。
A. 或逻辑　　　B. 与逻辑　　　C. 非逻辑　　　D. 与非逻辑

40. PLC内部在数据存储区为每一种元件分配一个存储区域，并用字母作为区域标志符，同时表示元件的类型。其中C表示（　　）。
A. 变量存储器　　　　　　　B. 定时器
C. 计数器　　　　　　　　　D. 顺序控制存储器

41. 以下哪些设备可以作为PLC的输入设备（　　）。
A. 压力开关　　B. 光电开关　　C. 接近开关　　D. 以上都是

42. 三相异步电动机多处控制时，若其中一个停止按钮接触不良，则电动机（　　）。
A. 会过流　　　B. 会缺相　　　C. 不能停止　　D. 不能起动

43. 自耦变压器减压起动适用于（　　）的三相笼型异步电动机。
   A. 不需接法　　B. 只是△联结　　C. 只是Y联结　　D. Y联结或△联结
44. 三相异步电动机回馈制动时，将机械能转换为电能，回馈到（　　）。
   A. 负荷　　B. 转子绕组　　C. 定子绕组　　D. 电网
45. 三相异步电动机的下列起动方法中，性能最好的是（　　）。
   A. 直接起动　　B. 减压起动　　C. 变频起动　　D. 变极起动
46. 绕线式异步电动机转子串电阻起动时，随着转速的升高，要逐段（　　）起动电阻。
   A. 切除　　B. 投入　　C. 串联　　D. 并联
47. 电磁制动器制动一般用于（　　）的场合。
   A. 迅速停车　　　　　　　　B. 迅速反转
   C. 限速下放重物　　　　　　D. 调节电动机速度
48. 三相异步电动机的位置控制电路中，除了用行程开关外，还可用（　　）。
   A. 断路器　　B. 速度继电器　　C. 热继电器　　D. 光电传感器
49. 三相异步电动机能耗制动时，（　　）中通入直流电。
   A. 转子绕组　　B. 定子绕组　　C. 励磁绕组　　D. 补偿绕组
50. 三相异步电动机反接制动，转速接近零时要立即断开电源，否则电动机会（　　）。
   A. 飞车　　B. 反转　　C. 短路　　D. 烧坏
51. 三端集成稳压7812的作用是（　　）。
   A. 串联型稳压电路　　　　　B. 并联型
   C. 开关型　　　　　　　　　D. 稳压型
52. 电子计数器是指能完成（　　）等功能电子测量仪器的通称。
   A. 频率测量　　B. 时间测量　　C. 计数　　D. 以上都是
53. 增量型光电编码器通常的通道输出信号包括（　　）。
   A. A相　　B. B相　　C. Z相　　D. 以上都是
54. 小容量晶闸管调速器电路的主回路采用（　　），直接由220V交流电源供电。
   A. 单相半波可控整流电路　　　B. 单相全波可控整流电路
   C. 单相桥式半控整流电路　　　D. 三相半波可控整流电路
55. 在分析较复杂电气原理图的辅助电路时，要对照（　　）进行分析。
   A. 主线路　　　　　　　　　B. 控制电路
   C. 辅助电路　　　　　　　　D. 联锁与保护环节
56. 按钮联锁正反转控制电路的优点是操作方便，缺点是容易产生电源两相短路事故。在实际工作中，经常采用按钮和接触器双重联锁的（　　）控制电路。
   A. 点动　　B. 自锁　　C. 顺序起动　　D. 正反转
57. 单相桥式全控整流电路的优点是提高了变压器的利用率，不需要带中间抽头的变压器，且（　　）。
   A. 减少了晶闸管的数量　　　B. 降低了成本
   C. 输出电压脉动小　　　　　D. 不需要维护
58. 三相异步电动机空载运行时，其转差率为（　　）。

A. $s=0$ B. $s=0.004\sim0.007$
C. $s=0.01\sim0.07$ D. $s=1$

59. 在大修后，若将摇臂升降电动机的三相电源相序反接了，则（　　），采取换相方法可以解决。

 A. 电动机不转动   B. 使上升和下降颠倒
 C. 会发生短路

60. 双速电动机属于（　　）调速方法。

 A. 变频   B. 改变转差率   C. 改变磁极对数   D. 降低电压

61. 集成运算放大器是一种具有（　　）耦合放大器。

 A. 高放大倍数的阻容   B. 低放大倍数的阻容
 C. 高放大倍数的直接   D. 低放大倍数的直接

62. 直流发电机在原动机的拖动下旋转，电枢切割磁力线产生（　　）。

 A. 正弦交流电   B. 非正弦交流电   C. 直流电   D. 脉动直流电

63. 直流电动机的换向极绕组必须与电枢绕组（　　）。

 A. 串联   B. 并联   C. 垂直   D. 磁通方向相反

64. 并励直流电动机的机械特性为硬特性，当电动机负荷增大时，其转速（　　）。

 A. 下降很多   B. 下降很少   C. 不变   D. 略有上升

65. 三相异步电动机机械负荷加重时，其定子电流将（　　）。

 A. 不变   B. 减小   C. 增大   D. 不一定

66. 三相异步电动机反接制动时，采用对称制电阻接法，可以在限制制动转矩的同时也限制（　　）。

 A. 制动电流   B. 起动电流   C. 制动电压   D. 起动电压

67. FX_{2N}系列PLC的LD指令表示（　　）。

 A. 取指令，取用常闭触点   B. 取指令，取用常开触点
 C. 与指令，取用常开触点   D. 与指令，取用常闭触点

68. FX_{2N}系列PLC的OR指令表示（　　）。

 A. 与指令，用于单个常开触点的串联
B. 用于输出继电器
 C. 或指令，用于单个常闭触点的并联
 D. 或指令，用于单个常开触点的并联

69. LD指令用于（　　）。

 A. 将常开触点连接左母线   B. 将常闭触点连接左母线
 C. 驱动线圈   D. 程序结束

70. PLC的输入输出线、电源线和控制线、动力线应分别放在上下线槽中，线与线之间相距（　　）以上。

 A. 100mm   B. 200mm   C. 300mm   D. 400mm

71. OUT指令不可用在对（　　）的输出。

 A. Q   B. M   C. I   D. S

72. 下列不属于 PLC 输出接口电路类型的是（　　）。
   A. 继电器　　　B. 晶闸管　　　C. 晶体管　　　D. IC 电路

73. PLC 的输出接口中，既可以驱动交流负荷又可以驱动直流负荷的是（　　）。
   A. 晶体管输出接口　　　　　　　B. 双向晶闸管输出接口
   C. 继电器输出接口　　　　　　　D. 任意接口

74. 选择 PLC 型号时，（　　）是必须考虑的基本要素。
   A. 功耗低　　　B. 先进性　　　C. 体积小　　　D. I/O 点数

75. 小型 PLC 一般不支持哪种编程语言（　　）。
   A. 梯形图　　　　　　　　　　　B. C 语言
   C. 顺序功能图（SFC）　　　　　D. 语句表

76. 一台三相笼型异步电动机的数据为 $P_N = 20kW$，$U_N = 380V$，$\lambda_T = 1.15$，$K_i = 6$，定子绕组为△联结。当拖动额定负荷转矩起动时，电源容量为 600kW，最好的起动方法是（　　）。
   A. 直接起动　　　　　　　　　　B. Y-△减压起动
   C. 串电阻减压起动　　　　　　　D. 自耦变压器减压起动

77. 在正弦波振荡器中，反馈电压与原输入电压之间的相位差是（　　）。
   A. 0°　　　　　B. 90°　　　　C. 180°　　　　D. 270°

78. 多谐振荡器是一种产生（　　）的电路。
   A. 正弦波　　　B. 锯齿波　　　C. 矩形脉冲　　D. 尖顶脉冲

79. 频敏变阻器主要用于（　　）控制。
   A. 笼型转子异步电动机的起动　　B. 绕线转子异步电动机的调整
   C. 直流电动机的起动　　　　　　D. 绕线转子异步电动机的起动

80. 异步电动机转子的转动方向、转速与旋转磁场的关系是（　　）。
   A. 方向相同，转速相同
   B. 方向相同，转子转速略低于旋转磁场转速
   C. 方向相反，转速相同
   D. 方向相反，转子转速略低于旋转磁场转速

模拟试卷样例答案

一、判断题

1. ×   2. ✓   3. ✓   4. ✓   5. ×   6. ✓   7. ×   8. ×   9. ×
10. ×   11. ×   12. ✓   13. ×   14. ✓   15. ✓   16. ×   17. ✓   18. ×
19. ×   20. ✓

二、选择题

1. D   2. A   3. A   4. D   5. B   6. C   7. A   8. A   9. C
10. D   11. C   12. A   13. C   14. A   15. A   16. C   17. C   18. B
19. C   20. B   21. C   22. A   23. D   24. C   25. B   26. D   27. C
28. B   29. B   30. C   31. C   32. A   33. B   34. D   35. D   36. C
37. B   38. A   39. A   40. C   41. D   42. D   43. D   44. D   45. C
46. A   47. A   48. D   49. B   50. B   51. A   52. D   53. D   54. C
55. B   56. D   57. C   58. B   59. B   60. C   61. C   62. A   63. A
64. B   65. C   66. A   67. B   68. D   69. A   70. C   71. C   72. D
73. C   74. D   75. B   76. B   77. A   78. C   79. D   80. B

参 考 文 献

［1］门宏. 图解电工技术快速入门［M］. 2版. 北京：人民邮电出版社，2010.
［2］王建. 维修电工：中级［M］. 北京：机械工业出版社，2010.
［3］张莹. 工厂供配电技术［M］. 4版. 北京：电子工业出版社，2015.
［4］孙余凯. 新编电工实用手册［M］. 北京：电子工业出版社，2010.
［5］王兆晶. 维修电工：中级［M］. 2版. 北京：机械工业出版社，2013.
［6］李敬梅. 电力拖动控制线路与技能训练［M］. 5版. 北京：中国劳动社会保障出版社，2014.
［7］孟令海，阎伟. 电工轻松入门［M］. 北京：化学工业出版社，2017.
［8］孙余凯，吴鸣山，项绮明. 电子技术基础与技能实训［M］. 2版. 北京：电子工业出版社，2012.
［9］叶水春. 电工电子实训教程［M］. 2版. 北京：清华大学出版社，2011.